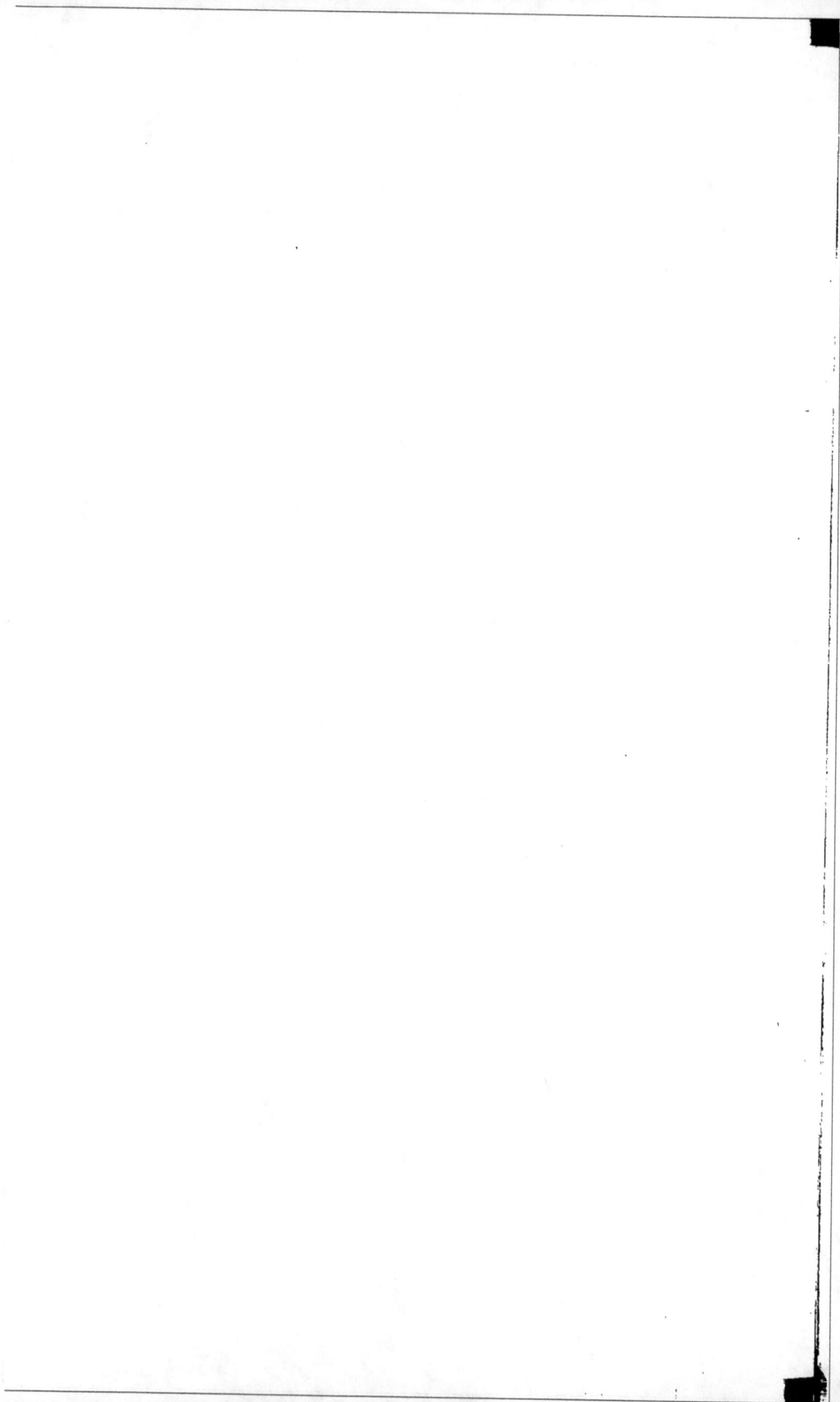

LE

LIVRE D'HONNEUR

DE

L'INDUSTRIE FRANÇAISE.

PREMIÈRE PARTIE.

DE L'IMPRIMERIE DE J. SMITH.

LE
LIVRE D'HONNEUR

DE

L'INDUSTRIE FRANÇAISE;

CONTENANT, EN TROIS PARTIES :

1.º L'énumération motivée des *médailles* d'or, d'argent(1.ʳᵉ et 2.ᵉ classes), de bronze, des *mentions honorables*, des *citations* qui ont été accordées aux expositions publiques des produits de l'industrie nationale, des années 1798, 1801, 1802, 1806 et 1819, et de celles proposées au rapport du jury pour la distribution des prix décennaux en 1810;

2.º L'énumération motivée des *prix*, des *médailles d'accessit* ou *d'encouragement*, des *mentions honorables* et des *citations* décernées par l'Institut royal de France, par la Société centrale et royale d'agriculture, par la Société d'encouragement pour l'industrie nationale et par les Sociétés littéraires qui s'occupent en France d'agriculture, d'arts, d'économie publique;

3.º Les brevets d'invention accordés par le gouvernement depuis l'origine;

PAR S. BOTTIN,

Chevalier de l'Ordre royal de la Légion-d'Honneur, ancien Administrateur, de la Société d'encouragement pour l'industrie nationale, de la Société pour l'instruction élémentaire, Secrétaire général de la Société royale des Antiquaires de France, Correspondant de la Société centrale et royale d'agriculture, etc., continuateur de l'Almanach du Commerce.

PREMIÈRE PARTIE.

PARIS,

AU BUREAU DE L'ALMANACH DU COMMERCE, rue J.-J.-Rousseau, 20.

MARS, 1820.

INTRODUCTION.

On publie les fastes de la gloire militaire française : la Nation méritait bien cet hommage. Quelle autre époque de l'histoire, soit ancienne, soit moderne, se présente environnée d'autant de hauts faits, d'autant d'actes du plus généreux patriotisme, que la période qui s'étend de 1792 à 1815 ?

Ce qu'elle est depuis trente ans sous le rapport militaire, la France l'est devenue sous le rapport industriel et commercial ; il est donc juste de publier aussi les fastes de l'industrie française.

Dans l'excellent ouvrage qu'il a imprimé il y a un an, M. le comte Chaptal n'hésite pas de signaler comme la première cause, la cause vraiment déterminante des immenses progrès que notre industrie manufacturière a faits depuis 1789, *l'abolition des réglemens de fabrication* qui avaient rendu cette industrie stationnaire pendant plus d'un siècle. Cette abolition a été, en effet, pour nos manufactures, ce que l'abolition du régime féodal et de la dîme a été pour l'industrie agricole, une *charte d'émancipation*. Des institutions créées ensuite par les gouvernemens qui se sont succédés pendant le cours de la révolution, ont puissamment secondé l'impulsion. Les deux principales sont l'institution des *brevets d'invention* et celle *des expositions publiques des produits de l'industrie nationale.* La première remonte à 1791, la seconde date de 1798. La délivrance des brevets d'invention n'a subi, depuis la création, aucune interruption ; l'ordonnance royale du 13 janvier 1819, qui a fait revivre les *expositions publiques des produits de l'industrie nationale*, est un des actes les plus importans du règne de Louis XVIII, une des mesures qui recommandent le plus le ministère sous lequel l'ordonnance a été portée.

D'autres institutions que le gouvernement n'a dû que favoriser, ont concouru au complétement de l'œuvre de restauration.

A leur tête se présente : 1.º l'*Institut royal de France ;*

2.º La *Société centrale et royale d'agriculture*, rétablie en 1799, puis rendue à son institution primitive par l'ordonnance royale du 4 juillet 1814 ;

3.º La *Société d'encouragement pour l'industrie nationale* créée en 1801, et que les états voisins s'empressent à l'envi de prendre pour modèle ;

4.º Les nombreuses *Sociétés* s'occupant de sciences, d'agriculture, d'arts, de commerce, etc., qu'une vivifiante émulation a créées dans la capitale et dans presque tous les départemens, et qui la plupart ont offert des prix, des couronnes à l'industrie agricole ou manufacturière.

J'entreprends de publier, sous le titre de *Livre d'honneur de l'industrie française*, un recueil complet des distinctions décernées aux différentes époques et par ces diverses associations. Il sera divisé en trois parties, telles qu'elles sont énoncées au titre. Je donne aujourd'hui la première, comprenant les résultats des cinq expositions publiques des produits de l'industrie française, et ceux du rapport du jury pour les prix décennaux, en ce qui concerne l'industrie et le commerce.

La nouvelle ère qui a été essayée en France (du 22 septembre 1793 au 31 décembre 1805), divisait l'année en douze mois égaux de trente jours chacun, après lesquels venaient cinq jours pour compléter l'année ordinaire. On les appelait *complémentaires,* et ces cinq jours étaient devenus la grande fête de l'industrie nationale.

La première idée de cette imposante et utile institution, alors unique en Europe, appartient au second ministère de M. le comte François de Neufchâteau. Une loi venait d'ordonner qu'il serait fait au Champ-de-Mars des dispositions pour la célébration de la fête nationale du premier jour de l'an 7; le ministre de l'intérieur détermina que la célébration de cette fête serait précédée d'*une exposition publique des produits de l'industrie nationale,* et que cette exposition aurait lieu au Champ-de-Mars. L'ouverture solennelle en fut faite le matin du troisième jour par le ministre lui-même, précédé du bureau central et du jury qui avait été choisi parmi les meilleurs manufacturiers et les savans dans les arts industriels, à l'effet de désigner ceux des objets exposés qui lui paraîtraient les plus dignes d'être honorablement cités comme des modèles de l'industrie française. Tous les soirs les portiques furent illuminés, et, au milieu de l'enceinte occupée par l'exposition, un orchestre nombreux exécuta pendant une heure les plus belles symphonies des compositeurs d'alors. Le quatrième jour, le jury parcourut les portiques et visita les objets exposés. Il ne fut point, à cette première exposition, distribué de médailles; mais les produits industriels qui parurent les plus dignes d'être honorablement cités au jugement du jury, furent séparés des autres, et exposés, le jour suivant, dans un temple à l'industrie élevé au milieu de l'enceinte et ouvert de tous côtés. Enfin, le jour de la fête du premier de l'an, les noms des manu-facturiers qui avaient fourni les objets distingués, furent proclamés par le président du gouvernement, avec ceux des citoyens qui, par des découvertes utiles, avaient bien mérité de la patrie.

Dès cette même époque il fut statué que, tous les ans, une pareille exposition aurait lieu dans la capitale aux derniers jours de l'année, et que les objets les plus parfaits seraient toujours distingués à la fête du premier vendémiaire.

La seconde exposition des produits de l'industrie française n'eut cependant lieu qu'en l'an ix (1801); elle fut indiquée pour les cinq jours complémentaires, et à cette exposition furent appelés les produits des découvertes nouvelles et les objets d'une exécution achevée, *si la fabrication en était connue.* Ces pro-duits et ces objets ne devaient être admis qu'après un examen préalable, et sur le certificat d'un jury

particulier de cinq membres nommés par le préfet
du département. Les objets dont les jurys de département avaient prononcé l'admission devaient être
ensuite examinés par un nouveau jury composé de
quinze membres nommés par le ministre de l'intérieur.
Ce jury central avait à désigner les manufacturiers
ou artistes dont les productions lui auraient paru
devoir être préférées à celles de leurs concurrens,
et a indiquer, en outre, un certain nombre d'autres
manufacturiers ou artistes qui auraient mérité, par
leurs travaux et leurs efforts, d'être mentionnés honorablement. Les manufacturiers ou artistes désignés
par le jury central devaient être présentés au chef
du gouvernement, et un échantillon de chacune des
productions désignées devait être déposé au Conservatoire des arts et métiers, avec une inscription
particulière qui rappelât le nom de l'artiste qui en
était l'auteur. Enfin tous les préfets devaient recevoir
le procès-verbal des choix motivés du jury, pour
qu'ils en donnassent connaissance à leurs administrés.

Les expositions de 1798, 1801, 1802, avaient eu
lieu à l'occasion de la fête du premier jour de l'an;
celle de 1806 embellit la fête nationale des triomphes
de l'armée française, et celle de 1819 a marqué
l'époque de l'affranchissement du territoire français
du joug étranger. On avait aussi exigé, en 1806, que
les échantillons admis fussent en tout semblables
aux produits ordinaires des ateliers dont ils sortaient.
Enfin, aux bienfaits des distinctions décernées aux
fabricans et manufacturiers, Sa Majesté a voulu

ajouter, en 1819, celui des récompenses accordées à ceux des artistes qui, depuis dix ans, ont le plus puissamment contribué au perfectionnement des fabriques de leur département, soit par l'invention ou la confection des machines, soit par les progrès qu'ils ont fait faire à la teinture, au tissage et aux autres procédés des manufactures et des arts. A ces additions près, les dispositions faites en 1801 ont été communes aux quatre expositions.

L'exposition de l'an vi (1798) eut lieu au Champ-de-Mars, dans une enceinte carrée préparée à cet effet, à la suite de l'amphithéâtre du milieu décoré de portiques. A cette première exposition on ne vit figurer que 109 fabricans ou artistes.

Les expositions des ans ix et x (1801 et 1802) furent placées sous cent quatre portiques construits dans la grande cour du Louvre. Celle de 1801 compta 230 artistes ou fabricans, et l'autre 427.

En 1806, l'exposition publique fut établie dans la place des Invalides, sous des portiques qui s'étendaient entre l'hôtel et la Seine, et se liaient avec les salles des bâtimens élevés des ponts et chaussées, où se trouvaient développées les productions de nos plus précieuses manufactures. Près de 5000 fabricans ou artistes y ont figuré.

Plus imposante par la majesté du local qui lui a été affecté, l'exposition de 1819 a eu lieu dans ces mêmes salles du Louvre qui sont encore pleines du souvenir de Louis XIV et de son grand ministre Colbert, à qui l'industrie française a eu tant d'obligations. Elle y a occupé deux côtés et demi du carré, depuis le pavillon occidental attaché au portique de la *Colonnade*, jusqu'au grand pavillon dit *des Cariatides*, en passant par le midi, et a réuni près de 1700 artistes et fabricans.

Pour chaque exposition publique il a été publié un procès-verbal des opérations du jury central; mais ces procès-verbaux, imprimés aux frais du gouvernement et à l'imprimerie royale, n'ont pas été mis dans le commerce, et ceux des trois premières expositions sont devenus extrêmement rares. Cette circonstance m'a fait penser qu'il convenait que l'on pût se procurer, au bureau de l'Almanach du commerce, un livre qui présentât ensemble les résultats des cinq expositions, et dans un ordre tel que chaque artiste, chaque fabricant pût y trouver, à l'ouverture et sur la même page, une sorte de compte ouvert des distinctions qui lui ont été accordées aux différentes époques, et l'énoncé des motifs de ces distinctions, tel qu'il est consigné dans les procès-verbaux officiels.

A la première exposition des produits de l'industrie française, en l'an vi (1798), il n'a pas été distribué de médailles, mais seulement il a été accordé des premières et secondes *mentions honorables* et des *citations au rapport du jury*. Autorisé par les procès-verbaux des expositions suivantes, j'ai compté ces mentions honorables de première classe pour des médailles d'or, et celles de seconde classe pour des médailles d'argent. A chacune des expositions de 1802, 1806 et 1819, des fabricans, des artistes ont été cités comme continuant à mériter la médaille d'or, d'argent ou de bronze; mais cette médaille ne leur a pas été remise, par la raison qu'ils l'avaient déjà reçue une fois dans une des expositions précédentes. J'ai, dans mes deux tableaux résumés qui terminent le *Livre d'honneur*, compté toutes ces médailles méritées, comme si elles avaient été effectivement délivrées, m'autorisant encore du rapport imprimé du jury central de 1819.

Parmi les puissans encouragemens qui ont été, depuis trente ans, offerts à tous les genres de talens, l'institution des prix décennaux paraît à mes yeux tenir une place mémorable. La première distribution devait avoir lieu le 9 novembre 1810, et le rapport du jury sur les titres des candidats a été imprimé. Ce rapport officiel est lui-même un témoignage authentique du mérite des personnes proposées pour les prix; et ses résultats, pour ce qui concerne l'industrie agricole, manufacturière et de commerce, ne pouvaient que compléter avantageusement la première partie du *Livre d'honneur de l'industrie française*.

J'ai bien senti que mon travail ne serait qu'une laborieuse compilation, dans laquelle je n'aurais guère que le mérite de l'ordonnance des articles; mais il est propre à exciter une heureuse émulation, et mon but est rempli. En effet, que demande à un gouvernement sage l'industrie manufacturière et commerciale? la liberté, des prix, des médailles, des éloges, et rien de plus. Donner de la publicité par la voie de l'impression à ces prix, à ces médailles, à ces éloges, c'est donc seconder les vues de ce gouvernement protecteur, puisque c'est aller éveiller au loin celui qui, au fond de son cabinet ou de son atelier, ne croit plus pouvoir se passer d'un encouragement que ses rivaux ont obtenu. A ce premier avantage, le *Livre d'honneur*, continué avec soin d'année en année, joindra celui d'offrir l'histoire abrégée et pour ainsi dire métallique des progrès successifs des arts industriels en France, depuis le commencement du siècle.

Le prospectus du *Livre d'honneur* a été distribué dès le mois de septembre. J'avais annoncé l'ouvrage our la fin d'octobre, parce que je pensais que le rapport du jury central de l'exposition de 1819, qu'il m'était indispensable de consulter, serait publié immédiatement après la distribution des médailles; mais ce rapport n'a paru que vers le premier janvier.

L'antériorité notoire de la distribution de mon prospectus, qui a eu lieu dans les salles même de l'exposition, me donne probablement le droit de me féliciter d'avoir fourni l'idée de la *liste alphabétique* qui a été annexée au rapport du jury. Toutefois cette *liste alphabétique* qui comprend les expositions des cinq années, ne contient que 1911 articles, et les mêmes expositions m'en ont fourni 2130, sans y compter les 226 renvois ménagés pour la facilité des recherches. Je donne aussi, de plus que la *liste alphabétique*, l'indication des départemens et des communes auxquels appartiennent les manufactures, les fabricans et les artistes qui ont obtenu les distinctions, et les motifs de ces distinctions.

J'avais d'abord pensé que cette première partie du *Livre d'honneur* ne fournirait que 15 à 20 feuilles, le volume est de 31 et demie; ce nombre m'a forcé d'en porter le prix à 6 francs auquel il est définitivement annoncé, et 7 fr. 50 c. par la poste.

LE LIVRE D'HONNEUR

DE

L'INDUSTRIE FRANÇAISE.

PREMIÈRE PARTIE.

CONTENANT : l'Enumération motivée des *Médailles* d'or , d'argent , de bronze , des *Mentions honorables*, des *Citations* qui ont été accordées aux expositions publiques des produits de l'Industrie nationale , des années 1798, 1801, 1802, 1806 et 1819 , et à la distribution des prix décennaux en 1810.

~~~~~~

A.

ABBEVILLE (plusieurs fabricans d'). (Somme).— *Draps fins*.—Exposition 1806.

« Ont présenté des draps superfins et fins qui auraient concouru pour les médailles , si le jury n'avait pas pris la résolution de n'en plus accorder à ceux qui en auraient obtenu précédemment pour le même sujet. »

Le général D'ABOVILLE , premier inspecteur d'artillerie. Paris. — *Charronnage*. — Mention expresse et honorable , exposition an x (1802).

« A exposé des modèles de roues dites *à voussoir*. Cette construction, dont il est l'inventeur, augmente beaucoup la force des roues, et présente l'avantage d'économiser le bois à moyeu.

« A ces modèles était jointe une machine pour la fabrication des roues , dans ce nouveau système ; machine qui en rend l'exécution indépendante de la maladresse de l'ouvrier

1

elle est de l'invention du chef de bataillon d'artillerie d'Aboville, fils du général d'Aboville.

« Ces deux objets ont paru d'un grand mérite aux yeux du
jury, comme offrant des avantages considérables pour le service de l'artillerie, et un perfectionnement majeur dans l'art
important du charronnage. »

MM. ABRAHAM père et fils. Montécheroux (Doubs).

— *Arts servant à l'horlogerie.* — Mention honorable, exposition 1806.

« Ils fabriquent, à des prix modérés, des assortimens complets d'outils pour l'horlogerie, qui sont employés dans les
ateliers les plus renommés de Paris. »

MM. ACCARY et fils. Tournus (Saône-et-Loire). —

Couvertures de coton. — Mention honorable, exposition 1819.

« Qui ont exposé des couvertures de coton de bonne et
belle qualité. »

M. ACUARD. Valence (Drôme). — *Filature de coton.*

— Mention honorable, exposition an x (1802.)

« Travaille avec soin ; on remarque beaucoup d'égalité dans
son fil, ce qui est la première condition de la filature.

Le même. — Mention honorable, exposition 1806.

« Sous tous les rapports, ses cotons filés méritent encore
la mention honorable. »

MM. ACLOQUE l'aîné, DELUCHEUX et LESCUREUX.

Amiens (Somme). — *Linges de ménage.* — Mention honorable, exposition an x (1802)在

« Ont présenté des linges ouvrés de ménage dignes d'éloges,
à raison de leur bas prix. »

M. ADELINE. Saleux (Somme). — *Filature de coton.* —Médaille de bronze, exposition 1819.

« Coton filé bien égal. »

M. ADELINE fils. Malaunay, près de Rouen (Seine-Inférieure). — *Filature de coton.* — Médaille de bronze, exposition 1819.

« Coton filé au n.° 80, bon fil bien net. »

Le même. — *Filature du lin.* — Mention honorable, exposition 1819.

« Ce fabricant a exposé des fils, de lin d'excellente qualité faits à la mécanique. »

M. AIGOIN. Nîmes (Gard). — *Bonneterie en coton.* —Mention honorable, exposition 1806.

« Il a envoyé des bas très-fins, d'un blanc parfait et d'un prix modéré. »

AISNE (le département de l'). — *Batistes, linons et gazes.* —Citation au rapport du jury, exposition an IX (1801).

« Les linons, les batistes, les gazes de ce département, soutiennent parfaitement leur réputation. »

M. AITKEN (Williams), ingénieur mécanicien. Senonches (Eure-et-Loir). — *Hydraulique.* — Médaille d'or, exposition 1819.

« Pour avoir rendu les plus grands services, par les perfectionnemens apportés aux machines hydrauliques, aux filatures de coton et de laine dans le département et dans les environs, ainsi qu'aux clouteries, aux moulins à huile, à vent et à eau, aux papeteries, aux forges, au battage du fer, aux machines à vapeur. Il y a une expression unanime de reconnaissance pour lui de la part de tous les fabricans du pays. »

M. AJAC (Victor). Lyon (Rhône).—*Châles de bourre de soie.*—Médaille d'argent, exposition 1819.

« Est le premier qui ait établi, à Lyon, la fabrication des châles faits avec la bourre de soie et des tissus de la même matière ; il a été ainsi le fondateur d'une industrie qui, en s'étendant, est devenue une branche importante du commerce de Lyon. Les articles qu'il a envoyés sont très-bien fabriqués. Il est celui qui a le mieux imité les châles de l'Inde avec la bourre de soie. »

MM. AKERMAN (Martin) et compagnie. Paris, à la Tour-Saint-Jacques-la-Boucherie. — *Plomb à giboyer.*—Mention honorable, exposition an x (1802).

« Ils ont importé, de l'étranger en France, un procédé pour fabriquer le plomb à giboyer. Celui qu'ils fabriquent est bien sphérique, et ne peut être creux, défaut qui se trouve au plomb préparé par l'ancien procédé. »

ALAIS (la fabrique d'). (Gard). — *Bonneterie en soie.*—Mention honorable, exposition 1806.

« Pour les bas de soie de cette fabrique. »

M. ALAFORT.—Exposition 1819.—*Voyez* Mathieu ROMANET et ALAFORT.

M. ALBERT (Charles). Paris, faubourg Saint-Denis, 69.—*Machines à filer le coton.*—Médaille d'or, exposition 1806.

« A présenté au concours une série complète de mécaniques à filer le coton ; 1°. des carderies brisoire et finissoire, mues par engrenage, sans cordes ni poulies : des vis sont employées d'une manière heureuse pour régler les chapeaux ; 2°. un laminoir à quatre systèmes : cette mécanique, mue par engrenage dans toutes les parties, n'est pas sujette aux irrégularités des moteurs à poulies et à cordes ; 3°. une boudinerie à quatre lanternes qui produit une épargne de main-d'œuvre dans cette préparation ; 4°. une boudinerie à ailettes ou système continu, préparant le boudin pour la filature en gros, et remplaçant à la fois les lanternes et le bobinage ; 5°. une filature en gros ou en deux dite *Strescher*, système mull jenny ; 6°. une filature en fin, même système, avec un moteur hydraulique ; 7°. une filature continue, système Trossel pour les n°°. 30 à 5o, et une autre pour les n°°. 80 à 180 pour chaîne.

« Le jury a vu, dans ces mécaniques, une parfaite exécution, la réunion de tous les perfectionnemens connus et quelques améliorations propres à M. Albert. »

M. ALBERT. Paris, rue du Colombier, 38.—*Papiers peints.*—Mention honorable, exposition 1806.

« Pour des tentures de bon goût. »

M. ALBINET, fabricant de couvertures. Paris, rue d'Orléans, faubourg Saint-Marcel, 18.— *Couvertures, molletons.*—Citation au rapport du jury, exposition 1806.

MM. ALBRESPY frères. Montauban (Tarn-et-Garonne).—*Cadisserie.*—Citation au rapport du jury, expositions 1806 et 1819.

M. ALLARD. Paris, rue Saint-Lazare, 11.— *Moiré métallique.*—Médaille d'or, exposition 1819.

« On doit à M. Allard la découverte du moiré métallique qui a eu un si grand succès et qui a donné un mouvement extraordinaire à la ferblanterie.

M. Allard a beaucoup perfectionné ses procédés depuis qu'il en a fait la découverte ; il peut obtenir à volonté les dessins qu'il se propose. »

M. Alleaume. Paris, rue des Quatre-Vents, 4.— *Reliefs.*—Mention honorable, exposition 1806.

« Pour des cartes géographiques en relief, présentant l'aspect fidèle du terrain ; elles sont portatives et susceptibles d'être multipliées par le polytypage. »

M. Allizeau. Paris, quai Malaquais, 15.—*Instrumens de mathématique.* — Mention honorable, 1819.

« A exposé divers modèles où sont représentés en relief les détails de solution des propositions principales de la géométrie descriptive de M. Monge ; d'autres modèles font connaître, avec la même exactitude, la marche des rayons de diverses couleurs dans la plupart des instrumens d'optique.

Ces modèles sont exécutés avec intelligence, et l'établissement de M. Allizeau est très-utile à l'enseignement des sciences mathématiques et physico-mathématiques. »

M. Allouard. Beaulieu (Indre-et-Loire). — *Draperie commune.*—Citation au rapport du jury, 1819.

M. Alluaud. Limoges (Haute-Vienne). — *Porcelaine.*—Médaille d'argent, exposition 1819.

« Ce fabricant a établi, à Limoges, la fabrication de la porcelaine en grand, et il a réussi à réunir la bonne qualité de la pâte à des prix très-bas.

Les objets qu'il a présentés à l'exposition sont très-bien fabriqués. La couverte est bien glacée, n'est pas sujette à tressaillir. »

'M. ALLUAUD. Limoges (Haute-Vienne). —*Porcelaine.* —Mention honorable, exposition 1806.

« A envoyé une grande quantité de porcelaines usuelles, et trois grouppes de biscuits. Cette manufacture est une des plus anciennes de France. »

M. ALMEYRAS. Lyon (Rhône). — *Instrumens de tissage.*—Médaille de bronze, exposition 1819.

« A présenté à l'exposition des rots perfectionnés de sa fabrication. »

AMFRYE, LECOURT et GUÉRIN frères. — *Fonderie.*—Mention honorable, exposition an ix (1801.)

« Pour avoir présenté des lingots d'étain, retiré des scories du l'affinage du métal de cloches. »

MM. AMFRYE et DARCET. Paris, à la Monnaie. — *Produits chimiques.*—Médaille d'or, exposition an x (1802).

« Ont exposé des carbonates de strontiane et de baryte, qu'ils ont fabriqués par des procédés qui leur sont particuliers. Ils en ont soumis près de vingt kilogrammes à l'examen du jury, en annonçant qu'ils seront en état de le livrer aux prix d'un franc le kilogramme au plus. Cette découverte met entre les mains de nos artistes un des agens de décomposition le plus puissant que l'on connaisse; elle peut avoir une influence majeure sur plusieurs arts importans, entre autres sur les verreries, les savonneries et les fabriques de toiles peintes. »

AMIENS (la fabrique d'). (Somme.) —*Filature de coton.*—Mention honorable, exposition 1806.

« Cotons fournis à l'exposition par les filatures d'Amiens. »

M. Ancel. Dijon (Côte-d'Or).—*Bonneterie.*—Citation au rapport du jury, exposition 1819.

« Pour de la bonneterie de coton qu'il a exposée. »

Andelys (la fabrique des). (Eure).—*Filature de coton.*—Mention honorable, exposition 1806.

« Cotons filés, envoyés par cette fabrique. »

La même fabrique. — *Draps fins.* — Exposition 1806.

« Plusieurs fabricans ont présenté des draps superfins et fins qui auraient concouru pour les médailles, si le jury n'avait pris la résolution de n'en plus accorder à ceux qui en auraient obtenu précédemment pour le même sujet. »

N. B. Au nombre de ces fabricans, M. Louis-Frédéric Flavigny, dont la manufacture occupe 320 ouvriers aux Andelys, a offert des échantillons d'étoffes superfines, en draps et ratine grande largeur et en casimir. »

M. André. La Canourgue (Lozère).—*Cadisserie.*—Mention honorable, exposition 1806.

« Echantillons de cadis très bien fabriqués. »

M. André. Pont-à-Mousson (Meurthe).—*Sucre de betterave.*—Mention honorable, exposition 1819.

« Pour du sucre de betterave bien fabriqué et de bonne qualité. »

M. André (Jacob), ouvrier chez MM. Kœchlin. Massevaux (Haut-Rhin).—*Mécanique.*—300 fr. à distribuer en présence des ouvriers; exposition 1819.

« Pour différentes machines à parer les chaînes de coton et à bobiner la trame, dont se servent utilement même les autres fabricans. »

MM. ANDRÉ et MARMOD. Pont-à-Mousson (Meurthe). —*Sucre de betterave.*—Mention honorable, exposition 1819.

« Ont présenté du sucre de betterave bien fabriqué et de bonne qualité. »

M. le général ANDRÉOSSY. — *Éditions.* — Mention honorable, exposition 1819.

« A présenté un ouvrage sur la ville, le promontoire et le port de Constantinople, ouvrage qu'il a rédigé pendant son ambassade en Turquie. On y trouve un grand nombre de gravures représentant des moyens dont les arts ont profité. »

M. ANDRIEUX, mécanicien. Paris, Place Royale, 24. —*Machines à filer le coton.*—Mention honorable, exposition 1806.

« Carde finissoire et mull-jenny pour filer en fin; ces deux machines sont très-bien exécutées. »

ANGERS (école d'arts et métiers). (Maine-et-Loire). —Mention honorable, exposition 1819.

« Cette école, moins ancienne que celle de Châlons, n'a pas pu présenter des ouvrages aussi importans; cependant elle a exposé des produits qui méritent d'être distingués; savoir :

Des étaux à main, à clef, à pied, à agrafe; des tenailles à chanfreins; des filières doubles garnies de leurs coussinets à tarauds; des clefs universelles, des marteaux à vitriers et une peloteuse à engrenage, au moyen de laquelle on peut varier la forme du peloton.

«Tous les objets exposés par l'école d'Angers sont utiles,
d'une bonne forme et exécutés avec tous les soins nécessaires. Ils prouvent que cet établissement avance à grands pas
vers le but de son institution. »

ANDUSE (la fabrique d'). (Gard). — *Couvertures,*
molletons.—Mention honorable, exposit. 1806.

«Les molletons sont dignes d'attention par la beauté de leur
fabrication. »

La même fabrique.—Bonneterie en soie.—Mention
honorable, exposition 1806.

« Pour les bas de soie de cette fabrique. »

M. ANGRAND. Paris, rue Meslay, 85. — *Broderie,*
passementerie.—Mention honorable, exposition
an x (1802).

«L'imitation de la broderie par l'application des étoffes
découpées est utile au commerce des modes : ce genre a été
perfectionné par M. Angrand. »

MM. ANGRAN frères. — Exposition 1819. — *Voyez*
GUILLAUME, ANGRAN frères.

M. ANQUETIL. Paris, place Royale, 11.—*Tissage*
du coton.—Médaille d'argent, exposition 1819.

« Une pièce de piqué blanc et divers échantillons d'étoffes
du même genre, exposés par ce fabricant, ont paru de première qualité et ne laisser rien à désirer. »

M. ANQUETIL DESMAREST.—*Tissage du coton.*—Médaille de bronze, exposition 1819.

« A exposé des coupons de nankin apprêtés, façon des

Indes : ce nankin est une imitation parfaite de celui de l'Inde ; il en a la couleur et la solidité. »

M. ANSART-PIERON. Arras (Pas-de-Calais).—*Dentelles et blondes.*—Mention honorable, exposition an x (1802).

« Pour des dentelles qu'il a exposées. »

Le même.—*Dentelles et blondes.*—Mention honorable, exposition 1806.

« Le jury s'est assuré, par l'examen des produits que cette maison a envoyés, que sa fabrication est toujours également bien soignée. »

MM. ANSAULT, CHAUVAT et comp. Toucy (Yonne). —*Draperie commune.*—Mention honorable, exposition 1819.

« Drap commun d'un prix modéré. »

M. ANTIÉ (Germain). Peyrat (Ariége).—*Tabletterie et ornemens.* — Mention honorable, exposition 1806.

« Il offre au commerce le jayet taillé et travaillé dans toutes les formes qui sont adoptées pour les bijoux. »

ARGENCE (madame la marquise d'). Paris, boulevart des Invalides, 29.—*Filature de lin.*—Médaille d'argent, exposition 1819.

« Est inventeur du nouveau système pour filer le lin par mécanique.

« Elle a exposé des échantillons de sa filature qui méritent des éloges, aussi bien que les dentelles fabriquées avec son fil, qu'elle a mises sous les yeux du public. »

ARMENTIÈRES (la fabrique d'). (Nord).—*Nankins*. Mention honorable, exposition 1806.

« Les nankins exposés par les fabricans d'Armentières.»

M. ARNAUD-HAUCISZ.—*Carrosserie*.—Mention honorable, exposition 1819.

« A exposé un carrosse dont l'avant-train et les roues sont disposés d'une manière nouvelle.

« Au moyen de cette disposition, le timon peut être mis dans toutes les directions sans que les roues cessent de porter sur quatre points toujours également écartés l'un de l'autre ; d'où il résulte qu'elle est moins sujette à verser que les voitures ordinaires, lorsque l'avant-train fait un quart de conversion.»

M. ARNAUD-POUSSET.—Loches (Indre-et-Loire). — *Draperie moyenne*.—Mention honorable, exposition 1819.

« A présenté des étoffes fabriquées avec intelligence et à bas prix : elles ont de la souplesse. »

Madame veuve ARNOUX. Apt (Vaucluse).—*Poterie marbrée*.—Mention honorable, exposition 1806.

« Poterie marbrée d'un aspect agréable qui a très-bien soutenu les épreuves. »

M. ARPIN.—Exposition 1806.—*Voyez* PLUVINAGE et ARPIN.

MM. ARPIN et fils. S.-Quentin (Aisne).—*Filature de coton*).—Médaille d'argent, exposition 1819.

« Les fils qu'ils ont exposés sont dans les n.os de 130 à 160 : ils sont beaux et distingués en tous points.

Par ordonnance du 17 novembre 1819, Sa Majesté à conféré à M. Arpin père la décoration de la Légion-d'Honneur.

M. ARPIN (Frédéric) et comp. S.-Quentin (Aisne). —*Etoffes de coton.*—Médaille d'or, exposition 1819.

« Ces fabricans ont exposé des perkales superfines de diverses largeurs.

« Ils ont aussi présenté du piqué de la plus grande finesse, des guingams rayés et quadrillés; des tissus *dits* écossais, et des mouchoirs façon madras.

« Le jury a reconnu que tous ces objets sont traités avec la plus grande habileté; que l'exécution en est parfaite et la qualité supérieure. »

ARRAS (Filature d'). (Pas-de-Calais).— *Filature de coton.*—Mention honorable, exposition 1806.

« Pour les cotons filés envoyés par cette fabrique. »

L'hospice d'Arras (Pas-de-Calais). — *Dentelles.*— Mention honorable, exposition 1819.

« Pour des échantillons de dentelles à l'aune régulièrement faites. »

M. ASSERAT. Le Puy (Haute-Loire). — Exposition an IX.—*Voyez* ROLAND père.

M. ASSERAT. Le Puy (Haute-Loire).—*Dentelles.*— Médaille de bronze, exposition an x (1802).

Le même.—*Dentelles.*—Exposition 1806.

« Les objets qu'il a présentés cette année prouvent qu'il est toujours digne de la distinction dont il a été honoré. »

Le même.—*Dentelles.*—Exposition 1819.

« Les blondes noires, fabriquées par M. Asserat, ont été distinguées par le jury de l'exposition de 1806, qui lui accorda une médaille d'argent de deuxième classe. Celui de cette année déclare que ce fabricant est toujours digne de la distinction qu'il a obtenue. »

AUBE (département de l'). —*Productions en général*
—Citation au rapport du jury, exp. an IX (1801).

« Est un des huit départemens qui se sont particulièrement distingués par la beauté des productions qu'ils ont montrées au public. »

M. AUBER. Paris, rue Saint-Lazare, 4.—*Chalcographie.*—Médaille d'argent, 2.ᵉ classe, expos. 1806.

« A présenté le premier volume d'un ouvrage ayant pour titre : *Tableaux historiques des campagnes des Français en Italie* : c'est une collection de gravures faites d'après des dessins de M. Vernet , composés sur des vues exactes des lieux : les gravures sont bien faites, et le texte est imprimé avec de très-beaux caractères d'Herhan ; c'est le premier ouvrage considérable consacré à la gloire des armées françaises. »

M. AUBERT, fabricant et mécanicien. Lyon (Rhône).
—*Bonneterie ; métiers à tricoter.*—Médaille d'or, exposition an x (1802).

« A présenté un métier à tricot sur chaîne, au moyen duquel quatre cents fils sont emmaillés avec la plus grande précision, par le simple mouvement d'une manivelle.

« Il reçut en outre une gratification de 6000 fr., et des marques d'honneur du chef du gouvernement ; depuis il a imaginé un nouveau métier bien plus parfait, qui a les mouvemens les plus doux et les plus agréables.

Avec ce métier, on fait des bas à mailles fixes unies ou à côtes, et des tulles d'une grande beauté. On peut fabriquer près de dix mètres d'étoffe par jour. »

M. Aubertot, à Vierzon (Cher).—*Fer, acier.*—Mention honorable ; exposition 1819.

« Fers de très-bonne qualité. »

Le même.—Mention honorable , exposition 1819.

« Tôle bien fabriquée et de bonne qualité. »

Le même.—Mention honorable, exposition 1819.

« Acier d'une bonne fabrication et de bonne qualité. »

MM. Aubraye frères. Condé-sur-Noireau (Calvados).—*Etoffes de coton.*—Citation au rapport du jury, exposition 1819.

« Pour des calicots qu'ils ont exposés. »

M. Aubry. Chaumont (Haute-Marne).—*Chamoiserie, ganterie.*—Mention honorable, exposition 1806.

« Pour des gants de sa fabrique. »

M. Audibert. Tonilles (Bouches-du-Rhône).—*Soies.*—Mention honorable, exposition 1819.

« Le jury a vu avec une satisfaction particulière les soies grèges, ouvrées et organsinées, exposées par ce fabricant. »

M. Audry.—Exposition an vi (1798). — *Voyez* Patoulet, Audry et Lebeau.

M. Auger. Paris , rue Neuve-des-Petits-Champs, 91.—*Chocolats.*—Citation au rapport du jury, exposition 1819.

« Diverses espèces de chocolats broyés au moyen d'un moteur. »

M. Auguste, orfévre. Paris, place du Carrousel, 22.—*Orfévrerie.*—Médaille d'or à tirer au sort avec M. Odiot, exposition an x (1802).

«Cet artiste a excité l'attention du jury : ces vases sont recommandables par la beauté et le caractère des formes, et surtout par la perfection de la ciselure, des ornemens et des figures qui les décorent. »

*Le même.—Orfévrerie.—*Exposition 1806.

« M. Auguste a présenté cette année de grandes pièces, et peu d'orfévrerie proprement dite ; ces grandes pièces (un calice et une coupe pour porter des fruits) sont exécutées par un procédé particulier : c'est l'emploi de la retrainte et de l'estampage. Ce moyen nécessite, à la vérité, la dépense de matrices en creux sur lesquelles on frappe le métal embouté, et convenablement recuit ; mais, toutes les fois qu'il s'agit de pièces qui se répètent, cette dépense est remboursée avec avantage par l'économie sur le moulage, sur la ciselure et sur le poids de la matière. Entre plusieurs objets on remarque un buste, forme qui représente le *maximum* de la difficulté ; ce procédé produit une épargne importante.

« Le jury a vu, avec une grande satisfaction, les nouveaux travaux de M. Auguste qui sont propres à maintenir son nom au haut degré de réputation où il est parvenu depuis long-temps, par la belle orfévrerie.

« Le jury s'empresserait de décerner une médaille d'or à M. Auguste, si ce fabricant ne l'avait déjà obtenue. »

M. Aumont.—Exposition 1819.—*Voyez* Dapres et Aumont.

M. Autremont (d'). Villepreux (Seine-et-Oise).— *Tissus mérinos.—*Médaille d'argent, exposition 1819.

« A exposé douze pièces de tissus mérinos de diverses couleurs. Ces tissus sont tous d'une parfaite égalité, leur degré de finesse varie depuis douze croisures jusqu'à seize, les laines y sont si bien assorties qu'aucune de ces pièces n'a barré à la teinture. M. d'Autremont peut être considéré comme ayant fait faire des progrès à la fabrication de ce genre d'étoffes. Il file lui-même la laine qu'il emploie. Il a présenté des échantillons de filature depuis le n°. 40 jusqu'au n.° 70. Cette filature est soignée, et c'est à sa belle qualité qu'est dû en partie le mérite des tissus mérinos de M. d'Autremont. »

M. AUTREVILLE (d'). Châlons-sur-Marne (Marne). —*Bonneterie*. —Mention honorable, exposition 1819.

« Pour la bonne qualité de la bonneterie de coton qu'il a exposée. »

M. AUZIÈRE, horloger. Besançon (Doubs).—*Horlogerie*. — Mention honorable, exposition an x (1802).

Deux montres à carillons, une montre dans une bague et une autre dans un médaillon d'une fort bonne exécution. Ce travail est précieux ; mais le jury s'est borné à une mention honorable, parce que le commerce auquel il donne lieu n'est pas étendu.

M. AVERTON.—Exposition 1819.—*Voyez* CHAUSSET et AVERTON.

AVESNES (la filature d'). (Pas-de-Calais). — *Filature de coton*.—Mention honorable, exposition 1806.

« Pour les cotons filés fournis à l'exposition par cette fabrique. »

AVRANCHES (l'hospice d'). (Manche).—*Dentelles.*— Mention honorable, exposition 1819.

« Pour des échantillons de dentelles à l'aune régulièrement faites. »

M. AYMAR.—Exposition 1806.—*Voyez* SERIZIAT et AYMAR.

MM. AYNARD et fils, FIARD et MARION. Montluel (Ain).—*Draperie moyenne.*—Médaille d'argent, exposition 1819.

« Ont présenté à l'exposition de la draperie moyenne et de la draperie commune principalement destinées à l'habillement des troupes. Leurs étoffes sont très-bien fabriquées et d'un prix modéré. »

« La fabrique de Montluel est de la création de MM. Aynard, Fiard et Marion, qui ont su lui donner de grands développemens. »

B.

MM. BACOT père et fils. Sedan (Ardennes). — *Draperie fine.*—Médaille d'or, exposition 1819.

«La ville de Sedan est renommée depuis long-temps par l'excellence et la beauté de ses draps noirs; on ne connaît rien de plus parfait en ce genre que le drap noir présenté à l'exposition par MM. Bacot. Leurs draps bleus sont également d'excellente qualité.

« Les mêmes fabricans ont mis à l'exposition du casimir noir de la première beauté, qui réunit toutes les qualités d'agrément et de bonté qu'on recherche dans cette sorte d'étoffe. »

« Les produits de la fabrique de MM. Bacot justifient complétement la faveur qui leur est accordée par les consommateurs. »

Par ordonnance du 17 novembre, Sa Majesté a conféré à M. Bacot père la décoration de la Légion-d'Honneur.

M. BADIN, fondeur. Paris, rue des Boulets, 8 et 15.— *Machine à laminer les métaux.*—Médaille d'argent, exposition an x (1802).

« 1°. Pour des rouleaux de fonte de fer propres à laminer toutes sortes de métaux, même à chaud, sans rien perdre de leur dureté;

« 2°. Des fers à chapelier non sujets à se gercer;

« 3°. De filières de très-bonne qualité à l'usage des tireurs d'or;

« 4°. De l'acier fondu préparé par lui, et un rasoir fabriqué avec cet acier. »

Tous objets d'un prix modique.

MM. BADIN frères et LAMBERT. Vienne (Isère). — *Draperie fine.*—Médaille d'argent, expos. 1819.

« Cette manufacture a exposé des draps forts qui sont travaillés avec soin, et qui présentent tous les caractères d'une bonne fabrication. »

MM. BAGNAL et SAINT-CRICQ-CAZAUX. Creil (Oise). —*Terre de pipe.*—Mention honorable.

«Leur établissement de terre de pipe est mentionné comme ayant été formé depuis la dernière exposition, et allant de pair avec les établissemens plus anciens. »

M. BALBATRE. Nancy (Meurthe).—*Broderie.*—Mention honorable, exposition 1819.

« Pour des broderies parfaitement exécutées et qui sont l'objet d'un commerce intéressant. »

2 *

Le même.—Citation au rapport du jury, exposition 1819.

« Pour des mousselines qu'il a exposées. »

MM. BALIGOT père et fils. Reims (Marne).—*Casimirs.* —Médaille d'argent à tirer au sort avec la maison Gensse Duminy et compagnie, d'Amiens, exposition an x (1802).

« Parmi les casimirs qu'ils ont exposés, le jury a remarqué une pièce montée en chaîne avec laine de Champagne, et garnie en trame de laine d'Espagne ; le tissu de cette pièce est parfaitement régulier, et le grain supérieur en finesse aux échantillons étrangers. Cette qualité est d'autant plus précieuse, qu'on y emploie une laine nationale, et que le prix en est inférieur de plus de 20 pour 100 à celui des mêmes qualités fournies par les manufactures étrangères. »

Les mêmes.—Exposition 1806.

« Le jury déclare que les qualités qui méritèrent à leurs casimirs la médaille d'argent à la dernière exposition se sont très-bien soutenues. »

Les mêmes.—*Etamines pour bluteaux.*—Mention honorable, exposition 1819.

« Gazes et toiles ou étamines en gros et en fin pour bluteaux. Ces objets sont soignés. »

M. BALIGOT (Remi). Reims (Marne).—*Casimirs.*— Médaille d'argent, exposition 1819.

« A présenté des étoffes pour gilets dont la chaîne est en coton et la trame en laine de mérinos, et qui sont improprement appelés poils de chèvre.

« Des étoffes brochées, aussi pour gilets, et dites *mosaïques*, à cause de leur apparence.

« Ces deux étoffes sont très-agréables, et tirent leur mérite
d'une fabrication dirigée avec intelligence et goût.

« M. Baligot Remi a aussi exposé des casimirs agréables
bien fabriqués, et des flanelles qui méritent le même
éloge. »

M. BALTARD. Paris, rue du Bac. — *Chalcographie.*
Médaille d'argent, exposition 1806.

« A entrepris un ouvrage représentant Paris et ses monumens. Cet ouvrage sera lui-même un monument élevé à la
gloire de l'architecture et de la sculpture française, par un
seul homme chez qui se trouve la réunion peu commune
des talens nécessaires au succès de cette grande entreprise.
M. Baltard est à la fois dessinateur, architecte et graveur,
et il est très-habile dans chacun de ces arts. Les parties
de l'ouvrage de M. Baltard, qui ont déjà paru, suffisent
pour faire juger qu'il égalera, s'il ne les surpasse point,
les plus beaux ouvrages d'architecture publiés chez l'é-
tranger. Il contribuera beaucoup à étendre la célébrité des
monumens français, trop peu appréciés, même parmi nous ;
il facilitera l'étude de l'architecture, et répandra le goût
du beau dessin. »

MM. BANCE et RAST MAUPAS. Lyon (Rhône). —
Crêpe.—Médaille d'argent, exposition 1819.

« La pièce de crêpe, qu'ils ont envoyée à l'exposition, est
faite avec une perfection qui met leur fabrique au-dessus de
toute concurrence connue. »

M. BARADELLE. Paris (Seine).—*Fonte de fer douce.*
—Médaille d'argent, exposition 1819.

« A présenté des ustensiles, des outils, des clous, des pièces
de machines, des couverts de table, etc., en fonte de fer douce,
produits qui surpassent tout ce qu'on avait fait jusqu'ici en
France dans le même genre. »

M. BARBANÇOIS, propriétaire du domaine de Ville-
gongis (Indre). — *Economie rurale.* — Mention
très-honorable, distribution des prix décennaux,
1810.

« Il est un des premiers qui aient tiré d'Espagne des moutons à laine superfine : son troupeau était, dans les dernières
années, de 3,000 têtes, tant bêtes pures qu'améliorées. Les asso-
lemens qu'il a introduits, dans une culture de 700 hectares,
sont dignes d'éloges. Les irrigations qu'il a pratiquées sur sa
propriété lui ont valu, de la part de la société centrale et
royale d'agriculture, un des prix qu'elle avait mis au concours
sur cette partie importante des travaux de la culture. »

M. BARBET (Henri). Rouen (Seine-Inférieure). —
Toiles peintes. — Médaille d'argent, exposition
1819.

« A présenté, à l'exposition, des toiles peintes au cylindre
et à la planche. La fabrication en est belle et soignée. »

M. BARDEL fils, fabricant d'étoffes de crin. Paris, rue
Meslay, 85. — *Étoffes de crin.* — Médaille de
bronze, exposition an x (1802).

« Ce fabricant a exposé des étoffes en crin propres à la
fabrication de meubles. Il se fait une consommation considérable de ces étoffes qui sont recherchées à cause de leur
prix modéré, de leur durée, et de la propriété qu'elles ont
de conserver long-temps leur fraîcheur. Ce citoyen est im-
portateur de cette industrie en France ; sa fabrication se fait
remarquer par la propriété qu'ont ses étoffes, d'être douces
au toucher dans quelque sens que se fasse le mouvement de
la main, et de ne pas présenter, comme celles qui sont moins
bien travaillées, des aspérités qui finissent par endommager
les habillemens. »

Le même.—Exposition 1806.

« Le jury a reconnu les mêmes qualités et les mêmes soins de fabrication dans les étoffes de crin présentées cette année.»

Le même.—Rue du Faubourg-Montmartre, 17.— Exposition 1819.

« M. Bardel est le fils du fondateur de cette industrie; la fabrication était déjà sous sa direction lorsque les produits en furent présentés aux expositions de 1802 et de 1806. Ils ont toujours été distingués par la solidité de la teinture, par l'agrément dans les tissus façonnés, et surtout parce que ces étoffes ne sont point sujettes à se casser; le crin est bien couché et ne présente pas d'aspérités. Le jury a reconnu que M. Bardel a parfaitement maintenu les qualités qui avaient concilié, aux étoffes de crin de sa fabrication, l'estime des consommateurs et les suffrages des jurys de 1802 et 1806, qui l'ont jugé digne de la médaille de bronze.

« Le jury de 1819 lui décernerait cette médaille, s'il ne l'avait pas déjà reçue. »

M. BARRÉ.—Exposition an VI (1798).—*Voyez* GREMONT et BARRÉ.

M. BASIN-BUSSON. Condé-sur-Noireau (Calvados). —*Etoffes de coton.*—Citation au rapport du jury, exposition 1819.

« Pour des reps de coton. »

MM. BASSAL et JANSON, de Clairefontaine (Seine-et-Oise).—*Basins et piqués.*—Une des vingt médailles d'argent de l'exposition à tirer au sort entre quatre, exposition an IX (1801).

«Pour avoir présenté des piqués et des basins bien fabriqués.»

M. BASSECOURT. Mâcon (Saône-et-Loire).—*Couver-*

tures de coton.—Mention honorable, exposition 1806.

« Couvertures de coton d'une très-bonne fabrication. »

MM. Bassecourt et fils. Tournus. (Saône-et-Loire). — *Couvertures de coton.* — Mention honorable, exposition 1819.

« Qui ont exposé des couvertures de coton de bonne et belle qualité. »

M. Bastide (Antoine). St.-Geniez (Aveyron).—*Draperie commune.* — Citation au rapport du jury, exposition 1819.

Bataille, coutelier à Bordeaux (Gironde).—*Coutellerie fine.* — Mention honorable, exposition an IX (1801).

« A exposé des rasoirs d'un fini précieux et d'une bonne qualité. »

Le même. — *Coutellerie fine.* —Médaille d'argent, 1.re classe, exposition 1806.

« A présenté une collection d'instrumens pour l'opération de la taille, parmi lesquels se trouve un lithotome, de sa composition, qu'il réunit au cathéter de M. Guérin, dans la vue de faire l'opération de la lithotomie dans un seul temps et avec un seul instrument : il a présenté aussi un instrument qu'il a imaginé pour l'opération de la cataracte.

« Ces divers instrumens réunissent à la solidité la forme convenable et une parfaite exécution. »

M. Bataille fils. Bordeaux (Gironde).—*Coutellerie.*—Citation au rapport du jury, 1806.

«Rasoirs d'une nouvelle forme, rouannes portatives, tire-bouchons mécaniques fabriqués avec beaucoup de soin.»

M. Bauson - Goubau. Paris, aux Petites - Écuries, faubourg Saint-Denis. — *Ébénisterie*. — Mention honorable, exposition 1806.

«Le premier il a imaginé d'employer, dans la fabrication des meubles, l'orme noueux, au lieu des bois d'Amérique.»

M. Bauzon. Paris, rue de Montreuil, 85, faubourg Saint-Antoine, —*Châles*.—Médaille d'argent, exposition 1819.

«A imaginé, pour fabriquer les châles, un procédé facile et prompt qui est exécuté par des enfans, sous la dictée d'une ouvrière exercée.

«Les châles fabriqués par M. Bauson sont en tout point semblables aux vrais châles de cachemire, et peuvent être livrés au commerce à un prix inférieur.»

M. Bauwens, fabricant. Passy (Seine).—*Filature et tissage de coton*.—Une des douze médailles d'or de l'exposition de l'an ix (1801).

«Il a présenté à l'exposition des cotons filés au mull jenny, depuis les plus bas numéros jusqu'au n.° 250, des basins, des piqués, mousselinettes, et autres étoffes de coton, tous d'une grande perfection; les basins, piqués et mousselinettes ont paru au jury capables de rivaliser avec ce que l'industrie des autres peuples offre de plus beau dans ce genre.»

MM. Bauwens frères. Gand, aujourd'hui royaume des Pays-Bas, même maison que la précédente.— Exposition an x (1802).

«Les basins et piqués qu'ils envoient aujourd'hui, sont

d'un travail plus parfait que ceux qui ont valu à cette maison une médaille d'or en l'an ix. Indépendamment du mérite de la fabrication, ils sont encore remarquables par celui de l'apprêt, qualité par laquelle les piqués de France étaient en général inférieurs aux piqués étrangers. »

BAYEUX (les fabricans de). (Calvados).—*Dentelles et blondes.*—Mention honorable, exposition 1806.

« Pour leurs dentelles, voiles et fichus. »

N. B. Les fabricans de Bayeux réunis ont fourni à l'exposition un manteau, un fichu, un voile, un fond de bonnet et quatre échantillons de dentelles.

M. BEAUFOUR. Quauplet - les - Rouen (Seine-Inférieure).—*Basins et piqués.*—Médaille de bronze, exposition an x (1802).

« Le basin qu'il a présenté est fabriqué avec soin ; le prix en est modéré. »

BEAULIEU-LES-LOCHES (la fabrique de). (Indre-et-Loire).—*Draperie moyenne.*—Mention honorable, exposition 1806.

« Fait des draps propres pour l'habillement des troupes, qui sont fabriqués avec soin. »

M. BEAUNIER, ingénieur en chef des mines et directeur de l'école des mineurs établie à St.-Etienne (Loire). —*Acier.* — Médaille d'or, exposition 1819.

« Pour avoir établi, en France, sur des principes sûrs, la fabrication de tous les aciers dans les usines de la Bérardière, appartenant à M. Milleret. Il a montré à fabriquer les aciers fondus, les aciers naturels et toutes les autres variétés connues dans le commerce. Tous ces aciers sont reconnus de qualité supérieure ou au moins égale à tout ce qu'on connaissait de plus parfait en ce genre.

« Par ordonnance du 17 novembre, Sa Majesté a accordé la décoration de la Légion-d'Honneur à M. Beaunier. »

BEAUPRÉ (fabrique de). (Oise).—*Filature de coton.*—Mention honorable, exposition 1806.

« Pour les cotons filés fournis à l'exposition par cette fabrique. »

M. BEAUVAIS. Lyon (Rhône).—*Étoffes de soie.*—Médaille d'argent, 1.ʳᵉ classe, 1806.

« Il a exposé une grande variété de velours, de veloutés et autres étoffes pour vêtement de femme, de très-belle et très-bonne qualité. »

MM. BEAUVAIS et compagnie. Lyon (Rhône).—*Étoffes de soie.*—Médaille d'or, exposition 1819.

« Ont envoyé des châles, diverses étoffes de soie, des étoffes mélangées de soie et coton, de soie et poils de chèvre, des peluches velours, des gazes, des robes tissées d'une manière nouvelle et avec des bordures imitant la peau, des velours, dits *duvets de cygne ;* un manchon peluché, des échantillons d'une étoffe inventée par eux, qu'ils nomment velours royal, et une pièce de crêpe en tout pareil au crêpe de chine, qui, jusqu'ici, n'avait pas été fabriquée en Europe. Le travail de tous ces objets est très-agréable et parfaitement soigné.

« Il existe, entre MM. Beauvais et Depouilly, cité plus loin, une grande analogie de talent et d'activité. Ces deux fabricans rendent à l'industrie des services à peu près semblables ; ils entretiennent chacun un grand nombre d'ouvriers. Ils inventent des étoffes nouvelles, et leurs produits, quoique différens, ont un égal succès. Cette heureuse fécondité, qui suit ou prévient les changemens de goût, assure aux ouvriers en soie un travail constant, qui n'est plus sujet aux intermittences résultant des variations de la mode.

« Par ordonnance du 17 novembre 1819, Sa Majesté a accordé la décoration de la Légion-d'Honneur à M. Beauvais. »

BEAUVAIS (manufacture royale de). (Oise).— *Tapisserie et tapis*. — Citation au rapport du jury, exposition an IX (1801).

« Elle est en activité sous la direction de M. Huet; elle présente des résultats très-satisfaisans, auxquels a contribué M. Laronde, artiste envoyé des Gobelins, et qui y remplit les fonctions de chef d'ateliers. »

La même.—Citation au rapport du jury, exposition 1806.

« Les ouvrages présentés à l'exposition par cette manufacture (M. Huet, directeur), sont bien exécutés, et prouvent qu'elle possède d'habiles ouvriers capables de bien imiter de beaux tableaux. »

La même. — Exposition 1819.

« Elle a exposé deux tapis d'appartement, deux dessus de portes avec plusieurs pièces d'ameublement exécutés avec beaucoup de soin et de goût.

« Si les manufactures royales étaient entrées en concours avec les établissemens particuliers, elles auraient eu droit à des distinctions d'un ordre supérieur. »

BEAUVAIS (la manufacture établie par des sociétaires particuliers à). (Oise).—*Tapis et moquettes*.— Mention honorable, exposition 1806.

« Pour les tapis et échantillons de tapis. »

BEAUVAIS (fabrique de). (Oise). — *Draperie moyenne*.—Mention honorable, exposition 1806.

« Les gros draps, les pinchinats, ratines, et les autres étoffes de laine de cette manufacture, ont paru d'une bonne fabrication. »

« *N. B.* La principale branche d'industrie du département de l'Oise est la fabrique d'étoffes de laine, comme gros draps, ratines, tricots, molletons, serges, bouracans, bayettes, etc. : 2,000 métiers sont en activité et occupent chacun sept individus. C'est à Beauvais que se donnent les apprêts des étoffes de tout le département; il y existe 34 apprêteurs de toute espèce, lesquels occupent 142 ouvriers. »

BEAUVAIS (la manufacture de l'hospice de). (Oise). —*Établissement de bienfaisance.* — Citation au rapport du jury, exposition 1806.

« Elle a présenté divers échantillons d'étoffes de laine. »

La même.—Mention honorable, exposition 1819.

« Pour des étoffes de laine assez bien fabriquées. »

M. BEAUVISAGE et comp. Paris, rue des Marmousets, 8.—*Teinture.*—Médaille d'argent, exposition 1819.

« Le premier en France, il a employé la lack-lack dans la teinture, pour teindre en écarlate sur laine, et il en a perfectionné l'usage. Il a exposé des échantillons d'écarlate qui a été obtenu par ce procédé et qui a beaucoup d'éclat. »

M. BECKER (Denis). — Arcis-sur-Aube (Aube).— *Bonneterie.* — Mention honorable, exposition 1819.

« Pour la bonne qualité de la bonneterie de coton qu'il a exposée. »

BÉDARIEUX (la manufacture de). (Hérault).—*Draperie moyenne.*—Mention honorable, exposition 1806.

« Elle fait des draps propres à l'habillement des troupes, qui sont fabriqués avec soin. »

M. BEGUÉ (Pierre). Pau (Basses-Pyrénées).—*Linge de table*.—Mention honorable, exposition 1819.

« Linge de table ouvré, d'une jolie fabrication, solide et d'un beau blanc. »

M. BÉLANGER, constructeur de machines. St-Léger (Eure.)—*Filature de laine*.—Médaille d'argent, exposition 1819.

« Il fait, pour la filature de la laine, des machines perfectionnées auxquelles les fabricans de ce département avec les départemens voisins rendent une justice unanime, et à qui ils avouent qu'ils doivent la prospérité de leurs fabriques. »

M. BÉLANGER, ingénieur des ponts et chaussées. Versailles (Seine-et-Oise).—*Mécanique*.—Mention honorable, exposition 1819.

« S'est appliqué à indiquer et à faire exécuter des améliorations aux différentes usines et aux machines pour lesquelles on l'a consulté, et a fait, par ce moyen, le bien de plusieurs fabriques intéressantes. »

MM. BELLANGÉ et DUMAS-DESCOMBES. Paris, rue Sainte-Apolline.—*Étoffes de soie*.—Médaille d'argent, 1.re classe, exposition 1806.

« Ils ont présenté à l'exposition :

« 1°. Des étoffes très-variées en châles imitant le cachemire;

« 2°. Des étoffes soie et coton, brochées or et argent d'une bonne fabrication et d'un dessin élégant;

« 3° Des gazes et étoffes façonnées, et brochées pour vêtemens de femmes, d'une fabrication élégante. »

Les mêmes.—Médaille d'or, exposition 1819.

« Cette maison, une des plus anciennes de Paris, a rendu depuis long-temps des services essentiels à l'industrie par l'art heureux avec lequel, dans toutes les circonstances, elle a réussi à substituer de nouvelles combinaisons de tissus à celles que la mode abandonnait. Elle a ainsi, par ses entreprises et par celles que son exemple a fait naître, créé, pour la classe nombreuse des ouvriers gaziers-tissutiers de Paris, des moyens de travail sans cesse renaissans à mesure que les anciens moyens venaient à manquer.

« Elle a obtenu une médaille d'argent en 1806.

« MM. Bellangé et Dumas-Descombes ont présenté, à l'exposition de 1819, des gazes de soie, des robes en bourre de soie, des châles où la soie est mariée, soit avec la laine, soit avec le duvet de cachemire, de la manière la plus agréable, des châles en bourre de soie, façon de cachemire, d'un très-bel effet, enfin des châles chaîne et trame de duvet de cachemire, qui imitent très-bien ce que l'Inde offre de plus beau dans ce genre. »

N. B. Ces fabricans ont déclaré que le blanchissage et l'apprêt de leurs produits sont de la maison Joseph Arnaud et Berthoud.

———————

MM. BELLANGER et VAYSON. Paris, rue d'Anjou-S.-Honoré, 9.— *Moquettes.* — Médaille de bronze, exposition 1819.

« Ont exposé des moquettes, des tapis de pied et des meubles en tapisserie imitant celles de Beauvais. Le bon goût des dessins et la perfection du travail déterminent le jury à décerner une médaille de bronze à ces fabricans. »

———————

M. BELLONI. Paris, rue des Cordeliers.—*Mosaïque.*—Médaille d'argent, 2.ᵉ classe, exposition 1806.

« A présenté plusieurs objets en mosaïque exécutés sous sa

direction par des élèves sourds-muets. La mosaïque est un
art récemment introduit parmi nous : son objet est de conserver, pour la postérité, des tableaux qui, par la fragilité
de leurs matériaux, ne peuvent avoir qu'une durée limitée.
M. Belloni possède à fond les détails de ce bel art. »

Le même.—Maison de l'ancien couvent des Cordeliers, rue de ce nom.—Exposition 1819.

« A présenté le portrait du roi en mosaïque ; deux belles
tables rondes et une cheminée. Tous ces objets, et plus encore
le beau pavé de la salle de Melpomène, au musée de sculpture, prouvant l'habileté de M. Belloni.

« Le jury s'empresse de déclarer qu'il est toujours très-
digne de la médaille de bronze qu'il obtint en 1806. »

M. BELOT. Paris (Seine).—*Filature de laine.*—Mention honorable, exposition 1819.

«A établi, en 1812, à Paris, et mis en activité, un système
complet de machines à filer la laine peignée, dont les produits furent remarqués en 1816 par des commissaires du
gouvernement.

« Ce système de machines, transféré dans le département de
la Côte-d'Or, a fixé l'attention du jury départemental. »

M. BÉNARD. Lisieux (Calvados).—*Toiles de ménage.*— Mention honorable, exposition 1806.
«Pour la bonne qualité de ses toiles cretonnes. »

MM. BENOIT-MERAT, DESFRANCS et MINGRE BAGUE-
NEAU. Orléans (Loiret).—*Bonneterie.* — Médaille
de bronze à partager avec deux autres, exposition
an x (1802).

«Les casquets de Tunis, fabriqués par l'établissement dirigé par ces messieurs, sont d'une bonne matière, bien tricotés et feutrés; pour la finesse de la laine et le teint, ils sont absolument semblables à ceux de Tunis, que les Orientaux estiment beaucoup. Cet objet est important dans le commerce du Levant. »

MM. Benoit-Mérat et Desfrancs. Orléans (Loiret). —*Bonneterie.* — Médaille d'argent, exposition 1819.

« Les bonnets turcs, établis par cette maison, sont destinés au commerce du Levant. Ceux qu'elle a envoyés à l'exposition égalent, pour le choix des matières, pour le travail et la teinture, s'ils ne les surpassent pas, les articles de même genre fabriqués à Tunis, et qui sont très-recherchés dans le Levant. »

MM. Benoit Hanapier et fils. Orléans (Loiret).— *Bonneterie.* — Médaille de bronze en commun avec Gaudry le jeune, Benoit Mérat, Desfrancs et Mingre Bagueneau, de la même ville.—Exposition 1806.

Même note que pour Benoît Mérat, à la page précédente.

M. Benoit.—Exposition 1819.—*Voyez* Deloyne. Benoit, Hallier et compagnie.

M. Benoitte-Desvalettes. Mayenne (Mayenne).— *Toiles de lin.*—Mention honorable, exposition 1806.

M. Bentalou.—Exposition 1819.—*Voyez* Destoup et Bentalou.

M. Berard. Montpellier (Hérault). — *Produits chimiques.*—Médaille d'argent, exposition 1819.

« A envoyé à l'exposition de l'alun, du sulfate de fer et de l'acide nitrique retiré, par une seule opération, des eaux mères, des salpêtres. Ces objets sont d'une belle fabrication.

« La fabrique de M. Bérard répand ses produits dans le midi de la France. Les connaissances de ce chimiste et l'intelligence qu'il apporte dans sa fabrication ne peuvent qu'accroître la réputation distinguée dont sa manufacture jouit depuis long-temps. »

MM. Bérard et Vétillard. Le Mans (Sarte).—*Toiles de ménage.*—Mention honorable, exposition an x (1802).

« Ont exposé de bonnes toiles. »

M. Bernard-Matillot. Pratz de Mollo (Pyrénées-Orientales.—*Draperie commune.*—Mention honorable, exposition 1819.

« Fabrique, à des prix modérés, des draps de qualité commune, bons dans leur genre. »

MM. Berniset père et fils, menuisiers. Vienne (Isère). —*Mécanique.*— Mention honorable, exposition 1819.

« Pour avoir été très-utiles à l'industrie du département de l'Isère et des départemens voisins, en établissant des usines et des machines de tous genres, qui ont répandu la prospérité dans toutes les fabriques de la ville de Vienne, et pour avoir formé d'excellens élèves qui se sont répandus et ont porté partout les améliorations exécutées à Vienne. »

M. Berriat. Vif (Isère).—*Soies grèges.*—Mention honorable, exposition 1806.

« Pour les soies en poil, les soies ouvrées et organsinées qu'il a produites. »

MM. Berté et Grevenich, propriétaires des papeteries de Sorel et Saussaye (Eure-et-Loir).—*Papier.*—Médaille d'argent, exposition 1819.

« Ces manufacturiers font le papier à la mécanique; ils sont
les premiers en France, et jusqu'ici les seuls, qui aient établi ce
genre de fabrication avec un certain développement; ils pra-
tiquent le collage à la cuve.

« Les papiers de MM. Berthe et Grevenich sont accueillis
dans le commerce pour leurs qualités et leurs prix. »

M. Berthé. Tournus (Saône-et-Loire.) — Mention
honorable, exposition 1819.

« Qui a exposé des couvertures de coton de bonne et belle
qualité. »

M. Berthier. Bizy (Nièvre). — *Acier.* — Mention
honorable, exposition an vi (1798).

« Acier de sa fabrication; chaînes de montre; mouchettes,
limes faites de cet acier. »

M. Berthier et compagnie. Lyon. (Rhône).—*Tulle
et crêpe.*—Mention honorable, exposition 1806.
« Ont exposé du crêpe bien fabriqué. »

M. Berthier.— Exposition 1819. —*Voyez* Rouyer
et Berthier.

M. le comte Berthollet.—*Chimie.*—Grand prix de
1.re classe pour sa *Statique chimique*, distribution de prix décennaux, 1810.

« Le jury a prononcé que de tous les ouvrages de *physique*
proprement dite, de chimie, de minéralogie qui ont été publiés
depuis dix ans en France, la Statique chimique est *celui qui*
porte l'empreinte la plus originale, qui présente les vues les plus
nouvelles, qui peut influer le plus puissamment sur les progrès
d'une science importante. »

3 *

M. le comte BERTHOLLET. Paris. — Grand prix de seconde classe, distribution des prix décennaux, an 1810.

« Son *Traité de l'art de la Teinture*, dont la seconde édition se distingue par des additions importantes, est, de tous les ouvrages de ce genre, celui qui, dans l'opinion publique, paraît (en 1810) tenir encore le premier rang. »

M. L. BERTHOUD. Paris, au dépôt des cartes marines, rue de la place Vendôme.—*Horlogerie astronomique.*— Médaille d'or, expos. an x (1802).

« Cet artiste s'est rendu justement célèbre par la perfection de ses montres à longitudes ou garde-temps, dont la justesse, constatée par des expériences répétées et précises, lui a valu le prix de l'institut national. Cette année, il présente, pour la première fois, au public, la connaissance de leur mécanisme qu'il s'était toujours réservée. Il a exposé de plus une horloge astronomique, exécutée avec la plus grande perfection, et dans laquelle les effets du frottement sont diminués par des procédés extrêmement ingénieux. »

MM. BERTHOUD frères. Paris, rue Richelieu, 103. — *Horlogerie astronomique.* — Mention honorable, exposition 1819.

« Ont exposé trois pièces d'horlogerie où l'on retrouve le mécanisme et le soin d'exécution qui distinguaient les ouvrages de feu M. Louis Berthoud, leur père, si justement célèbre par la perfection à laquelle il était parvenu dans la construction des horloges marines.

« Le jury a vu avec une satisfaction particulière les ouvrages exposés par MM. Berthoud frères; ils font espérer qu'ils marcheront sur les traces de leur père, et qu'ils soutiendront la haute réputation attachée à son nom. »

M. BERTIN. Paris, rue de la Sonnerie, 1.—*Eclairage*. — Mention honorable , exposition an x (1802).

«Pour avoir simplifié et perfectionné les lampes docimastiques.»

Le même.—Mention honorable , exposition 1806.

«A présenté des lampes docimastiques. Il n'a pas cessé d'être digne de la mention honorable qu'il a obtenue en l'an x.»

M. BERTOUX. Saint-Saens (Seine-Inférieure).—*Colle forte.*—Médaille de bronze, exposition 1819.

« Les colles-fortes qu'il a présentées sont de bonne qualité. »

M. BERTRAND. Paris, rue Neuve-Saint-Gilles, 25. —*Porcelaine.* — Mention honorable, exposition 1806.

«A présenté des fleurs en biscuit de porcelaine, exécutées avec beaucoup de délicatesse. »

M. BERVIC, graveur, membre de l'Académie royale des Beaux-Arts.—*Gravure en taille-douce.*—Décoration de la Légion-d'Honneur en 1819.

« La gravure en taille-douce, dit Sa Majesté, portée, sous le règne de notre illustre aïeul Louis XIV, à un degré de perfection qu'aucune autre nation n'a pu atteindre, a pris ensuite une marche rétrograde jusqu'à l'époque où la supériorité des ouvrages de M. Bervic, en ranimant le goût et l'étude de la gravure historique, a favorisé le développement des talens qui honorent l'époque actuelle. »

BESANÇON (la manufacture de). (Doubs).—*Horlogerie.*—Mention honorable, exposition 1806.

« S'est distingué, à l'exposition de 1806, par le grand
nombre de montres, par la variété de ses ouvrages et celle
des prix. »

M. Besnard.—Expositions an ix (1801), 1802, 1806.
—*Voyez* Jacquemard et Besnard.

M. Béthencourt. — *Hydraulique.*—Mention honorable, distribution des prix décennaux, 1810.

« Pour sa nouvelle écluse dont on a fait un rapport très-
avangeux à la classe des sciences de l'institut. »

M. Bethune (Marc). Catillon (Nord).—*Dentelles
et blondes.* — Mention honorable, exposition
1806.

« A envoyé du fil écru simple de la première qualité. »

M. Beunat. Sarrebourg (Meurthe). — *Tabletterie
et ornemens.* — Mention honorable, exposition
1806.

« A trouvé le moyen de rendre la dorure sur bois plus solide
et en même temps plus économique. »

Le même.—Mention honorable, exposition 1819.

« Qui a exposé des échantillons d'ornemens pour les meubles et l'intérieur des appartemens, faits avec une pâte particulière. »

MM. Beurnier frères.—Seloncourt (Doubs).—*Horlogerie de fabrique.* — Médaille d'argent, exposition 1819.

« Ont présenté des ébauches de mouvemens de montres fabriquées dans leur manufacture, et qu'ils établissent à des prix
extrêmement modérés. Le jury a vu ces produits avec une
satisfaction particulière. »

M. Biards. Rouen (Seine-Inférieure).—*Métiers à tisser.*—Médaille d'argent, 1.re classe, exposition 1806.

« A présenté une machine à tisser par le simple mouvement de rotation, et qui n'exige que huit à dix jours d'apprentissage de la part d'un tisserand. Cette machine opère le tissage complétement et dans des largeurs indéfinies. La toile se roule seule à mesure qu'elle se fait; le battant frappe toujours des coups égaux, d'où il résulte que le tissu est plus régulier que lorsqu'on frappe à la main. Cette dernière propriété de la machine de M. Biards la rend précieuse, et suffirait pour la recommander à l'attention des fabricans. »

Bicêtre (maison de force). (Seine).—*Productions.* —Citation au rapport du jury, exposition an IX (1801).

« Le jury a distingué les objets fabriqués par les détenus de la maison de force de Bicêtre. Il estime que le directeur de ces fabrications mérite l'estime publique, et exprime le désir qu'un usage aussi salutaire devienne général. »

M. Biennais. Paris, rue Saint-Honoré, 325.— *Orfévrerie.*—Médaille d'or, exposition 1806.

« A exposé plusieurs pièces d'orfévrerie d'une parfaite exécution; ses formes et ses ciselures sont pleines de goût.

« M. Biennais avait aussi exposé un nécessaire très-riche, et une pièce d'ébénisterie ornée de bronzes dorés, d'un goût parfait. »

Le même.—Rue St.-Honoré, 283.—Exposition 1819.

« N'a présenté à l'exposition qu'un seul morceau : c'est un vase d'argent orné de bas-reliefs en vermeil. Cet ouvrage est d'une grande perfection; le dessin en est beau; ces ornemens sont disposés avec art et ciselés avec adresse.

« Le jury s'empresse de déclarer que M. Biennais est toujours très-digne de la médaille d'or. »

M. Biron. Fourvoierie-en-Chartreuse (Isère). — *Faux.*—Mention honorable, exposition 1819.

« Le jury a vu avec satisfaction les faux qu'il a exposées et qui sont très-bien fabriquées. »

M. Biver aîné.—Paris, rue Portefoin, au Marais.— *Serrurerie.* — Mention honorable , exposition 1819.

« Pour de nouvelles serrures de son invention, d'un prix modique , faciles à poser à cause de leur forme circulaire, et dont la garniture simple , y compris la clef, est fabriquée par des moyens mécaniques avec une perfection qu'on ne saurait obtenir de la main des ouvriers les plus adroits. »

Bischvillers (la fabrique de). (Bas-Rhin).—*Draperie moyenne.* — Mention honorable , exposition 1806.

« Il s'y fait des draps propres pour l'habillement des troupes qui sont fabriqués avec soin. »

N. B. Beaucoup de régimens de hussards et de dragons s'y approvisionnent ; 80 à 90 métiers en activité occupent (en 1806) 1000 à 1100 ouvriers, et peuvent fournir 60,000 mètres de draps par an.

M. Bissardon. Lyon (Rhône).—*Étoffes de soie.*— Médaille d'argent, 1.re classe, exposition 1806.

« Pour ses étoffes soie et or , de toute espèce de soie mélangée de coton , ses châles de diverses façons, et ses velours ciselés en dorure , tous objets bien fabriqués. »

M. Blanchon aîné , serrurier.—St.-Hilaire-sur-Rille (Orne).—*Lacets.*—300 francs à remettre en présence des ouvriers, exposition 1819.

« Pour avoir perfectionné le métier à lacets, et être cause de la prospérité de cette industrie dans le département. »

MM. BLECH FRIES et comp. Mulhouse (Haut-Rhin). —*Toiles peintes.*—Médaille d'argent, exposition 1819.

« Réunissent la filature, le tissage et l'impression. Les toiles bleu-lapis qu'ils ont exposées sont bien exécutées et d'un bel effet. »

M. BLERIOT. Villers-Faucon (Somme).—*Mousse-line.*—Citation au rapport du jury, exposition 1819.

« Pour des mousselines qu'il a exposées. »

MM. BLONDEAU frères. S.-Hippolyte (Doubs).—*Horlogerie.*—Médaille de bronze, exposition 1819.

« Dirigent une grande manufacture d'outils d'horlogerie en fer et acier poli. »

MM. de BLUMENSTEIN et FREREJEAN.—Isère(Vienne). —*Fer.*—Médaille d'argent, exposition 1819.

« Ont présenté à l'exposition du fer affiné au four de réverbère par le moyen de la houille dite *charbon de terre*, suivant le procédé anglais qui n'était pas encore employé en France, et de la fonte grise de fer obtenue par le moyen de la houille carbonisée dite *coke*, suivant le procédé connu, qui était déjà pratiqué en France dans l'usine du Creusot.

« Le jury a trouvé ces produits de très-bonne qualité. »

Les mêmes.—Mention honorable, exposition 1819.

« Ont présenté à l'exposition des tôles d'une belle exécution. »

M. BOBÉE (établissement de la fabrique de). Saint-

Mandé, près Vincennes (Seine).—*Dentelles et blondes.*—Mention honorable, exposition 1806.

« Son établissement de dentelle est d'autant plus intéressant qu'il a été formé dans des vues de bienfaisance. »

M. Bobée. Choisy-le-Roi (Seine).—*Produits chimiques.*—Médaille d'argent, exposition 1819.

« A établi une fabrique d'acide acétique par des procédés qui diffèrent de ceux de M. Mollerat.

« Il a exposé de l'acide acétique et différens produits préparés pour l'usage des arts, et qui résulte de la combinaison de l'acide avec diverses substances.

« L'acide est pur, limpide et très-concentré ; les autres produits sont parfaitement préparés. »

Le même. — *Conservation des viandes.* — Mention honorable, exposition 1819.

« A présenté des viandes préparées suivant le procédé de M. Salmon Maugé, par le moyen de l'acide acétique.

« Ce procédé paraît devoir être le principe d'un art nouveau et important. »

M. Bobilliers et Nicod. A la Grand-Combe (Doubs). —*Faux.*—Mention honorable, exposition 1819.

« Le jury a vu avec satisfaction les faux très-bien fabriquées qu'ils ont exposées. »

M. Bodin. Quintin (Côte-du-Nord). — *Toiles de lin.*—Mention honorable, exposition 1806.

« Pour les toiles blondes et écrues qu'il a exposées, et qui sont parfaitement fabriquées. »

M. Bodin (Charles). Saint-Donat (Drôme).—*Soies grèges.*—Médaille de bronze, exposition 1819.

« Ses échantillons consistent en soie blanche grège, filée à deux cocons et en organsin fabriqué avec cette soie au titre de dix deniers; en soie blanche filée à trois cocons avec beaucoup de régularité, et en organsin fabriqué avec cette soie au titre de quinze deniers; en soie blanche filée à quatre cocons en organsin à deux bouts, fabriqué au titre de vingt deniers. Ces soies sont filées à la Gensoul, et d'un bon travail. »

BOÈRE (les propriétaires des marais de la). Charente-Inférieure.—*Desséchemens.*—Mention honorable, distribution des prix décennaux, an 1810.

« Ce marais contient 1100 hectares; le desséchement en avait déjà été entrepris par les Hollandais vers le milieu du XVII.ᵉ siècle, mais sans succès; à force de travaux les plus opiniâtres, d'activité, de sacrifices pécuniaires et d'intelligence, les propriétaires actuels sont parvenus à vaincre des difficultés qui avaient paru jusqu'alors insurmontables, et à rendre, d'une manière durable, à la culture, ces terres déjà en ce moment couvertes de troupeaux et de productions végétales. »

M. BOGGIO (Marcellin). St.-Etienne (Loire).—*Armes blanches.*—Médaille de bronze, exposition 1819.

« A présenté des lames de fleuret d'une fabrication satisfaisante. »

M. BOHAIN. Quintin (Côtes-du-Nord).—*Toiles de lin.*—Mention honorable, exposition 1806.

« Pour les toiles blondes et écrues qu'il a exposées, et qui sont parfaitement fabriquées. »

MM. BOIGUES DEBLADIS et GUÉRIN. Imphy (Nièvre). *Fer.*—Médaille d'or, exposition 1819.

« L'établissement d'Imphy présente un grand développement d'industrie.

« On y fabrique au laminoir des tôles noires, en feuilles fortes et en feuilles légères; ces dernières destinées à l'étamage. Il a fourni au département de la guerre et à celui de la marine des tôles à grande dimension, dont le poids était de 100 kilogrammes par feuille.

« Le jury a vu avec le plus grand intérêt les tôles exposées par la manufacture d'Imphy; l'exécution en est belle et soignée, et elles sont de belle qualité. »

Les mêmes.—Fers-blancs.—Exposition 1819.

« Ont exposé des fers-blancs qui ont été soumis à des épreuves réitérées qu'ils ont soutenues avec le plus grand succès. »

Les mêmes.—Cuivres rouges laminés.—Exposition 1819.

« Ont fabriqué et exposé du cuivre rouge, des feuilles de cuivre pour doublage, et autres objets du même métal qui auraient seuls donné lieu à décerner une médaille d'or, si elle n'était décernée pour l'ensemble des fabrications d'Imphy. »

MM. BOILEVIN. Badonvillers (Meurthe).—*Alènes.*—Médaille d'argent, exposition 1819.

« Ont présenté à l'exposition des alènes pour cordonniers, etc., d'une bonne fabrication et d'un grand débit. »

M. BOILLEAU fils.—Quai de la Mégisserie, 34.—*Instrumens.*—Médaille de bronze, exposition 1819.

« A présenté un cor perfectionné.

« Dans le cor ordinaire il y a une sorte de sons qui ne peuvent s'obtenir que par l'introduction de la main dans le pavillon; ces sortes de sons, qu'on appelle sons bouchés, sont toujours d'une autre qualité que les sons ouverts. M. Boilleau s'est proposé de faire disparaître ce désavantage; il a résolu cette difficulté, et il a construit un instrument avec lequel on obtient le son du cor dans tous les tons et dans tous les modes sans introduire la main dans le pavillon. »

Madame BOISRICHARD, veuve Raymond. A Paris,
rue.....—*Bronzes ciselés et dorures.*—Mention
honorable, exposition 1819.

« A présenté deux beaux lustres en cristal de roche et une
cheminée. »

M. BOITEUX. Paris, rue du Brave.—*Bonneterie en
laine.*—Mention honorable, exposition 1806.

« A présenté des tricots bien fabriqués dont le revers est
garni de laine en forme de toison. »

MM. BOIXOT PALOT et comp. Pratz de Mollo (Pyrénées-Orientales). —*Draps communs.*—Mention
honorable, exposition 1819.

« Fabriquent, à des prix modérés, des draps de qualité commune bons dans leur genre. »

BOLLEVILLER (les filateurs de). (Haut-Rhin).—*Filature de coton.*— Mention honorable, exposition
1806.

« Pour les cotons filés qu'ils ont fournis à l'exposition. »

M. BONIFACE et compagnie. Cambray (Nord).—
Batistes et linons.—Médaille de bronze, exposition an x (1802).

« Ils ont présenté, au nom du commerce de Cambray, des
batistes unies et rayées, et des linons qui surpassent en France
les plus beaux objets connus en ce genre. Le jury a surtout
remarqué deux pièces venant de la fabrique des citoyens
Boniface et compagnie.

« L'idée de fabriquer des batistes rayées à petites côtes est
heureuse, en ce qu'elle a étendu le goût de cet article. Le
jury n'a décerné qu'une médaille de bronze, parce que la

fabrication des batistes et linons est depuis long-temps parvenue au plus haut degré de perfection. »

MM. BONNAIRE (Jean-Baptiste) et compagnie. Caen (Calvados). — *Dentelles, tulles.* — Médaille d'argent, exposition 1819.

« Ils ont envoyé des robes, des voiles, des mantelets, d'autres articles en dentelles et en blondes d'un beau dessin, des blondes à fond blanc brodées en diverses couleurs et en fils d'or et d'argent; tous ces objets sont bien exécutés et annoncent une grande intelligence. La manufacture de MM. Bonnaire et comp. est très-distinguée. »

BONNAIRE, expositions 1806 et 1819. — *Voyez* JOUBERT et BONNAIRE.

M. BONNARD. Lyon (Rhône). — *Tulle et crêpe.* — Médaille d'argent, 1.re classe, exposition 1806.

« Il a présenté des tulles à double nœud, et à maille fixe, qui ne coule ni à sec ni au blanchissage : ils peuvent être lavés sans se gonfler, et deviennent même plus beaux que du premier blanc. M. Bonnard peut faire, dans le tissu, des variations susceptibles de produire des dessins agréables; les qualités de son tulle tiennent aussi à une perfection qu'il a introduite dans la préparation de la soie. »

MM. Bonnard, père et fils, fabricans très distingués de Lyon, figurent au nombre des artistes qui ont le plus contribué à faire rentrer en France un genre d'industrie qui y avait pris naissance.

En recevant sa médaille à l'exposition de 1806, M. Bonnard père promit de surpasser les Anglais dans la fabrication du tulle : il a tenu parole; mais il lui a fallu surmonter beaucoup de difficultés, dont les plus importantes étaient la bonne construction des métiers, le choix et la préparation des soies. Il a fallu, pour arriver à de bons résultats, qu'il fît de fréquens voyages dans les départemens où l'on recueille la soie, et après rectifiant la filature ordinaire, qu'il créât, pour ainsi dire, la matière première dont il avait besoin. *Rapp. de M. Bardel, bulletin* LXXIX *de la Société d'encouragement.*

Il a réuni dans ses ateliers la construction de ses métiers, préparation des soies, leur teinture, fabrication de ses tulles, leur apprêt.

MM. BONNARD père et fils. Lyon (Rhône).—*Crêpes et tulles.*—Exposition 1819.

« Leur fabrique fut distinguée à l'exposition de 1806, où elle obtint une médaille d'argent; elle a présenté, en 1819, des crêpes et des tulles; ces tissus sont faits avec le plus grand art; le tulle a été l'objet de l'admiration du public par la régularité de ses mailles et par sa finesse presque aérienne.

« Le jury se fait un devoir de déclarer que la fabrique de MM. Bonnard père et fils est toujours très-digne de la médaille d'argent qui lui fut décernée en 1806. »

Par ordonnance du 17 novembre 1819, Sa Majesté a accordé la décoration de la Légion-d'Honneur à M. Bonnard.

M. BONNARD, mécanicien. Lyon (Rhône). — *Filatnre de la soie.*—Médaille d'or, exposition 1819.

« Pour des moyens de filer la soie plus facilement et plus parfaitement qu'autrefois; pour avoir cultivé les vers et perfectionné le décreusage de la soie, et pour un métier à tricot très-parfait, et pour avoir introduit et perfectionné la fabrication du tulle à maille fixe. »

M. BONNEAU (Paul-Dominique. (Indre).—*Economie rurale.* — Mention très-honorable, distribution des prix décennaux, 1810.

« Pour la ferme expérimentale située à la Brosse, où il a tout créé, et qui donne un exemple utile à une contrée où les anciennes routines agricoles semblent avoir trop d'empire. »

M. BONNET. Apt (Vaucluse).—*Poterie marbrée.*— Mention honorable, exposition 1806.

« Poterie marbrée d'un aspect agréable qui a très-bien soutenu les épreuves. »

M. BONNIÈRES (Michel). Bournainville (Eure).— *Rubans de fil.*—Mention honorable, exposition an x (1802).

« Pour ses rubans de fil assortis, très-bien fabriqués. »

Le même.—Mention honorable, exposition 1806.

M. BONNIN.—Exposition an ix (1801).—*Voyez* CESBRON frères, MARTIN, etc.

M. BONTEMS, ancien fabricant de gazes. Paris, rue Meslay. — *Étoffes de soie et madras.* — Mention honorable, exposition an ix (1801).

« Pour avoir fabriqué des étoffes, soie et coton, appelés *madras*, en y employant les ouvriers gaziers depuis long-temps sans ouvrage. »

Le même.—Médaille de bronze, expos. an x (1802).

« A beaucoup perfectionné ce genre qui fait l'occupation des ouvriers gaziers de Paris, depuis que le goût de gazes a cessé. »

Le même.—Exposition 1806.

« Les étoffes du même genre qu'il a présentées en 1806 sont propres à augmenter l'estime méritée dont il jouit depuis long-temps. »

M. BONVALLET, fabricant. Amiens (Somme). —

Machine à imprimer étoffes.—Une des vingt médailles d'argent de l'exposition an ix (1801).

« Pour avoir inventé une machine qui imprime, en plusieurs couleurs, deux cent trente mètres de toile, ou de velours de coton en une heure : pour avoir inventé une manière d'imprimer, sur étoffes de laine, des fleurs qui imitent la broderie. »

M. BONY. Lyon (Rhône). — *Broderie et passementerie.*—Médaille d'argent, 2.ᵉ classe, expos. 1806.

« A exposé des broderies remarquables par leur beauté. »

M. BORDA. —*Système métrique décimal.*—Citation au rapport du jury, distribution des prix décennaux, 1810.

« S'il est une grande et belle application des principes des sciences à la pratique, c'est sans contredit celle qui a donné à la France un nouveau système métrique, fondé sur la grandeur du quart du méridien. Les moyens d'exécution sont dus à Borda qui, long-temps avant l'époque du concours, avait enrichi l'astronomie et la géodésie du cercle répétiteur et des règles de platine à coulisse et à thermomètre métallique, ainsi que d'un appareil nouveau pour la mesure du pendule. »

M. BORDEAUX FOURNET. Lizieux (Calvados). — *Toiles de lin.*—Citation au rapport du jury, exposition 1819.

« Bonne qualité de toiles mises à l'exposition. »

M. BORDIER, de Versoix, successeur d'Argand. Paris. —*Eclairage.*—Exposition 1806.

« A présenté des réverbères pour l'éclairage des villes; la

4

lumière y est fournie par une lampe à double courant d'air, elle est réfléchie en rayons parallèles entre eux par des miroirs paraboliques dont l'axe est à peu près horizontal.

« L'essai en a été fait à Paris, sur la demande et en présence du jury. Un seul de ces nouveaux réverbères en remplaçait deux de ceux qui sont actuellement employés, et cependant la rue était mieux éclairée. D'après cet essai, le jury pense que le nouveau procédé de l'éclairage, proposé par M. Bordier, mérite d'être pris en grande considération.

« Si le temps avait permis de faire subir à ces réverbères une plus longue suite d'expériences, et si le résultat avait été en leur faveur, comme celui qui vient d'être rapporté, le jury aurait décerné une médaille à M. Bordier. »

Le même.—*Tôles vernies.*—Mention honorable, exposition 1806.

« A présenté des vases et des ustensiles de fer-blanc vernissés. »

Le même.—Paris, rue du Faubourg-Montmartre, 4. —*Eclairage.*—Médaille d'argent, exposition 1819.

« Depuis l'exposition de 1806, il s'est constamment occupé de l'amélioration des appareils d'éclairage.

« Les fanaux qu'il a exposés cette année sont construits avec intelligence. »

M. BERNÈQUE.—Exposition 1806.—*Voyez* MEINER et BORNÈQUE.

M. BORNÈQUE l'aîné. Bitschvillers (Haut-Rhin).— *Faux.*—Mention honorable, exposit. an x (1802).

« A présenté des faux, des casseroles et écuelles embouties et étamées. »

Le même.—Mention honorable, exposition 1806.

« Faux de très-bonne qualité, imitant la forme de Styrie. »

M. Bosc. Toulouse (Haute-Garonne). — *Fers.* — Mention honorable, exposition 1806.

« Deux barres de fer en plate-bande, bien estampé, très-nerveux et très-tendre à la lime. »

M. Bosio, statuaire. Paris. — Décoration de la Légion-d'Honneur à l'occasion de l'exposition de 1819.

« Il honore, par ses travaux dans la sculpture, dit l'ordonnance, l'époque actuelle, et contribue à maintenir la haute réputation que la France s'est acquise dans les beaux arts. »

M. Bossu. — Exposition an IX (1801). — *Voyez* Solages et Bossu.

MM. Bossu et Solages. Paris. — *Hydraulique.* — Médaille d'or, exposition 1806.

« Ils ont présenté en 1806 une nouvelle manière d'employer une chute d'eau comme moteur ; le modèle d'un moulin à eau sans roue, mis en mouvement par cette nouvelle méthode, a été exposé aux regards du public. »

M. Bost Montbrun. — St.-Remy (Puy-de-Dôme). — *Coutellerie.* — Mention honorable, exposition 1819.

M. Bouan. Quintin (Côtes-du-Nord). — *Toiles de ménage.* — Médaille de bronze tirée au sort avec MM. Mahieux et Duplessier, de Rue-Saint-Pierre (Oise), exposition an X (1802).

« A exposé une pièce de toile fabriquée avec un grand soin, elle est de très-bonne qualité : il se fait, de cet article, un commerce très-étendu. »

4 *

Le même.—Exposition 1806.

« Ses toiles, exposées cette année, ne le cèdent en rien à celles qui lui ont mérité une médaille de bronze à l'exposition de l'an x (1802).

MM. Bouché oncle et neveu. Paris, quai Pelletier, 38.—*Machines à filer le coton.*—Mention honorable 1806.

« Cylindres cannelés, brochés, roues d'engrenage et supports pour filature ; le tout très-bien exécuté.

« Ces messieurs avaient aussi exposé des outils de tout genre, de très-bonne qualité. »

MM. Boucher fils et compagnie, entrepreneurs de la fabrique de Chandey, près de l'Aigle (Orne).—*Fil de laiton.*—Médaille d'argent, en commun avec madame veuve Fleur de Lods, Edouard Mouret, Bouchotte et Fleury jeune, exposition an x (1802).

« Ont exposé des fils de laiton qu'ils ont fabriqués dans un établissement récemment formé ; ces fils ont paru très-bons. »

Les mêmes.—Exposition 1806.

« Ont exposé des fils de laiton de diverses sortes, qui, par leur qualité, prouvent que ces fabricans n'ont pas cessé d'être dignes de la distinction que leur accorda le jury de l'an x (1802). »

M. Boucher fils. Rouen (Seine-Inférieure).—*Fonderie de cuivre.*—Médaille d'or, exposition 1819.

« A présenté à l'exposition du laiton brut, noir et poli, produit nouveau en France et d'une bonne qualité ; il a été fabriqué par M. Boucher, en remplaçant la calamine par la blende ou zinc sulfuré. »

*Le même.—Cuivre laminé.—*Exposition 1819.

« A exposé du cuivre laminé pour le service de la marine et pour la chaudronnerie. La belle exécution de ces planches aurait suffi pour faire décerner à M. Boucher la médaille d'or qui lui a été accordée pour l'ensemble de ses produits. »

Le même. — Fils de laiton de belle exécution. — Mention honorable, exposition 1819.

M. Boucher. Paris, rue Béthisy, 20.—*Laminage du plomb.*—Médaille de bronze, exposition 1819.

« Ouvrages en plomb laminé bien exécutés; feuilles de plomb de neuf pieds de large, d'une belle fabrication. »

M. Boucher. Paris, rue La Vrillère, 2.—*Cordon-nerie.*—Citation au rapport du jury, exposition 1819,

« Pour ses souliers dits *corio-claves;* ces chaussures sont bien faites et parfaitement clouées. »

M. Bouchet (Jean-Louis), cordier. Vienne (Isère). —Mention honorable, exposition 1819.

« Pour avoir été très-utile à l'industrie du département de l'Isère et des départemens voisins, en établissant des usines et des machines de tous les genres qui ont répandu la prospérité dans toutes les fabriques de la ville de Vienne, et pour avoir formé d'excellens élèves qui sont répandus et ont porté partout les améliorations exécutées à Vienne. »

M. Bouchon.—Exposition 1819.—*Voyez* Texier et Bouchon.

M. Bouchotte, propriétaire de forges. Ile-sur-le-Doubs (Doubs). — *Tréfilerie.* —Médaille d'argent à partager avec cinq, exposition an x (1802).

« Il a exposé des fils de fer dans lesquels le jury a reconnu les qualités qui sont la suite d'un bon choix de matière, et d'une fabrication bien entendue : ces fils sont élastiques, tenaces et propres à la fabrication des cardes. »

Le même.—Exposition 1806.

« A présenté des fils de fer de bonne qualité, élastiques et propres à la fabrication des cardes. L'examen de ses derniers produits a convaincu le jury qu'il n'a pas cessé d'être digne de la médaille d'argent de 1.re classe ».

M. BOUDART, fils aîné. Paris, rue Thévenot, 58.— *Ganterie.*— Mention honorable, exposition an x (1802).

« A présenté des gants blancs, d'une très-belle fabrication. »

M. BOUDART fils. Chaumont (Haute-Marne).—*Ganterie.*—Mention honorable, exposition 1819.

« Pour des gants très-bien teints. »

M. BOUGON fils. Paris, rue St.-Jean-de-Beauvaïs, 16.—*Gravure en bois.*—Mention honorable, exposition 1819.

« Pour des gravures en bois bien exécutées. »

M. BOUILLON LAGRANGE.—*Physique.*—Citation au rapport du jury, prix décennaux en 1810.

« Pour ses ouvrages élémentaires de physique. »

M. BOULANGER. Péronne (Somme).—*Tissus de coton.*—Citation au rapport du jury, exposition 1819.

« Pour des calicots qu'il a exposés. »

M. Boulay. Alençon (Orne).—*Dentelles.*—Médaille d'argent à tirer au sort avec M. Vandessel, de Chantilly, exposition an x (1802).

« A présenté plusieurs échantillons de points d'Alençon de la plus grande beauté; il a beaucoup contribué à rétablir l'activité de ce genre de travail, qui entretient une population nombreuse. »

M. Bouley-Fresnel. Saint-Germain-la-Campagne (Eure).—*Rubannerie de fil.*—Mention honorable, exposition 1819.

« Les rubans de fil qu'il a exposés sont d'une grande finesse et parfaitement exécutés. »

M. Boullier. Paris.—*Orfévrerie.*—Médaille d'argent, 1.re classe, exposition 1806.

« A présenté des ouvrages de très-belle orfévrerie courante. Le jury a vu avec beaucoup de plaisir une grande fontaine de plusieurs pièces très-bien exécutées dans un genre sage. »

M. Bourdier. Paris, rue St.-Sauveur, 14.—*Horlogerie.*—Médaille d'argent, exposition 1819.

« Cet artiste est distingué par le goût et la beauté de ses ouvrages, et par les ressources de son imagination qu'il a déployées dans des effets d'horlogerie compliqués; il a perfectionné les jeux de flûte employés dans l'horlogerie; il a imaginé, pour fendre les roues, des outils particuliers très-utiles, dont l'usage a été adopté par les horlogers. »

Le même, auquel il a été donné une médaille d'argent.—Exposition 1819.

« Pour l'ensemble de ses productions; a aussi présenté une pendule astronomique d'une exécution parfaite. Cet ouvrage seul aurait suffi pour mériter à M. Bourdier la médaille d'argent. »

MM. Bourdon (Nicolas) et Pétou. Elbeuf (Seine-Inférieure).—*Draperie.*—Médaille de bronze, exposition 1819.

« Pour les draps bien fabriqués et de bonne qualité qu'ils ont exposés. »

Bourges (l'hospice de). (Cher).—*Couvertures de laine.*—Mention honorable, exposition an x (1802).

« Le jury a vu avec intérêt les ouvrages provenant de l'hospice de Bourges, où l'on fabrique des couvertures de laine, des droguets et des toiles. »

Bourges (le dépôt de mendicité de).—Citation au rapport du jury, exposition 1806.

« M. Lepley, régisseur, a présenté des couvertures de laine et des échantillons de chanvre préparé et raffiné. »

Bourges (la maison de refuge à). (Cher).—Mention honorable, exposition 1819.

« Draps, couvertures et toiles, qui se vendent facilement à Bourges et à des marchands forains qui viennent les chercher dans l'établissement, ce qui prouve que la fabrication est bonne. »

M. Bouriat, pharmacien. Paris. — *Chauffage.* — Mention honorable, exposition 1806.

« Il a présenté un fourneau économique à l'usage des pauvres. »

M. Bourillon. Mende (Lozère).—*Draperie commune.*—Mention honorable, exposition 1819.

« Fabrication louable de draps communs. »

BOURLIER.—Exposition an IX (1801).—*Voyez* PAYEN et BOURLIER.

M. BOURNOT (Laurent). Langres (Haute-Marne).— *Typographie.*—Mention honorable, exp. 1806.

« Qui a présenté des caractères gravés et fondus par lui avec soin. »

M. BOURON (Joseph). Romans (Drôme).—*Tulle et crêpe.*—Mention honorable, exposition an x (1802).

« Crêpe présenté par ce citoyen. »

M. BOURSIN. Lisieux (Calvados).—*Couvertures de laine.*—Mention honorable, exposition 1819.

« Qui a présenté des molletons communs dont le prix est très-modéré. »

Le même.—*Draperie commune.*—Citation au rapport du jury, exposition 1819.

M. BOUSQUET. Nîmes (Gard).—*Étoffes de soie.*— Mention honorable, exposition 1806.

« Pour ses châles et ses petites étoffes. »

M. BOUTET, directeur de la manufacture d'armes de Versailles (Seine-et-Oise). — *Armes à feu.* — Une des vingt médailles d'argent de l'exposition an IX (1801).

« Pour avoir formé cette belle manufacture au compte du gouvernement, et pour l'avoir maintenue dans sa splendeur depuis qu'elle est à son compte particulier. »

Le même.—Médaille d'or, exposition an x (1802).

« La beauté et les bonnes qualités des armes, de la manufacture de Versailles, sont renommées dans toute l'Europe. Cet établissement fut d'abord conduit, aux frais du gouvernement, par M. Boutet, qui s'en est depuis chargé, et l'a maintenu dans sa splendeur. »

M. BOUTIER. Quintin (Côtes-du-Nord).—*Toiles de corps et de ménage.*—Mention honorable, exposition 1806.

« Pour des toiles blondes et écrues qu'il a exposées, et qui sont parfaitement fabriquées. »

Madame veuve BOUVARD et comp. Lyon (Rhône). —*Etoffes de soie.*—Mention honorable, exposition 1819.

« Pour une très-belle étoffe destinée à des ornemens d'église, et qui est en fond d'or d'un grand effet. »

M. BOUVIER. Paris, enclos de la cité. — *Fonderie.* —Une des quatorze mentions honorables décernées, exposition an vi (1798).

« Divers ouvrages fondus en filigrane. »

Le même.—Médaille d'argent, exposit. an ix (1801).

« Pour filigranes fondus. Les ouvrages qu'il a exposés en l'an ix sont d'une exécution plus difficile et néanmoins plus parfaite que ceux qu'il présenta en l'an vi, et qui lui valurent a seconde mention honorable. »

Le même.—Exposition an x (1802).

« Obtint, à l'exposition de l'an ix, une médaille d'argent, pour son habileté comme fondeur. Il s'est, depuis long-temps, placé au premier rang dans cet art; il s'est fait remarquer cette année par des planches d'imprimerie, en cuivre fondu, au moyen desquelles il a imprimé des ouvrages classiques qui peuvent être donnés à meilleur marché que les éditions ordinaires. »

Le même. —Exposition 1806.

« A présenté des filigranes fondus pour ornemens, et pour formes à papiers qui sont très-bien exécutés. Il a exposé plusieurs autres objets, tels que timbres à encre, dits *timbres humides,* griffes, cachets, vignettes, fers à dorer pour les relieurs. Il montra, à l'exposition de l'an IX, des planches d'imprimerie fondues d'une seule pièce ; cette année, il produit une planche pour la musique : elle est en cuivre fondu d'une seule pièce, et en relief comme dans l'imprimerie ordinaire. La musique imprimée par son moyen est belle, et les lignes en sont droites et continues. Cette variété d'objets délicats prouve que M. Bouvier possède, à un degré éminent, le talent de fondeur, et qu'il ne cesse pas de se montrer digne de la distinction qu'il a reçue en l'an IX. »

MM. BOYER-FONFRÈDE. Toulouse (Haute-Garonne). *Étoffes de coton en général.* — Mention honorable, exposition an VI (1798).

« Le jury regrette que ces fabricans, dont les étoffes en coton rivalisent avec les plus belles d'Angleterre, n'aient pas eu le temps d'envoyer à l'exposition des objets qui en auraient beaucoup augmenté l'intérêt, et qui leur auraient donné sûrement un rang honorable dans le concours. »

M. BRÉAN, horloger. Paris, rue du Temple, 127. —*Horlogerie.* —Mention honorable, exposition an IX (1801).

« Pour une pendule à plusieurs cadrans, présentant l'annuaire de la république française. »

M. BRÉANT. —Exposition an IX (1801). —*Voyez* PLUVINET.

M. Bréant, vérificateur des essais de la Monnaie, Paris.—*Travail du platine.*—Médaille d'argent, exposition 1819.

« Pour avoir purifié en grand le platine, et l'avoir rendu tellement malléable, qu'il a été facile d'en fabriquer de grands vases pour les manufactures, et de les donner à des prix bien inférieurs aux anciens. »

———

M. Bréguet. Paris, quai de l'Horloge—*Horlogerie.* —Distinction du premier ordre, exposition an vi (1798).

« Pour un nouvel échappement libre, et à force constante, également applicable au perfectionnement des horloges astronomiques et des horloges à longitude. Cette horloge produit l'effet très-singulier de remettre elle-même une montre à l'heure et de la régler.

« Le jury met les ateliers de M. Bréguet au nombre des ateliers français qui offrent des objets dont rien n'approche chez nos voisins. »

Le même.—Exposition an x (1802).

« Cette année, il a présenté le même échappement qu'en 1798, adapté à une pendule à demi-seconde, dont l'aiguille à secondes bat d'un seul coup comme si la pendule était à échappement libre. M. Bréguet présente, en outre, une montre marine en garde-temps, ainsi que les moyens qu'il applique aux montres pour les régler dans leurs positions verticales; ces moyens ingénieux et les productions variées de cet artiste lui ont acquis une réputation qu'il soutient constamment par la fabrication la plus parfaite. »

Le même.—Exposition 1806.

« Cet artiste célèbre présente :

« 1°. Un mécanisme appelé parachute, qui met le balancier à l'abri des accidens des plus fortes chutes;

« 2°. Plusieurs garde-temps, qui, au moyen d'un mécanisme, conservent la même justesse, quelle que soit la position
verticale ou inclinée de la montre ;

« 3°. Des garde-temps sans le mécanisme à tourbillon,
dont le balancier porte sa compensation ; ils sont à échappement libre et à spirale isochrone : ces instrumens sont
exécutés avec beaucoup de soin, et leur prix est modique ;

« 4°. Un échappement, appelé naturel, qui a l'avantage
de n'avoir pas besoin d'huile, et dans le mécanisme duquel
il n'entre pas de ressort ;

« 5°. Un échappement appelé, par M. Bréguet, échappement
double, dont les propriétés sont de ne pas exiger d'huile, de
n'avoir pas de frottement, et de réparer, à chaque vibration,
la perte faite par la pendule. Le jury, n'ayant pas vu cet
échappement appliqué à une machine en mouvement, n'ex-
primera pas une opinion sur ses effets ; mais il peut annoncer
que son exécution est le comble de l'adresse et de la perfection.

« Il est à remarquer, en outre, que M. Bréguet est le premier
qui, en France, ait traité la belle horlogerie en manufacture.

« Tous ces faits prouvent combien M. Bréguet est digne
de la haute réputation, et de la distinction qui lui fut accordée
en l'an IX. »

MM. BRÉGUET père, membre de l'Académie des Sciences, et Bréguet fils. Paris, quai de l'Horloge, 79.—Exposition 1819.

« M. Bréguet, comme membre du jury central, s'est mis
hors de concours. Le public, qui s'est toujours porté en foule
auprès des brillans produits de ses fabriques, aura pu juger
par lui-même combien est méritée la haute réputation dont
jouit l'horlogerie de cet artiste célèbre.

« Les personnes qui s'intéressent aux progrès de la navigation et des arts, nous ajouterons même à la gloire de la France,
nous pardonneront d'être entrés dans quelques détails pour

prouver que les mêmes ateliers où se fabriquent les montres
et les pendules de luxe destinées aux souverains, et celles que
se disputent à l'envi les plus riches particuliers de l'Europe,
fournissent aux marins et aux voyageurs instruits des chro-
nomètres supérieurs en exactitude à tout ce qui a été exécuté
de plus parfait à l'étranger. »

Les mêmes.—Horlogerie.—Exposition 1819.

« Ont exposé un nouveau thermomètre métallique.

« Le temps que le calorique emploie, dans les thermomètres
connus, à traverser l'enveloppe vitreuse et à pénétrer la masse
du fluide qu'elle renferme, empêche qu'ils ne marquent avec
précision les changemens de température de peu de durée.
Le nouveau thermomètre de M. Bréguet les accuse avec une
promptitude extrême. Des expériences faites avec soin prouvent que ce thermomètre a marqué une variation de température de 23 degrés centigrades, pendant que le thermomètre
à mercure n'indiquait dans les mêmes circonstances qu'une
variation de 2 degrés centigrades. Cette propriété rend ce
nouvel instrument très-précieux pour certaines expériences
de physique.

« M. Bréguet s'est mis hors de concours en sa qualité de
membre du jury.

« Par ordonnance du 8 septembre 1819, Sa Majesté a conféré à M. Bréguet la décoration de la Légion-d'Honneur,
pour les services nombreux et importans qu'il a rendus aux
sciences et aux arts, par la supériorité qu'il est parvenu à
donner à l'horlogerie française, et entre autres aux montres
marines. »

Les mêmes. — Horlogerie nautique. — Exposition
1819.

« Ont présenté à l'exposition vingt objets d'horlogerie nouveaux et perfectionnés, parmi lesquels il en est huit qui sont
destinés à l'usage civil. Chacune de ces pièces est remarquable
par des combinaisons ingénieuses et un travail parfait.

« Les montres donnent l'heure avec une grande exactitude.

« L'attention du public s'est particulièrement fixée sur la composition à laquelle M. Bréguet a donné le nom de *pendule et montre sympathiques ;* c'est une horloge marine qui règle une montre et la met à l'heure.

« M. Bréguet avait obtenu une médaille d'or aux précédentes expositions ; il s'est mis hors de concours à celle de 1819 comme membre du jury. »

M. Bréguet, horloger. Besançon (Doubs).—*Horlogerie.*—Mention honorable, exposition 1806.

« On a vu, à l'exposition, cet artiste dont le talent contribue à soutenir l'activité de cette fabrique. »

M. Brehier. Rennes (Ile-et-Villaine).—*Corroyage.* Médaille d'argent, exposition 1819.

« A exposé une peau de vache lissée, parfaitement corroyée et réunissant la beauté du cuir jaune, pour sellerie, à la solidité du cuir lissé pour semelle. C'est un des plus beaux produits qu'on puisse obtenir dans ce genre. »

MM. Bremon aîné et Gautier. Caen (Calvados).—*Lime.*—Mention honorable, exposition 1806.

« Qui ont présenté des limes très-bien travaillées. »

M. Brest fils. Roquevaire (Bouches-du-Rhône). —*Soies.*—Mention honorable, exposition 1819.

« Le jury a vu, avec une satisfaction particulière, les soies grèges, ouvrées et organsinées, exposées par ce fabricant. »

M. Breton (Jean-Antoine), mécanicien. Lyon (Rhône).—*Mécanique.*—Médaille d'argent, exposition 1819.

« Pour différens perfectionnemens faits au métier à la jacquard, et diverses améliorations apportées aux métiers à tisser. »

MM. BRIDIER frères. Sedan (Ardennes).—*Draperie.*
—Mention honorable, exposition 1819.

« Casimir noir, moelleux et très-bien fabriqué. »

M. BRIÈRE aîné. Niort (Deux-Sèvres).— *Chamoiserie, ganterie.*—Mention honorable, exposition an x (1802).

« Pour différentes espèces de peaux de daims et de moutons, bien apprêtées. »

Le même.—Mention honorable, exposition 1806.

« Le jury a vu avec satisfaction la bonne préparation des peaux de daims et de moutons, le travail soigné des culottes de peau et des gants provenant de la fabrique de Niort. »

M. BRIEU (Jacques). Castres (Tarn). — *Papeterie.*
—Mention honorable, exposition 1819.

« Pour la bonne qualité du papier qu'il a exposé. »

M. BRILLOUET (J. B.). Niort (Deux-Sèvres).—
Chamoiserie, ganterie. — Mention honorable, exposition an x (1802).

« Pour différentes espèces de peaux de daims et de moutons bien apprêtées. »

Le même.—Mention honorable, exposition 1806.

« Le jury a vu avec satisfaction la bonne préparation des peaux de daims et de moutons, le travail soigné des culottes de peau et des gants provenant de sa fabrique. »

« MM. BRINCOURT père et fils et compagnie, fabricans à Sedan, sont cités dans les passages des notices dont le rapport du jury suppose la connaissance, comme ayant les premiers introduit à Sedan les machines à lainer. » Exposition 1806.

BRIONNE (fabrique de). (Eure).—*Filature de coton*.
Mention honorable, exposition 1806.

«Pour les cotons filés envoyés par cette fabrique. »

M. BROCARD. Épinal (Vosges).—*Papeterie*.—Mention honorable, exposition 1806.

«Les papiers envoyés par ce fabricant sont faits avec soin et de bonne qualité. »

M. BROCHANT. — *Histoire naturelle*. — Citation au rapport du jury, distribution des prix décennaux, an 1810.

« Sa *Minéralogie*, suivant le système de Werner, a contribué à répandre des vues utiles, auparavant peu connues en France. »

M. BRONGNIARD. —Expositions 1801, 1806.—*Voyez* Sèvres (manufacture de).

M. BRONGNIARD.—*Minéralogie*.—Citation au rapport du jury, distribution des prix décennaux, an 1810.

«Pour avoir introduit la doctrine de M. Haüy dans l'enseignement public, et pour avoir mis dans son livre beaucoup de détails sur les variétés des minéraux et sur leur usage dans les arts, dans lesquels M. Haüy n'avait pas jugé à propos d'entrer. »

M. BROSSER. Beauvais (Oise).—*Cadisseries*.—Mention honorable, exposition an VI (1797).

«Serges et étamines glacées, sans cesser d'être moelleuses et d'un coup d'œil agréable. »

M. BROSSER l'aîné. Beauvais (Oise). — *Cadisseries*.
—Médaille de bronze, exp. an x (1802).

« Il a présenté des étamines et des serges glacées, des bli-cours simples et doubles tissus croisés. Le jury a été très-satisfait de la fabrication et des apprêts de ce fabricant. »

Le même.—Exposition 1806.

« Le jury voit avec satisfaction qu'il continue à soigner sa fabrication et ses apprêts. »

BROSVILLE (fabrique de). (Eure). — *Filature de coton.*—Mention honorable, exposition 1806.

« Pour les cotons filés envoyés par cette fabrique. »

M. BROUILHET. Marvejols (Lozère). —*Casimirs.*—Médaille d'argent de 1.re classe, exposition 1806.

« Cette maison a présenté des casimirs bien fabriqués, fins, beaux et capables de soutenir la comparaison avec les casimirs les plus estimés, fabriqués chez l'étranger. »

M. BRUNEL (Jean-Baptiste). Avignon (Vaucluse). — *Teintures.*—Mention honorable, exposition 1819.

« A présenté des nuances de violet sur soie qui sont très-belles et solides. »

M. BRUNET. — *Hydraulique.*—Citation au rapport du jury, distribution des prix décennaux, 1810.

« Le jury rappelle l'expérience qui a été faite d'un moyen mécanique par lequel il a élevé l'eau d'un seul jet jusqu'au haut de la montagne de Marly. »

M. BRUNET.—Exposition 1819.—*Voyez* GAGNEAU et BRUNET.

MM. Brunon aîné et Gautier. Caen (Calvados).— *Limes.*—Mention honorable, exposition 1806.

« Ont présenté des limes très-bien travaillées. »

Mad. Bruyere. St.-Loup (Haute-Saone).—*Fers.*— Mention honorable, exposition 1806.

« Petites tringles de fer très-nerveux, se forgeant et se soudant bien, pliant à froid sans se casser. »

M. Bucher. Strasbourg (Bas-Rhin).—*Nankins.*— Médaille d'argent, 1.re classe, exposition 1806.

« A exposé des nankins dont le tissu est parfaitement soigné, la nuance semblable à celle du nankin des Indes, et le teint d'une solidité constatée par des épreuves concluantes. »

M. Bunel, tanneur. Pont-Audemer (Eure). — *Tannage.*—Mention honorable, exposition 1806.

« A envoyé des cuirs parfaitement tannés. »

M. Burette. Paris, rue Chapon, au Marais.—*Ébenisterie.*—Médaille d'argent, 2.e classe, exp. 1806.

« A exécuté, avec une précision remarquable, plusieurs pièces en orme noueux. Le jury a vu, dans le travail de ces pièces, le talent de l'ébinisterie porté à un grand degré de perfection. »

M. Burette. Paris, rue des Marais-St.-Martin, 9.— *Mécanique.* — Mention honorable, exposition 1819.

« Pour une presse à exprimer le jus des végétaux par cylindre, dont le mouvement est continu, et qui sont munis d'un manchon de tôle criblé de trous, perfectionnement de la presse à cylindre et à toile sans fin décrite dans le bulletin de la

5 *

société d'encouragement, et pour sa râpe à pomme de terre connue et employée avec succès.»

M. Burgin, mécanicien. St.-Etienne (Loire).—*Rubannerie.*—Mention honorable, exposition 1819.

« Pour avoir monté une machine dite *jeu à la serinette*, et perfectionné la fabrication des rubans, des franges, etc. »

M. Buron. Bourgtheroulde (Eure). — *Métier à fabriquer le filet.*—Médaille d'or, exp. 1806.

«A présenté une machine simple au moyen de laquelle une personne fait une rangée de douze nœuds de filet dans l'espace de douze secondes : il est facile, en augmentant les dimensions de la machine, d'exécuter à la fois un plus grand nombre de nœuds, et de fabriquer des filets de différentes largeurs, à maille plus ou moins ouverte, et avec toutes les grosseurs de fil qui pourraient être demandées.

«Cette machine qui n'exige de la part de l'ouvrier qu'un petit nombre de mouvemens faciles à exécuter, et qui donne le véritable nœud de filet, peut procurer une grande économie de main-d'œuvre. »

M. Buscarlet. St.-Denis (Seine). — *Tannerie.* — Mention honorable, exposition an IX (1801).

«Auteur d'un procédé très-ingénieux, pour fendre les peaux dans toute leur épaisseur. »

Madame veuve Buyer. Aillevillers (Haute-Saône). —*Fer-blanc.*— Mention honorable, exposition 1819.

«Fer-blanc d'une belle exécution et d'une bonne qualité. »

M. Buzot-Dubourg , fabricant. Évreux (Eure).—
Coutils.—Mention honorable, exposition an ix
(1801).

«Pour ses beaux coutils pour meubles montés en chaîne
sur fil, et tramés en coton. »

Le même.—Mention honorable, exposition an x
(1802).

« Pour ses coutils montés en chaînes sur fil , et tramés en
coton. »

Le même.—Mention honorable, exposition 1806.

«Le jury trouve qu'il est toujours digne de la mention
honorable. »

C.

M. Cabannes. Nîmes (Gard).—*Mouchoirs.* — Mention honorable, exposition 1819.

«Pour des mouchoirs et des écharpes fabriqués avec beaucoup d'intelligence. »

MM. Cadet-de-Vaux et Denuelles. Paris , rue
Crussol , 8.—*Porcelaine.*—Médaille d'argent, exposition 1819.

« Les pièces qu'ils ont mises à l'exposition sont remarquables
par de belles formes et par une exécution soignée. Leur dorure matte a particulièrement fixé l'attention du jury. »

M. Cahier. Paris , quai des Orfévres, 58.—*Orfévrerie.*—Médaille d'or, exposition 1819.

« A présenté différens ouvrages d'orfévrerie ; la grande fontaine et le déjeûner en argent et en vermeil sont des ouvrages

remarquables : le dessin en est *beau*, les ornemens sont de bon *goût et bien ciselés*, *et tout est monté avec un grand soin. Les petits bas-reliefs qui décorent un grand plat en argent, et une aiguière pour un service d'église, sont traités avec supériorité.*

« *Le bas-relief représentant la Cène, d'après le dessin de M. Laffitte, exécuté en repoussé, est d'un grand mérite.* »

MM. Cahours, père et fils, manufacturiers à Rentigny (Oise), à Valençay (Indre), et à Paris, rue Planche-Mibray. —*Bonneterie.*—Mention honorable, exposition an VI (1798).

« Beaux échantillons de bonneterie en fil coton. »

Les mêmes.—Médaille d'argent, exp. an IX (1801).

« Ont exposé, en l'an VI et en l'an IX, des échantillons de bonneterie en coton qui, soit par la finesse, soit par l'égalité du tricot, sont comparables aux plus belles bonneteries que les nations étrangères versent dans le commerce. Ils emploient les fils de la filature de l'Épine. On a remarqué que leur industrie fait des progrès depuis l'an VI. »

Les mêmes.—Exposition an X (1802).

« Les bonneteries qu'ils ont présentées cette année sont préférables à celles qui leur valurent la médaille d'argent en l'an IX. Ces fabricans répondent aux faveurs du gouvernement en étendant et en perfectionnant leur industrie. »

M. Caignard de la Tour.—Citation au rapport du jury, distribution des prix décennaux, 1810.

« Inventeur d'une machine à feu dont les commissaires de l'Institut ont rendu le témoignage le plus favorable, et que la classe a jugée être susceptible des applications les plus utiles. »

Le même.—Rue du Rocher, 36.—*Mécanique.*— Médaille d'argent, exposition 1819.

«A présenté, 1°. une vis d'Archimède pneumatique dont l'effet est de porter les gaz sous un liquide quelconque. Cette machine, qui a été exposée sous le nom de *caignardelle*, est déjà utilement employée dans la manufacture de céruse à Clichy ;

2.° Un appareil, dit *machine à explosion*, où la vapeur est employée d'une manière nouvelle à faire le vide et à produire l'ascension de l'eau ;

3.° Un instrument, dit *la syrène*, au moyen duquel on peut compter le nombre de vibrations qui correspondent à un son déterminé. »

_____

MM. CAILLAS frères. Paris.—*Carbonisation de la tourbe.*—Citation honorable, exposition 1806.

«Qui ont formé un établissement pour opérer la carbonisation de la tourbe, dans des fours de leur invention, où ils peuvent se rendre maîtres du feu ; ils ont déjà fourni à la consommation une quantité considérable de charbon de tourbe. »

_____

MM. CAILLE. Roisel (Somme).—*Calicots.*—Mention honorable, exposition 1819.

« Pour des calicots de bonne fabrication présentés à l'exposition. »

_____

M. CAILLON, mécanicien. Paris, rue Saint-Martin, 82.—*Machines à filer le coton.*—Mention honoble, exposition 1806.

«Machine propre à canneler les cylindres pour filature.

« *Nota.* Il a aussi exposé des barres de fer dressées à la varlope, et dignes d'être remarquées. »

_____

M. Caillon. Paris, rue de Vaugirard , 56.—*Méca-nique*.—Médaille d'argent , exposition 1819.

« A présenté une machine à canneler et à raboter le fer, qui peut être très-utile pour le travail du fer. »

M. Calender.—Orléans (Loiret).—*Couvertures de coton*.—Médaille de bronze , exposition 1819.

« A produit de bonnes couvertures à bas prix. »

M. Calenge. Cerisy-la-Salle (Manche).—*Calicots*. —Citation au rapport du jury , exposition 1819.

« Pour des calicots qu'il a exposés. »

M. Calla. Paris, rue du Faubourg-Poissonnière, aux Menus-Plaisirs. — *Mécanique, sparterie*. — Une des trente médailles de bronze, exp. an ix (1801).

« Très-habile constructeur de modèles de machines; ayant de plus fabriqué des tissus en bois colorés ou mêlés soie et bois , employés dans le commerce des modes. »

Le même.—*Machines à filer le coton.*—Mention honorable , exposition an x (1802).

« Pour avoir présenté des cylindres de filature , cannelés par des procédés ingénieux qui lui sont particuliers. »

Le même.—*Machines à filer le coton.* — Médaille d'or , exposition 1806.

« A présenté, 1°. une carde finissoire dont le tambour délivrant est en cuivre, et conserve la forme cylindrique mieux que ceux en bois; les douves du grand tambour sont faites du même métal, et arrangées de manière qu'on peut faire usage de garniture de cardes, dont les crochets n'auraient pas la même longueur, ou remplacer partiellement par des planches neuves celles qui se trouveraient hors de service;

« 2°. Une mécanique à filature continue, de quatre-vingts broches à filer fin pour chaîne, et dont les broches sont placées de manière que la transmission du tors se fait à chaque révolution jusqu'aux cylindres de tirage, sans être interrompue par la pression du fil contre le fond du guide : ce qui prévient la rupture des fils et facilite la filature en très-fin;

« 3°. Une mécanique, mull jenny, de cent douze broches destinée à filer fin pour trame : elle est construite d'après les meilleurs principes et avec le plus grand soin. M. Calla s'est depuis long-temps mis au rang des constructeurs de machines les plus utiles aux manufactures, et dont les travaux contribuent le plus aux progrès de notre industrie. »

Le même.—Paris, rue du Faub.-Poissonnière, 92.—
Mécanique.—Mention honorable, exposition 1819.

« Ce mécanicien fut jugé digne d'une médaille d'or à l'exposition de 1806; il fut désigné par le jury comme l'un des constructeurs de machines les plus utiles aux manufactures, et il a été présenté, en exécution de l'ordonnance du 9 avril 1819, au nombre des artistes qui ont contribué aux progrès de l'industrie française.

« Il a exposé, en 1819, des plaques et des rubans de cardes qui sont très-bien fabriqués, et dignes de la réputation de M. Calla. »

Le même.—Paris.—*Mécanique.*—Médaille d'argent, exposition 1819.

« Pour les services qu'il a rendus aux arts en exécutant parfaitement les machines dont ils avaient besoin et les perfectionnant pour en faire l'application. »

Madame veuve CALLI GRAND-VALLÉE. Lisieux (Calvados).—*Draps communs.*—Citation au rapport du jury, exposition 1819.

CAMARÈS (fabrique de). (Aveyron).—*Cadisserie.*
—Mention honorable, exposition 1806.

«Les tricots et les cadis de ce lieu sont digues d'éloges.»

CAMBRAY (les fabricans de l'arrondissement de).
(Nord). — *Batistes et linons.*—Citation honorable, exposition 1806.

« Ils ont envoyé, soit en blanc, soit en écru, des pièces
de batistes et des pièces de linon de la plus grande beauté,
qui prouvent que la perfection de ces fabriques renommées
se maintient toujours, et que leurs assortimens sont complets. »

CAMBRAY (les filatures de). (Nord).—*Filature de
coton.*—Mention honorable, exposition 1806.

«Les cotons fournis à l'exposition par les filatures de
Cambray.»

CAMBRAY (les fabricans de). (Nord).—*Nankins.*—
Mention honorable, exposition 1806.

« Les nankins exposés par les fabricans de Cambray. »

CANISY (la manufacture de). (Manche).—*Coutils.*
—Mention honorable, exposition 1806

«Le jnry voit avec satisfaction que les coutils de Canisy
sont fabriqués avec soin, et que, loin de déchoir, leur qualité s'améliore sensiblement.»

M. CANSON.—Exposition 1806.—*Voyez* MONTGOL-
FIER et CANSON.

MM. Canson frères. Annonay (Ardèche).—*Papeterie.*—Médaille d'or, exposition 1819.

« Ont envoyé à l'exposition un assortiment complet de papiers superfins, depuis le papier à lettres jusqu'au papier grand-aigle, pour le lavis; on y a remarqué des papiers de diverses couleurs; du papier à calquer, fait avec de la filasse ou du chiffon écru; d'autres faits avec la même matière, imitant le parchemin, et destinés aux relieurs. »

« Tous ses papiers, comparés aux plus beaux papiers étrangers, ne le cèdent sur aucun point, et l'emportent sur plusieurs. Les papiers à laver ont été essayés; on a reconnu qu'ils sont parfaitement collés. »

M. Capon, entrepreneur d'une fonderie à Avignon. (Vaucluse).—*Cuivre laminé et martelé.*—Mention honorable, exposition 1806.

« Pour ses cuivres laminés et martelés, qui sont de bonne qualité et travaillés avec intelligence. »

M. Capron, fabricant de châles et de rouenneries. Rouen (Seine-Inférieure).—*Coton.*—Citation au rapport du jury, exposition 1819.

M. Captier. Lodève (Hérault).—*Draperie.* — Médaille d'argent, exposition 1819.

« Le drap exposé par ce manufacturier est très-beau et d'une fabrication excellente. »

M. Caraillon-Gentil. Nîmes (Gard).—*Cartons d'apprêt.*—Médaille de bronze, exposition 1819.

« Cette fabrique est présentée par le jury du département comme la première qui se soit occupée de la fabrication des cartons d'apprêt. »

« Le jury a vu avec satisfaction les échantillons envoyés par M. Caraillon-Gentil; ils donnent une idée très-avantageuse de la bonté de sa fabrication. »

M. CARAMBOIS. Marseille (Bouches-du-Rhône).— *Tabletterie et ornemens.*—Mention honorable , exposition 1806.

« Pour avoir présenté des coraux bien travaillés, et dont les formes sont agréables. »

M. CARBONEL. Ménèsbes (Vaucluse).—*Soies grèges.* —Mention honorable , exposition 1806.

« Pour les soies en poil, les soies ouvrées et organsinées qu'il a produites. »

CARCASSONNE et environs (fabriques de). (Aude). —*Cadisserie.*—Citation au rapport du jury, exposition 1806.

« Les draps légers, appelés *draps sérail*, destinés pour les échelles du Levant, sont exécutés avec soin dans ces fabriques. »

MM. CARCEL et CARREAU, rue de l'Arbre-Sec , Paris. *Éclairage.*—Une des trente médailles de bronze, exposition an IX (1801).

« Pour avoir perfectionné la lampe à courant d'air , en plaçant, dans la partie inférieure du flambeau, un mécanisme qui élève l'huile jusqu'à la mèche. »

Les mêmes.—Exposition an X (1802).

« Le public a revu avec satisfaction les lampes à mécanisme pour lesquelles MM. Carcel et Carreau obtinrent la médaille de bronze l'année dernière. »

Les mêmes.—Exposition 1806.

«Les lampes mécaniques de MM. Carcel et compagnie, ont reparu avec des perfectionnemens qui ajoutent à la commodité du service, et qui prouvent que ces artistes n'ont pas cessé d'être dignes de la distinction qu'ils ont obtenue à la dernière exposition.

« On sait que ces artistes ont eu les premiers l'idée d'élever l'huile à la hauteur de la flamme, par un moyen indépendant de la succion capillaire; ils exécutèrent cette idée par un mécanisme placé dans le pied de la lampe, et ils sont parvenus à produire la clarté la plus vive. »

CARDU.—Exposition 1819.—*Voyez* FIRMIN.

MM. CARME frères. Alby (Tarn).—*Draps communs.* —Citation au rapport du jury, exposition 1819.

MM. CARME frères. Alby (Tarn).—*Toiles.*—Citation au rapport du jury, exposition 1819.

« Bonne qualité de toiles mises à l'exposition. »

M. CARNY. Dieuze (Meurthe).—*Soude.*—Mention honorable, exposition 1806.

« A présenté de la soude et du carbonate de soude bien préparés, et qu'on peut employer avec succès dans les arts. »

M. CARON, maître de forges de Fraisans, Rans, Dampierre et Bruyère. (Jura).—*Fers.*—Mention honorable, exposition 1806.

« Fer d'une pâte égale, beaucoup de corps se forgeant bien à froid, comparable aux fers de Suède. »

M. CARON. Paris, rue Croix-des-Petits-Champs, 13. — *Éclairage.* — Mention honorable, exposition 1819.

« Pour les lampes qu'il a mises à l'exposition, notamment

pour celles qu'il désigne sous le nom de *lampe à niveau constant*. »

MM. CARON, CRÉPIN, fabricans. Amiens (Somme).—
Flanelle.—Mention honorable, exposition an IX
(1801).

« Pour avoir présenté des échantillons de flanelles préférables à celles des fabriques étrangères. »

M. CARON LANGLOIS, fabricant et blanchisseur de
toiles. Beauvais (Oise).—Médaille d'argent, exposition 1819.

« A présenté à l'exposition de la toile demi-hollande qui,
pour la finesse et la régularité du tissu, est d'une qualité supérieure. La perfection du blanc de ces toiles prouve que M. Ca-
ron-Langlois est aussi distingué comme blanchisseur que comme
fabricant de toile. »

Le même.—Beauvais (Oise).—*Toiles.*—Médaille
d'argent, exposition 1819.

« A exposé des toiles demi-hollande dont le blanc est comparable, pour la perfection, à celui de M M. Gombert et
Michelet. »

MM. CARON et LEFÈVRE. Paris, rue Amelot, 64.—
Porcelaine.—Médaille d'argent, 2.e classe, exposition 1806.

« Des pièces d'une grande dimension, richement décorées,
et peintes avec goût, ont donné au jury une idée très-
avantageuse de cette manufacture de porcelaine. »

M. CARREAU.—Exposition an IX-x (1801-1802).—
Voyez CARCEL et CARREAU.

Mad. CARPENTIER. Bayeux (Calvados).—*Dentelles.*
—Médaille de bronze, exposition 1819.

« Les robes, les voiles, les dentelles et les autres objets qu'elle a envoyés sont bien exécutés, et les dessins en sont beaux et variés. »

M. CARTIER, fabricant à Tours, ayant dépôt à Paris, rue Richelieu, 315.—*Etoffes de soie.*—Mention honorable, exposition an IX (1801).

« A exposé de belles étoffes de soie fabriquées à Tours. »

M. CARTIER.—Exposition 1819.—*Voyez* PAYEN fils.

MM. CARTIER-ROSE et CARTIER fils. Paris, hôtel Boutin, rue Richelieu, 315. Tours (Indre-et-Loire).—*Étoffes de soie.*—Médaille d'argent, exposition an X (1802).

« Ils ont exposé des étoffes de soie pour meubles ; le jury a vu avec satisfaction les travaux de cette famille pour ranimer la fabrication des soies à Tours. Ils obtinrent une mention honorable en l'an IX ; les étoffes qu'ils ont exposées cette année sont plus belles, les dessins sont d'un goût pur ; circonstance importante, puisqu'elle contribue à étendre la consommation de ces soieries, et par conséquent à ranimer l'industrie d'une ville intéressante. »

MM. CARY frères. Epehy (Somme).—*Linge de table.*—Mention honorable, exposition 1819.

« Pour avoir présenté du linge de table en coton, d'une fabrication bonne et régulière.

CASTRES (fabrique de). (Tarn).—*Cadis, serges, étamines.*—Citation au rapport du jury, exposition 1806.

« Les castorines de Castres ont été trouvées très-bien fabriquées. »

M. Cauchoix, opticien, quai Voltaire, 17. — *Op-tique.* — Médaille d'argent, exposition 1819.

« A présenté à l'exposition de bonnes lunettes de spectacle à grossissement variable; une camera lucida avec les perfectionnemens de M. Amici; des verres périscopiques; de grandes lunettes achromatiques de quarante-deux lignes d'ouverture, et de quatre à cinq pieds de foyer, construite avec du flint-glass de M. D'Artigues; un sphéromètre; un micromètre pour la mesure des corps mous; une lunette méridienne et une lunette murale; des cadrans imprimés, etc. etc.

« Tous les instrumens de M. Cauchoix sont exécutés avec beaucoup de soin et d'intelligence. Cet artiste joint à une habileté peu commune des connaissances théoriques fort étendues. Ses grandes lunettes achromatiques, soumises, en 1811, à des épreuves délicates et nombreuses par des commissions de l'institut et du bureau des longitudes, ont paru fort bonnes. »

MM. Cavalier. Marseille (Rhône). — *Fonderie.* — Mention honorable, exposition 1819.

« Tuyaux de plomb laminé sans soudure, produits que les consommateurs préfèrent aux tuyaux soudés. »

M. Cazals. Toulouse (Haute-Garonne). — *Couvertures de coton.* — Mention honorable, exp. 1806.

« Couvertures de coton d'une très-bonne fabrication. »

M. Cazalis. — Exposition 1819. — *Voyez* Cordier.

MM. Cesbron frères, Martin, Guimaudeau, Lambert et Meunier, Thareau Labrosse, Bonnin, Lambert, Grimault, *associés.* Chollet (Maine-et-Loire). — *Mouchoirs.* — Mention honorable, exposition an IX (1801).

« Pour avoir remis en activité la fabrication des mouchoirs de Chollet. »

MM. Cesbron fils, frères. Chemillé (Maine-et-Loire). — *Tissage des cotons*. — Mention honorable, exposition 1819.

« Pour des perkales mises à l'exposition. »

M. Cessier. St.-Étienne (Loire). — *Armurerie*. — Mention honorable, exposition 1819.

« Fusils et pistolets avec leurs nécessaires fort bien exécutés: « La fabrication d'armes doit des perfectionnemens à M. Cessier. »

M. Chabert. St.-Donnat (Drôme).—*Soies grèges*.— Mention honorable, exposition an x (1802).

Chalabre (fabrique de). (Aude).—*Cadis, serges, étamines*.—Citation au rapport du jury, exposition 1806.

«Les casterines de castres ont été trouvées très-bien fabriquées. »

Chalons (fabrique de). (Marne).—*Bonneterie en coton*. — Mention honorable, exposition 1806.

« Elle a envoyé des bas dans les qualités communes, et des essais dans le fin, qui annoncent l'activité et la bonté de cette fabrique. »

Chalons-sur-Marne (école royale des arts et métiers). (Marne).—Exposition 1806.

M. Labate, *proviseur*; M. Molard, *directeur des travaux*.

«Cette école, où les élèves réunissent à la pratique de plusieurs arts mécaniques l'étude des sciences qui y sont relatives, a présenté à l'exposition de 1806 des outils de menuisier, des arbres de tour en l'air, des vilebrequins à

6

boule d'acier et de cuivre assortis, d'un grand nombre de mèches, des vis à bois et des limes ; tous ces objets construits sur les meilleurs modèles sont exécutés avec un soin qui fait l'éloge du talent des chefs et de l'intelligence des élèves.

La même école royale. — *Limes.* — Mention honorable, exposition 1806.

« On y a fabriqué des limes excellentes, bien fines, bien faites, dures et ne s'égrenant pas. »

La même école royale. — Médaille d'or, exposition 1819.

« Cette école présenta à l'exposition de 1806 divers objets fabriqués par ses élèves, et qui méritèrent des éloges du jury. »

« Elle a exposé cette année des produits très-variés, parmi lesquels on a remarqué :

« 1.° Des meubles en acajou, ornés de bronze, qui, pour le goût de la composition et la correction de l'exécution, soutenaient très-bien la comparaison avec les plus beaux meubles exposés par les premiers fabricans de Paris ;

« 2.° Des limes qui, aux épreuves, ont été trouvées de très-bonne qualité ;

« 3.° Des serrures de sûreté, à secret, dont le travail est soigné et le mécanisme bien entendu ;

« 4.° Des clefs universelles à tourner les écrous, qui sont construites avec soin et qui se prêtent à tous les changemens d'ouverture sans perte de temps ;

« 5.° Des cymbales et un tam-tam.

« Jusqu'à ces derniers temps, le procédé employé par les Orientaux pour la fabrication des cymbales et celle du tam-tam était inconnu ; une paire de cymbale se payait jusqu'à 500 fr., et un tam-tam jusqu'à 6,000 francs ; un des tam-tam fabriqué à l'école de Châlons, et qu'elle a exposé, a paru égal, pour la force et la durée des vibrations, à celui qui est employé à l'orchestre de l'Opéra de Paris, et les cymbales valent les cymbales turques.

« On doit à M. Darcet la découverte des procédés de fabrication des cymbales et des tam-tams, et c'est lui qui les a donnés à l'école de Châlons;

« 6.° Un moteur à vapeur, qui a l'avantage d'être transportable à volonté; l'exécution de toutes les pièces est soignée; les pitons qui sont métalliques ne laissent pas d'issue à la vapeur, et tous les mobiles fonctionnent sans bruit et avec aussi peu de frottement qu'il soit possible;

« 7.° Une pompe à incendie, très-légère, qui occupe très-peu d'espace et dont le prix est modéré.

Cet ensemble de productions prouve que les arts sont pratiqués avec une grande habileté dans l'école de Châlons ; les élèves qu'elle forme répandent dans les différentes parties de la France la connaissance des meilleures pratiques des arts, et deviennent très-utiles à l'industrie nationale. »

La même école royale.

« Qui a obtenu une médaille d'or pour l'ensemble de ses produits, a exposé des objets d'ébénisteries ornés de bronze qui se faisaient remarquer par une exécution parfaite et par le meilleur goût. »

Mad. CHALVET (Victoire). Grenoble (Isère). — *Ganterie.* — Mention honorable, exposition 1806.

« Pour des échantillons de ganterie parfaitement bien travaillés. »

M.ᵉ CHAMBERT BOURDILLON. Paris, rue du Faubourg-du-Temple, 93. — *Perkales.* — Médaille d'argent, exposition 1819.

« Pour des perkales superfines qui réunissent la solidité à la finesse et à la beauté de l'exécution. »

6 *

M. CHAMBON. Alais (Gard). — *Soies*. — Mention honorable, exposition 1819.

« Le jury a vu, avec une satisfaction particulière, les soies grèges, ouvrées et organsinées, exposées par ce fabricant.

M. CHAMPAGNAC et veuve DULAC. Puy (Haute-Loire).—*Dentelles et blondes.*—Mention honorable, exposition 1806.

« Ont présenté des dentelles à fil dans le genre commun d'une très-bonne fabrication. »

M. CHAMPION. Paris, rue du Coq-St.-Jean, 3. — *Instrumens de mathématique*. — Mention honorable, exposition 1819.

« A présenté des mesures linéaires, sur ruban, qui sont recouvertes d'un vernis souple, bien cuit et très-peu hygrométrique. »

M. CHANNEBOT. Paris, rue Neuve-St.-Eustache, 8. — *Châles*. — Médaille de bronze, exposition 1819.

« Pour ses châles faits au lancé, qui sont fabriqués avec soin et goût, et qui imitent bien ceux de l'Inde. »

M. CHANOT. Paris, rue St.-Honoré, 216. — *Instrumens de musique*.—Médaille d'argent, exposition 1819.

« A présenté à l'exposition des violons et des instrumens à cordes et à archet construits d'après ses nouveaux principes.

« Le jury ne fait que répéter le jugement de l'Académie royale des beaux arts, en déclarant que M. Chanot a rendu un véritable service à l'art musical et au commerce de la lutherie française, qu'il a rendue supérieure à la lutherie étrangère et même à l'ancienne lutherie italienne. »

CHANTELOU.—Exposition an x (1802).—*Voyez* DAU-
PHIN, CHANTELOU, MENIL et LE GOUPIL.

CHANTILLY (manufacture de) (Oise).—*Poterie.*—
Médaille d'argent, exposition an x (1802).
La même—Médaille d'argent, exposition 1806.

« A présenté cette année de la belle poterie bien propre à
rappeler au public la distinction honorable qui lui a été décernée précédemment. »

M. CHAPTAL (le comte). Paris (Seine). Mention
très-honorable à la distribution des grands prix
décennaux, exposition 1810.

« Pour *l'art particulier de la teinture de coton en rouge*,
qui forme une suite intéressante à l'ouvrage de M. le comte
Berthollet; pour *l'art de faire le vin*, qui jouit de ce succès
qui est assuré aux productions d'une utilité générale; pour le
Traité général de chimie appliquée aux arts, déjà traduit en
plusieurs langues et adopté par plusieurs gouvernemens pour
l'instruction publique. Cet ouvrage a le mérite d'avoir fait
pénétrer la lumière des sciences dans les ateliers des artistes. »

Le même, pair de France.—*Raffinerie de sucre.* —
S'est mis hors du concours comme membre du
jury, exposition 1819.

« A envoyé à l'exposition des produits de la manufacture
de sucres de betterave qu'il a établie à Chanteloup.
« Ces sucres se faisaient remarquer par leur belle cristallisation; ils étaient les plus beaux de l'exposition. »

MM. CHAPTAL fils, D'ARCET et HOLKER, à la fabrique
des Ternes, près Paris (Seine).—*Produits chimiques.*—Médaille d'or, exposition 1819.

« Ont exposé un grand nombre de produits chimiques, tels qu'alun, soude, sel d'étain et chlorate de chaux, couperose, acide muriatique, sulfurique, nitrique, oxalique. La préparation de ces produits ne laisse rien à désirer.

« On doit à cette fabrique la diminution du prix des produits chimiques les plus importans, par l'abondance qu'elle en a mise dans le commerce, et par la perfection de ses procédés. Elle satisfait à tous les besoins des diverses branches d'industrie qui font usage des produits chimiques. »

« Par ordonnance du 17 juillet 1819, Sa Majesté a nommé le vicomte Chaptal fils, membre de la Légion-d'Honneur.

« Fidèle imitateur de son père, le comte Chaptal, pair de France, il rend depuis plusieurs années des services signalés à l'industrie et au commerce, soit par les grands établissemens de produits chimiques qu'il exploite, soit par les lumières qu'il apporte dans le sein du conseil général des fabriques et manufactures dont il est membre. »

M. CHARDRON. Autrecourt (Ardennes). *Laine filée.* — Médaille de bronze, exposition 1819.

« A présenté de la laine parfaitement filée à son établissement d'Autrecourt. Cette filature contribue beaucoup à la perfection des casimirs fabriqués à Sédan. »

Mad. V°. CHARLES. Paris, rue du Petit-Lion-St.-Sauveur, 20. — *Coutellerie.* — Mention honorable, exposition 1819.

« Comme ayant été cité par le jury de 1806, et ayant de plus en plus mérité cette distinction, pour ses ouvrages de coutellerie. »

CHARLIEU (les filatures de). (Loire). — *Filature de coton.* — Mention honorable, exposition 1806.
« Pour les cotons filés présentés à l'exposition. »

M. Charnier. Gap (Hautes-Alpes).—*Draps communs.*—Citation au rapport du jury, exposition 1819.

M. Charpentier, mécanicien aux Gobelins. Paris.
—*Hydraulique.*—Mention honorable, exp. an x (1802).

« Les machines hydrauliques qu'il a exposées peuvent être utiles aux manufactures. »

M. Charpentier (Victor). St.-Aubin-du-Thennay (Eure).—*Draps communs.*—Citation au rapport du jury, exposition 1819.

MM. Charton, père et fils. Saint-Vallier (Drôme).—*Soies grèges.*—Médaille d'argent, 2.ᵉ classe, exposition 1806.

« Les soies et les organsins, envoyés par ce fabricant, ont paru au jury d'une bonne préparation et d'une bonne qualité. Les organsins, envoyés par M. Charton, ont été faits avec de la soie, tirée par des procédés de M. Gensoul. »

M. Charton père et fils, St.-Vallier. Drôme.—*Soies grèges.* — Médaille de bronze, exposition 1819.

« Ils ont déjà paru à l'exposition de 1806, dans laquelle ils ont obtenu une médaille d'argent de 2.ᵉ classe, équivalant à une médaille de bronze.

« Ils ont envoyé des soies grèges jaunes, trois bobines chargées de soie préparée pour la fabrication des crêpes, et quelques mateaux d'organsins ; le tout a été jugé d'un bon travail, et le jury estime qu'ils sont demeurés dignes de la distinction qui leur a été accordée. »

CHASSEBEAU.—Exposition de 1806.—*Voyez* MICHEL.

M. CHATBOTTÉ, fabricant. Troyes (Aube).—*Mouchoirs à carreaux.*—Mention honorable, exp. an x.

« Mouchoirs à carreaux, bonne fabrication et prix modéré. »

CHATEAU-GONTIER (la fabrique de). (Mayenne). —*Toiles de corps et de ménage.*—Citation honorable, exposition 1806.

« Les pièces de toile de cette fabrique, envoyées à l'exposition, ont tous les caractères d'une fabrication soignée. »

CHATEAU-ROUX (la fabrique de). (Indre).—*Draperie moyenne.*—Mention honorable, exp. 1806.

« La fabrique de Château-Roux fait des draps propres à l'habillement des troupes qui sont fabriqués avec soin. »

M. CHATELAIN. Paris, rue du Faubourg-du-Temple, 91.—*Cuirasses.*—Mention honorable, exposition 1819.

« Cuirasses d'une bonne fabrication et d'un beau poli. »

M. CHATELAIN et comp. Paris, rue du Faubourg-du-Temple, 91. — *Placage.*—Mention honorable, exposition 1819.

« Pour avoir exposé des casques, des cuirasses et des ustensiles de table, le tout plaqué avec soin. »

CHATELLERAULT (la fabrique de coutellerie de). (Vienne). — *Coutellerie.* — Mention honorable, exposition 1806.

La même fabrique.—Mention honorable, exposition 1819.

« Comme ayant été citée par le jury de 1806 , et ayant de plus en plus mérité cette distinction par ses ouvrages de coutellerie. »

M. CHATERT. Saint-Donat (Drôme).—*Soies grèges.* —Mention honorable , exposition an x (1802).

« Ce fabricant a fourni des soies bien ouvrées. »

MM. CHATONAY, LEUTNER et compagnie. Tarare (Rhône).—*Mousselines.*—Médaille d'or , exposition 1819.

« Ont présenté à l'exposition des mousselines claires superfines unies, rayées et brodées ; des jaconats , des nansouks superfins, des organdis , etc. Ces nombreux tissus annoncent une connaissance complète de toutes les parties de la fabrication ; ils sont de la plus belle qualité et remarquables par la perfection de l'exécution. »

M. CHAUFFAILLE. Coussac-Bonneval (Haute-Vienne). —*Fer.*—Mention honorable, exposition 1819.

« Fer doux de très-bonne qualité. »

MM. CHAUSSET et AVERTON. Abbeville (Somme).— *Draperies.*—Médaille de bronze, exposition 1819.

« Pour des draps fabriqués avec soin. »

M. CHAUVOT.—Exposition 1819.—*Voyez* ASSAULT, CHAUVOT et compagnie.

MM. Chauvet et fils. Chalabre (Aude).—*Draperies.*
—Médaille d'argent, exposition 1819.

« Ces fabricans ont produit à l'exposition du drap fort qui
se fait remarquer par l'excellence de sa fabrication. »

M. Chayaux. Sédan (Ardennes).—*Draperies.*—Médaille d'argent, exposition 1819.

« A présenté des draps noirs très-bien fabriqués et d'un prix
modéré. »

M. Chemin. Paris, rue de la Ferronnerie, 4.—*Balances.*—Mention honorable, exposition 1819.

« Les balances qu'il a présentées sont faites avec soin. »

M. Chenavart.—*Papiers peints.*—Mention honorable, exposition 1806.

« Pour des tentures fabriquées par un procédé qui lui est
particulier. »

MM. Chenut et compagnie. Nancy (Meurthe).—
Broderies.—Mention honorable, exposition 1819.

« Pour des broderies parfaitement exécutées, et qui sont
l'objet d'un commerce intéressant. »

Cherbourg (l'hospice de).—*Etoffes et toiles.*—Mention honorable, exposition 1819.

« Pour des tricots, des toiles à matelas, des tissus rayés
et à petits carreaux bien fabriqués. »

Cherbourg (l'association de charité de).—*Dentelles.*
—Mention honorable, exposition 1819.

« Pour des voiles et des échantillons de dentelles. »

M. Cheruel fils. Rouen (Seine-Inférieure).—*Teintures.*—Mention honorable, exposition 1819.

« Pour un échantillon de rouge, enfumé, dont l'emploi est très-étendu pour imiter la couleur des mouchoirs madras. »

Le même.—*Mouchoirs.*—Mention honorable, exposition 1819.

« Pour avoir produit des mouchoirs façon des Indes d'une fabrication très-soignée sous le rapport de la régularité des tissus, sous celui de la solidité des couleurs et de l'agrément des dispositions. »

M. Cherveau. Couternon (Côte-d'Or). — *Produits chimiques.*—Citation au rapport du jury, exposition 1819.

« Qui a présenté des acides, de la soude cristallisée et divers produits chimiques utiles aux arts et bien préparés. »

Chésy (les entrepreneurs des mines de).—Exposition 1806.—*Voyez* Saint-Bel.

M. Chevalier (Vincent) aîné. Paris, quai de l'Horloge. — *Optique.*—Citation au rapport du jury, exposition 1819.

« Pour avoir présenté divers instrumens d'optique exécutés avec adresse. »

Chevassut.—Exposition an ix (1801).—*Voyez* Vandessel, Clausse et Chevassut.

Mad. Chevaux. Chantilly (Oise). — *Dentelles et blondes.*—Mention honorable, exposition 1806.

« A présenté une belle robe de dentelle noire. »

CHOLLET (la fabrique de). (Maine-et-Loire).—
Mouchoirs de Chollet.—Mention honorable, exposition an VI (1798).

« Le jury a distingué les mouchoirs et étoffes de la fabrique de Chollet. Il a vu avec plaisir que les onze associés avaient rendu à l'industrie de cette contrée l'activité qu'elle avait avant la révolution. »

La même fabrique. —Médaille d'argent, exposition an x (1082).

« La perfection que les onze associés de la manufacture de Chollet ont donnée à la fabrication des mouchoirs, connus sous la dénomination de Chollet, s'est beaucoup accrue depuis une année. »

M. CHOMEL. Paris, faubourg Saint-Honoré, 21.—
Produits chimiques.—Citation au rapport du jury, exposition 1806.

« Pour avoir présenté du camphre artificiel brut et raffiné de sa fabrication, comparable à celui que le commerce tire de l'Inde. »

M. CHRISTIN l'aîné. Niort (Deux-Sèvres).—*Chamoiserie, ganterie.*—Mention honorable, exposition an x (1802).

« Pour différentes espèces de peaux de daims et de moutons bien apprêtées. »

Le même.—Mention honorable, exposition 1806.

« Le jury a vu avec satisfaction la bonne préparation des peaux de daims et de moutons, le travail soigné des culottes de peau et des gants provenant de la fabrique de Niort. »

M. Christin. Niort (Denx-Sèvres). — *Ganterie.* —
Mention honorable, exposition 1819.

« Qui a envoyé des gants bien faits et des peaux bien mégissées. »

M. Christophe. Paris, rue des Enfans-Rouges, 7.—
Boutons.—Médaille de bronze, exposition 1819.

« A exposé des boutons en métal qui sont beaux et d'un
travail soigné. Il a aussi présenté des échantillons de plaqué
exécuté à froid ; il annonce que son procédé est plus prompt
et plus expéditif que celui du plaqué fait à chaud, et que le
plaqué fait à froid peut être donné à meilleur marché.

« Le jury regrette qu'il n'ait pas été possible de faire l'essai
de ce nouveau plaqué qui semble offrir plus de solidité que
l'autre. »

MM. Chuard et compagnie. Lyon (Rhône).—*Etoffes
de soie.*—Médaille d'or, exposition 1819.

« Les étoffes de soie, or et argent, pour tentures qu'ils ont
envoyées, sont d'une fabrication plus parfaite qne celle du
même genre qu'on exécutait précédemment. Les découpures
en sont fines et les dessins bien fondus. On y remarque des
médaillons fabriqués avec le tissu, invention heureuse et qui
produit un bel effet.

M. Cirey, exposition 1819.—*Voyez* Quirin (manufacture de).

Clairvaux (la Maison centrale de détention). (Aube).
—*Diverses étoffes.*—Mention honorable, exposition 1819.

« Belles couvertures de coton et de laine, flanelles, draps
tissus-mérinos, calicots et quelques objets tissés en soie et
paille. »

M. CLARISSE-PIAT. Merville (Nord).—*Linge de table.*—Citation au rapport du jury, exposition 1819.

« Pour échantillons de linge de table. »

CLAUSSE.—Exposition an IX (1801.).—*Voyez* VAN-DESSEL, CLAUSSE et CHEVASSUT.

M. CLAVREUIL. Château - Gonthier (Mayenne).—*Toiles de lin.*—Mention honorable, exposition 1806.

« Pour la bonne qualité de ses toiles dites de *Laval.* »

M. CLÉMENT. Prades (Basses-Pyrénées).—*Cadis, serges, étamines.*—Mention honorable, exposition an X (1802).

« Il fabrique avec succès des casquets façon de Tunis. »

M. CLÉMENT. Paris, rue du Faubourg-St.-Martin, 92.—*Eau-de vie de pomme de terre.*—Médaille de bronze, exposition 1819.

« Cet habile chimiste a perfectionné le procédé par lequel on retire l'eau-de-vie de la fécule de pommes de terre. Il a présenté des échantillons d'excellente eau-de-vie ainsi fabriquée, et de très-bonne anisette faite avec cette eau-de-vie. »

MM. CLÉMENT et DESORMES. Verberie (Oise). — *Sulfate de fer.*—Mention honorable, exp. 1806.

« Ces habiles chimistes font l'application de leurs connaissances à leur fabrication, et produisent du sulfate de fer d'une qualité supérieure. »

M. CLÉMENT-ROCHARD. Abbeville (Somme).—*Cou-*

vertures, molletons.—Mention honorable, exposition an x (1802).

« A produit des calmouks dont la fabrication mérite des éloges. »

Le même.—Exposition 1806.

« Les produits qu'il a exposés ne peuvent qu'ajouter à la réputation de sa fabrique. »

MM. Clérembault et Lecoq. Alençon (Orne).— *Mousselines.* — Médaille d'argent , exposition 1819.

« Ont exposé des mousselines claires et doubles, d'une excellente fabrication. »

Clermont (la fabrique de). (Hérault). — *Draperie moyenne.*—Mention honorable, exposition 1806.

« La fabrique de Clermont fait des draps propres pour l'habillement des troupes, qui sont fabriqués avec soin. »

M. Clouet. Paris. — *Acier.* — Une des douze distinctions du premier ordre , exposition an vi (1798).

« Pour fer aciéré par la simple fusion , et rasoirs fabriqués avec cet acier. »

M. Cochet. Lyon (Rhône). — *Tulle et crêpe.* — Mention honorable , exposition 1806.

« Pour de beau tulle à double nœud. »

M. Coignet. Paris, rue de l'Orient, à la Basse-Courtille. — *Creusets.* — Une des trente médailles de bronze de l'exposition an ix (1801).

« Pour avoir fabriqué des creusets de fondeur, supérieurs à ceux qu'on faisait avant lui. »

M. COLAS DE BROUVILLE. — Expositions 1802 et 1806. — *Voyez* GAJON MARTIN, COLAS DE BROUVILLE, VAUDEBERGUE et comp.

M. COLOMB (James). Paris, quai de l'École, 18.— *Teintures.*—Mention honorable, exposition 1819.

« Pour des couleurs nouvelles et solides à l'usage des peintres. »

COLIN DE CANCEY et GUERIN DE SERCILLY.—Exposition an IX (1801).—*Voyez* SOUPES (manuf. de).

M. COLOMBEL.—*Coutils.*—Claville (Eure). Citation au rapport du jury, exposition 1819.

M. COLLOT. Paris, boulevard des Filles-du-Calvaire, 17.—*Instrumens de physique.* — Mention honorable, exposition 1819.

« Tout le monde connaît ces thermomètres fort répandus dans les cabinets de physique, dont les réservoirs sont ployés en spirale. Dans les thermomètres de M. Collot, l'échelle a cette même forme. Il résulte de cette nouvelle disposition que l'instrument occupe peu d'espace, est très-portatif, et peut être utilement employé quand il s'agit de prendre la température d'une couche liquide peu profonde. »

COLLIER (John), Anglais d'origine.—*Médaille d'or et Lettres de naturalisation.* — A l'occasion de l'exposition de 1819.

« En considération des services qu'il a rendus à l'industrie française. »

Le même. — *Tondeuse.* — Médaille d'or, exposition 1819.

« Cette médaille est en commun avec MM. Poupart de Neuflise, manufacturiers à Sedan, et Sevenne Auguste, négociant à Paris ; pour avoir exposé une machine à tondre les draps nommée la *tondeuse.* Voyez, pour les détails, l'article Poupart de Neuflize. »

Commines (fabrique de). (Nord). — *Nankins.* — Mention honorable, exposition 1806.

« Pour les nankins qu'ils ont envoyés à l'exposition. »

Même ville (fabrique de la). — *Filature de coton.* — Mention honorable, exposition 1806.

« Pour les cotons filés fournis à l'exposition. »

M. Compidor (Louis). Pratz de Mollo (Pyrénées-Orientales. — *Draperie commune.* — Mention honorable, exposition 1819.

« Fabrique à des prix modérés des draps de qualité commune, bons dans leur genre. »

M. le baron de Contamines. Givet (Ardennes). — *Tréfilerie.* — Mention honorable, exposition 1819.

« Fils de laiton bien fabriqués et de bonne qualité. »

M. Contamine. Paris, rue du Faubourg-St.-Antoine, 105. — *Mécanique.* — Mention honorable, exposition 1819.

« Qui est parvenu à fabriquer des râpes de différentes formes et grandeurs, à l'usage des sculpteurs, statuaires, et des sculpteurs

7

en bois. Ses râpes ont la propriété de résister long-temps, de ne point rayer en usant les surfaces et de se ployer quoique trempées, qualité qui leur fait donner la préférence par les artistes aux râpes qu'ils tiraient d'Italie pour le même ouvrage. »

M. Conté. Paris, place du Tribunat, 1.—*Crayons.* —Une des douze distinctions du premier ordre, exposition an VI (1798).

« Pour crayons de diverses couleurs, et de compositions variées selon les besoins, provenant de la fabrique qu'il a établie à Paris. »

Le même.—Médaille d'or, exposition an IX (1801).

« Pour ses crayons artificiels, découverte qui a donné à la France une branche de commerce dont elle était absolument privée. »

Le même.—Exposition an X (1802).

« Le public rend de plus en plus justice aux crayons de toutes les variétés fabriqués par M. Conté. Ces crayons se vendent en concurrence avec ceux de l'étranger dans le pays même où ceux-ci sont fabriqués. Cette branche de commerce a fait des progrès considérables en France dans le cours de l'année. »

M. Coquet-Delalain. Troyes (Aube). — *Cadis, serges, étamines.*—Mention honorable, exposition an X (1802).

« A présenté des espagnolettes fabriquées avec soin. »

M. Coquet-Valle. Arras (Pas-de-Calais.—*Tricots.* —Médaille d'argent, exposition 1819.

« Les tricots de sa fabrique se font remarquer par une fabrication extrêmement soignée. Le prix en est modéré. »

M. Corbillez (Augustin). Nonancourt (Eure).—
Cardes pour le coton.—Médaille d'argent, 2ᵉ classe,
exposition 1806.

« A présenté des cardes remarquables par le bon choix du
cuir, pour la qualité des fils de fer et des fils d'acier, par
la régularité dans la distribution des crochets, et par l'intelligence avec laquelle la hauteur du coude est proportionnée
à l'épaisseur du cuir. »

M. Cordier. Paris, rue des Gravilliers, 28.—Acier
poli.—Médaille d'argent, exposition 1819.

« Il s'est livré à la fabrication de divers objets en acier poli,
est parvenu à façonner au marteau la tôle d'acier fondu de
toute dimension, à la ployer d'équerre en conservant l'angle
vif, à l'empêcher de se voiler à la trempe, et à lui donner un
poli parfait.

« Il a présenté à l'exposition des échantillons de diverses dimensions qui prouvent qu'il a porté ce genre de travail à un
grand degré de perfection. »

MM. Cordier et Cazalis, élèves de l'école royale
de Châlons. St.-Quentin (Aisne). — Mécanique.
—Médaille d'argent, exposition 1819.

« Ont construit à S.-Quentin une machine à vapeur sur un
nouveau modèle dont ils ont envoyé le dessin. Cette machine a
été jugée très-bonne par tous les membres du jury du département, et certifiée telle par tous les fabricans de St.-Quentin ;
elle est fabriquée à très-bas prix, fonctionne avec la plus grande
activité, coûte très-peu à établir ; toutes les pièces en ont
été faites par eux. »

7.

CORMEILLES (manufacture de). (Oise). — *Draperie moyenne.* — Mention honorable, exposition 1806.

« Les gros draps, les pinchinats, les ratines et ses autres étoffes de laine de cette manufacture, ont paru d'une bonne fabrication. »

M. CORNISSET, tanneur. Sens (Yonne). — *Tannage.* — Mention honorable, exposition 1806.

« A envoyé des cuirs parfaitement tannés. »

M. CORNISSET (Pierre). Sens (Yonne). — *Tannage.* — Médaille d'argent, exposition 1819.

« Ce fabricant est cité par le jury du département de l'Yonne comme ayant trouvé le moyen d'abréger la durée du tonnage sans nuire à la bonté du cuir.

« Il a envoyé des échantillons de cuir de bœuf de qualité supérieure. »

M. CORNUS. Montelimart (Drôme). — *Soies grèges.* — Mention honorable, exposition 1806.

« Pour les soies en poil, les soies ouvrées et organsinées qu'il a produites. »

M. COSSARD. — Exposition an x (1802). — *Voyez* PATUREAU et COSSARD.

M. COT. — Exposition 1819. — *Voyez* CRESSEILS et COT.

M. COSTEL (Marc). Paris, rue de Lourcine, 25. — *Sulfate de fer.* — Mention honorable, exp. 1806.

« Ce manufacturier fabrique du sulfate de fer d'excellente qualité. Il y joint la fabrication du sulfate de cuivre. »

MM. COUCHONNAT et compagnie, Lyon (Rhône). — *Châles.* — Médaille d'argent, exposition 1819.

« Ont exposé des châles en bourre de soie et des bordures

bien réduites et bien conditionnées. Parmi les objets qui composaient leur envoi, on a remarqué un beau châle de satin broché qui présentait des difficultés qui ont été heureusement vaincues. »

« M M. Couchonnat et compagnie sont des manufacturiers qui réunissent à beaucoup de talens une pratique éclairée. »

MM. Coulaux frères, entrepreneurs de la fabrique d'armes de Klingenthal (Bas - Rhin). — *Armes blanches.* —Médaille d'or, exposition 1806.

«La manufacture de Klingentall est, depuis long-temps, renommée pour la bonne qualité et la belle fabrication de ses armes blanches : elle fournit, dans ce genre, tout l'armement de l'armée française; on y a fabriqué récemment des lames en damas, qui prouvent que cet établissement est capable de réussir dans tous les genres. »

Les mêmes —Exposition 1819.

« Ont envoyé à l'exposition des armes blanches dont la bonne qualité et la belle fabrication prouvent que cette célèbre manufacture, qui fournit en ce genre tout l'armement de l'armée française, n'a pas cessé d'être digne de la médaille d'or qui lui fut décernée en 1806. »

Les mêmes. —*Scies et outils.* —Médaille d'or, exposition 1819.

« Ont exposé de belles scies très-bien exécutées et d'excellente qualité, fabriquées à leur établissement de Mossheim. Ces fabricans se sont mis, dès l'origine, en état de soutenir la concurrence des industries étrangères les plus renommées dans le même genre.

« MM. Coulaux ont aussi présenté des armes blanches de diverses sortes et de première qualité; des outils de tout genre; des objets de quincaillerie grosse et petite et de coutellerie dont ils ont récemment établi la fabrication avec le plus grand succès, et qu'ils livrent au commerce à des prix modérés.

MM. Coulaux ont obtenu une médaille d'or à l'exposition de 1806 pour la fabrication des armes blanches.

« Le jury les a jugés dignes d'une nouvelle médaille d'or pour la beauté de scies et les qualités des objets qui viennent d'être énumérés. »

Les mêmes.—Barenthal et Greswilliers (Bas-Rhin). —*Fer.*—Mention honorable, exposition 1819.

« Fer bien fabriqué et de bonne qualité. »

Les mêmes. — Klingenthal (Bas-Rhin). — *Coutellerie.*—Mention honorable, exposition 1819.

« Comme ayant été cité par le jury de 1806, et ayant de plus en plus mérité cette distinction par leurs ouvrages de coutellerie fine et commune. »

M. COURBET POULLARD. Abbeville (Somme).—*Draperie.*—Médaille de bronze, exposition 1819.

« Qui a exposé des draps de bonne fabrication. »

M. COURET fils aîné. St.-Geniez (Aveyron).—*Draps communs.*—Citation au rapport du jury, exposition 1819.

M. COURET fils. St-Geniez (Aveyron).—*Draps communs.*—Citation au rapport du jury, exposition 1819.

M. COURT (Pierre). St.-Lizier (Ariége). —*Papeterie.*—Mention honorable, exposition 1819.

« Pour la bonne qualité du papier qu'il a exposé. »

MM. COUSIN et compagnie, fabricans à Neufchâtel Seine-Inférieure).—*Siamoises.* — Mention honorable, exposition an IX (1801).

« Pour leurs siamoises. »

Mlles Cousin. Neufchâtel (Seine - Inférieure). — *Étoffes siamoises.*—Médaille de bronze, exposition an x (1802).

« Elles obtinrent l'année dernière une mention honorable pour leurs siamoises. Le jury est satisfait de leurs progrès. »

MM. Cousineau père et fils. Paris, rue Thionville, 2. — *Instrumens à cordes.*—Médaille d'argent, 1.re classe, exposition 1806.

« Ont présenté de nouvelles harpes à chevilles mécaniques, qui ont l'avantage de produire les demi-tons sans changer la longueur des cordes, de donner aux cordes plus de son et de vibration, et de les faire durer davantage ; de rendre les sons harmonieux plus faciles à obtenir, et de jouer dans tous les tons usités sur cet instrument, sans étendre le son par le grand nombre de pédales qu'on était obligé d'employer.

« En ajoutant de nouvelles améliorations aux perfectionnemens qu'ils ont déjà introduits dans la construction des harpes, MM. Cousineau contribuent beaucoup à assurer à la France la possession exclusive d'une branche de commerce qui devient chaque jour plus importante. »

M. Cousineau.—Paris, rue Dauphine, 20. — *Instrumens à cordes.*—Exposition 1819.

« A présenté à l'exposition une harpe à chevilles mécaniques tournantes. M. Cousineau fut jugé digne de la médaille d'argent à l'exposition de 1806, pour des harpes construites d'après les mêmes principes; celle qu'il a présentée en 1819 est travaillée avec le soin qui distingue tout ce qui sort des ateliers de M. Cousineau. Le jury déclare qu'il est toujours digne de la médaille d'argent. »

M. Coutan. Paris, place du Chevalier-du-Guet.—

Bonneterie de coton. — Une des trente médailles de bronze, exposition an IX (1801).

« Pour avoir présenté plusieurs variétés de beaux tricots. »

MM. COUTAN et COUTURE. — Paris, place du Chevalier-du-Guet. — *Bonneterie de coton.* — Médaille d'argent, 2.ᵉ classe, exposition 1806.

« Ont présenté divers ouvrages fabriqués avec beaucoup de soins, et qui réunissent toutes les qualités désirables. Ces habiles fabricans ont beaucoup contribué, par d'heureuses innovations aux progrès que la bonneterie de coton a faits en France. La fabrication du tulle leur doit aussi quelques perfectionnemens. »

M. COUTURE-DUBUISSON. Vimoutiers (Orne). — *Toiles de lin.* — Citation au rapport du jury, exp. 1819.

« Bonne qualité de toile mise à l'exposition. »

MM. CREISSEILS et COT. Camarez (Aveyron). — *Draps communs.* — Citation au procès-verbal du jury, exposition 1819.

M. CRESPEL DE LISSE. Arras (Pas-de-Calais). — *Sucre.* — Mention honorable, exposition 1819.

« Pour du sucre de betterave bien fabriqué et de bonne qualité. »

CREUZOT (manufacture du), près Montcenis. (Saône-et-Loire). — *Cristaux.* — Mention honorable, exposition an VI (1798).

« Le jury parle avec éloge de la fabrique du Creuzot. Les cristaux qu'elle a exposés font espérer qu'elle les portera à un tel degré de perfection, que nous n'aurons plus rien à envier aux étrangers dans cette partie. »

Les administrateurs des établissemens du Creuzot

et de Montcenis (Saône-et-Loire). — *Cristaux , cuivres laminés , fonderie de fer.*—Une des vingt médailles d'argent de l'exposition an IX (1801).

« Pour la beauté de leurs cristaux, pour les grandes dimensions , le bon goût et les belles formes de leurs vases ; pour leurs tôles et cuivres laminés, pour leur fonderie. »

Les mêmes.—Médaille d'argent, exp. an X (1802).

« Les cristaux de la manufacture du Creuzot sont de la transparence la plus parfaite. L'établissement est remarquable par l'élégance des formes et la pureté de la matière ; ses vases sont décorés et taillés avec discernement : il a présenté cette année une nouvelle composition jouant le jaspe , et d'un bel effet lorsqu'elle est façonnée en vases. Le jury déclare que cette manufacture est supérieure à ce qu'elle était lorsqu'elle obtint une médaille d'argent. »

La même manufacture. M. B. F. LADOUÈPE-DUFOUGERAIS , entrepreneur. — Dépôt à Paris, rue de Bondy, 8 et 10.—Médaille d'or, exposition 1806.

« Cette manufacture s'est montrée supérieure par l'éclat de son cristal , par le goût dans les formes et dans l'emploi de la taille à diamans.

« Le jury a vu de beaux lustres sortis de Montcénis ; il en a été exporté des cristaux qui ont obtenu , chez l'étranger, la préférence sur les cristaux de fabrique anglaise. »

Même manufacture.—Citation au rapport du jury, distribution des prix décennaux, 1810.

« M. Dufougerais, directeur, a donné des soins constans à la fabrication du *flint-glass*, espèce de cristal qui entre dans la composition des lunettes achromatiques dont la marine fait un usage continuel; cette matière est fort rare, on ne la tirait que d'Angleterre, où même elle était devenue moins commune et plus chère ; le *flint-glass* de M. Dufougerais a, pour les usages ordinaires, rempli les vides que laissait l'interruption du commerce, et d'habiles opticiens l'ont employé avec succès. Les lunettes qu'on peut exécuter avec le *flint glass* de M. Dufougerais suffisent au commerce et à la navigation. »

Même manufacture. (Propriétaire, M. Chagot).— *Cristaux.*—Mention honorable, exposition 1819.

« Pour les incrustations faites à sa manufacture du Creuzot, qu'il a mises sous les yeux du public. »

La manufacture de Montcenis, dépôt à Paris, boulevart Poissonnière, 11 (M. Chagot, propriétaire). —Médaille d'or, exposition 1819.

« A exposé de grands candelabres, un lustre, des vases et diverses pièces, toutes d'une grande richesse et d'un goût exquis.

« Les cristaux mis en œuvre par M. Chagot ont été fabriqués dans sa cristallerie du Creuzot. »

CREUTZWALD (forge de) (Moselle).—Médaille de bronze, exposition 1819.

« Pour des fourneaux, des braisières et d'autres objets en fonte de fer, moulés avec beaucoup de netteté et d'une bonne forme. Les épaisseurs ont été réglées à la fonte de manière à être réduites à ce qui est nécessaire pour la solidité. »

M. CROCHARD. Stenay (Meuse).—*Tonnellerie.*—Médaille d'argent, exposition 1819.

« A exposé des tonneaux faits à la mécanique. Ce procédé, nouvellement importé, abrège le travail et donne des tonneaux parfaitement égaux entre eux. Cette égalité, rendant le jaugeage plus certain et plus facile, est un avantage réel pour le commerce des liquides.

M. CROVATTO. Paris, avenue de Boufflers, 7.— *Mosaïque.*—Médaille de bronze, exposition 1819.

« A dirigé la confection de la mosaïque à la vénitienne de la colonnade du Louvre.

« Cette mosaïque, faite suivant un procédé importé depuis peu d'années de Venise à Paris par M. Crovatta, est remarquable par la modicité du prix qu'elle a coûté. »

MM. CRUVILLIER (Louis) et DARBOUX. Nîmes (Gard).
— *Étoffes de soie*,—Mention honorable, exposition 1819.

« Pour des châles, des robes, des écharpes d'une bonne exécution. »

M. CUÉNIN. Audincourt (Doubs).—*Machines*.—Pension à fixer par le Gouvernement, exposition 1819.

« A rendu, de la manière la plus désintéressée, les plus grands services aux usines du département et des pays voisins, tant en créant, suivant leurs besoins, des machines pour leur usage, qu'en fournissant les plans et les moyens pour former de nouvelles fabriques, en y introduisant une foule de procédés mécaniques et chimiques dont il est l'inventeur. Il est âgé et peu fortuné. »

MM. CUOQ et COUTURIER. Paris, rue Richelieu, 107.
—*Travail du platine*.—Médaille d'argent, exposition 1819.

« Ont exposé des vases, des capsules, des creusets et des cafetières en platine d'une bonne fabrication ; des médailles de platine fort belles, et du platine réduit en feuilles aussi minces que les feuilles d'or.

« On a remarqué comme produit très-distingué, le grand vase fait en un seul morceau et pouvant contenir 200 litres. »

« Ils ont aussi présenté un vase de cuivre plaqué en platine parfaitement exécuté. »

« Ces fabricans ont mis le platine dans le commerce en

grande quantité, et à des prix si modérés que ce métal est aujourd'hui employé pour la construction des appareils dans les manufactures d'acide sulfurique ; ils font préparer en grand, par M. Bréant, le platine qu'ils emploient.

M. Curaudeau. Paris, rue de Vaugirard, 52. — *Alun*.—Médaille d'argent, 1.re classe, exp. 1806.

« A exposé de l'alun de sa fabrique, pourvu de toutes les qualités désirables. M. Curaudeau est un de ceux qui ont le plus perfectionné la fabrication de l'alun, pour laquelle il a un établissement en grand. »

Le même.—Chauffage.—Mention honorable, exposition 1806.

« M. Curadeau s'occupe aussi beaucoup des moyens d'économiser le combustible ; parmi les appareils qu'il a présentés, on a distingué un poêle adopté par plusieurs corroyeurs pour échauffer leurs étuves; il remplace avec beaucoup d'avantage les foyers découverts généralement en usage, et qui produisent souvent des asphyxies. »

M. Cuvru Désurmont. Roubaix (Nord).—*Prunelles*.—Mention honorable, exposition 1819.

« Pour ses prunelles de coton qui ne laissent rien à désirer. »

D.

M. Dagoty. Paris, boulevart Poissonnière, 4. — *Porcelaine blanche*.—Médaille d'argent, 2.e classe, exposition 1806.

« Des pièces d'une grande dimension, richement dorées et peintes avec goût ont donné au jury une idée très-avantageuse de cette manufacture de porcelaine. »

MM. Dagoty et Honoré. Paris, boulevart Poissonnière, 4.—*Porcelaine blanche.* — Médaille d'argent, exposition 1819.

« Ont exposé des pièces blanches peintes et dorées de diverses formes et dans des genres différens ; le tout est d'une bonne exécution »

M. Daguin. Vimouliers (Orne).—*Toiles de lin.*—Citation au rapport du jury, exposition 1819.

« Bonne qualité de toiles mises à l'exposition. »

M. Daguin aîné. Auberive (Haute-Marne).—*Fer.*—Mention honorable, exposition 1819.

« Bandes de fer bien martiné. »

M. Damart-Vilet, fabricant de bleu de Tournesol. Paris.—*Produits chimiques.* — Médaille de bonze, exposition an x (1802).

« A contribué à établir en France la fabrication du bleu de Tournesol. Celui qu'il a présenté est très-bien préparé. »

M. Damborges. Lescar (Basses-Pyrénées).—*Filature de coton.* — Médaille d'argent, 2.e classe, exposition 1806.

« Cet entrepreneur a succédé à M. Linard, qui obtint en l'an x une médaille de bronze équivalente à une médaille d'argent de deuxième classe. Les fils envoyés par M. Damborges prouvent que l'établissement ne décroît point entre ses mains. »

M. Danet. Beaumont-le-Roger (Eure).—*Draperie fine.*—Médaille d'argent, exposition 1819.

« Ce fabricant a exposé des draps de deux qualités ; chacune est excellente dans son espèce, et la fabrication en est

très-bonne. La manufacture de M. Danet est nouvellement
établie, et cependant elle est placée à un des premiers rangs
par l'estime des consommateurs. »

DARNETAL (filature de coton de). Seine-Inférieure.—*Fabrique de coton*.—Mention honorable,
exposition 1806.

« Pour ses cotons filés. »

MM. DAPRES et AUMONT. L'Aigle (Orne).—*Ruban
de fil et lacets*.—Mention honorable, exposition
1819.

« Les lacets de fil qu'il ont exposés sont remarquables par
leur solidité et par la régularité de la fabrication. »

M. DARBOUX. —Exposition 1819.—*Voyez* CRUVIL-
LIER et DARBOUX.

M. DARCET.—Exposition an x (1802).—*Voyez* AM-
FRYE.

MM. DARCET, GAUTHIER, AMFRYE et BARRERA.
Seine.—Mention avec estime à la distribution des
prix décennaux, 1810.

«Leur manufacture de soude et de savon, établissement d'un
genre particulier en ce qu'il tient, d'une part, au commerce
par la grande consommation que l'on fait de ses produits, et
de l'autre à la science chimique dont il est une grande et utile
application ; ils ont trouvé le véritable procédé de la formation
des soudes factices résultant de la décomposition du sel marin
au moyen de la baryte, et en l'honneur d'avoir créé un genre
d'industrie qui n'a commencé à exister que par eux, et seulement en 1805 ; leur manufacture de soude se compose de trois
établissemens particuliers, à Quessy, St.-Qentin et St.-Denis ;
les deux derniers peuvent donner 40 à 45 milliers de soude par

jour. La manufacture de savon, placée à Paris, barrière de Montreuil, n'emploie que des soudes factices; elle fabrique 1000 de savon par jour. » , —

M. DARCET.—Exposition 1819.—*Voyez* CHAPTAL fils, DARCET et HOLKER.

« M. Darcet a reçu eu 1819 de S. M. le cordon de S.-Michel. »

MM. DARTE frères. Paris, rue de la Roquette, 90. — *Porcelaine blanche.* — Médaille d'argent, 2.e classe, exposition 1806.

« Ont présenté de la porcelaine usuelle de bon goût et bien décorée. »

Les mêmes.—Médaille d'argent, exposition 1819.

« Ont maintenu leur fabrication au degré de mérite qui leur a acquis la confiance publique. On a particulièrement remarqué les couleurs vives et glacées qui se trouvent dans leurs peintures. Ils ont exposé de grands vases qui prouvent que leur manufacture peut établir les pièces les plus difficiles. »

M. DASSERAT. — Différentes expositions.—*Voyez* ASSERAT.

M. DASTIS. Lavelanet (Ariége).—*Draperie fine.* — Médaille de bronze, exposition 1819.

« Ce fabricant a présenté des draps dans le genre d'Elbeuf, d'une bonne fabrication. Le jury les a vus avec un véritable intérêt. »

MM. DAUPHIN, CHANTELOU, MESNIL et LEGOUPIL. Gonneville, près Valogne (Manche).—*Filature de coton.*—Mention honorable, exp. an x (1802).

« Entrepreneurs d'une filature de coton. On remarque beaucoup d'égalité dans le fil, ce qui est la première condition de la filature. »

Les mêmes.—Mention honorable , exposition 1806.

« On a envoyé des cotons très-bien filés. »

MM. David et Legrand. Reims (Marne).—*Flanelle.*
—Mention honorable , exposition an ix (1801).

« Pour avoir présenté des échantillons de flanelle préférable à celle des fabriques étrangères. »

M. Davilliers , Lombard et compagnie. Gisors (Eure).—*Cotons filés.*—Médaille d'argent, exposition 1819.

« Ont présenté, dans les numéros inférieurs à 60, du fil très-beau, sans vrille et bien nourri. Ce grand établissement a aussi présenté des échantillons de filature en fin. »

M. Davois. Falaise (Calvados).—*Bonneterie de coton.*
—Citation au rapport du jury, exposition 1819.

« Pour de la bonneterie de coton qu'il a exposée. »

M. Davrainville. Paris , quai Pelletier.—*Instrumens à vent.*—Mention honorable , exp. 1806.

« A exposé un jeu de flûte à cylindre. Cet instrument parcourt trois octaves , et exécute des morceaux de musique, arrangés à trois , quatre , cinq et six parties avec une netteté et une précision qu'on n'avait point encore entendues. »

« Les jeux de flûte à cylindre sont l'objet d'une fabrication et d'un commerce intéressans. »

« Le jury fait mention honorable du perfectionnement que M. Davrainville a porté dans cette partie. »

MM. Debarre , Théolyre et Dutilleul. Lyon (Rhône).—*Étoffes de soie.*—Médaille d'argent , 1.re classe, exp. 1806.

« Pour avoir présenté à l'exposition une grande variété d'étoffes façonnées, fabriquées par eux, et servant au vêtement des hommes et des femmes. Le jury a reconnu dans ces étoffes une excellente fabrication. »

M. DE BAUVE. Paris, rue des Saints-Pères, 26. — *Sucre.*—Citation au rapport du jury, exposition 1819.

« Chocolat et pastilles, objets soignés. »

M. DEBLADIS.—Exposition 1819.—*Voyez* BOIGUES, DEBLADIS et GUÉRIN.

M. DEBOST jeune. Paris, rue Richelieu, 15.—*Bonneterie.*—Mention honorable, exposition 1819.

« A exposé des bas en fil à dentelles, et des bas de soie à jour qui sont d'un beau travail et d'une grande finesse. Le jury a vu avec satisfaction les efforts de ce fabricant pour perfectionner son industrie. »

MM. DEBRAY (François) et compagnie. Amiens (Somme).—*Velours de coton.*— Médaille d'argent, 1.re classe, exposition 1806.

« Le jury a vu avec satisfaction les velours qu'ils ont présentés à l'exposition. »

MM. DEBRAY, VALFRESNE et compagnie. Amiens (Somme).—*Velours d'Utrecht et pannes.*—Mention honorable, exposition 1806.

« Pour leurs pannes, long poil, unies et ciselées ; pour leurs anacostes, ou acostines en noir. »

8

M. Decaen jeune. Rouen (Seine - Inférieure). — *Casimir, laine et coton.* — Médaille de bronze, exposition 1819.

« Les casimirs coton exposés par ce fabricant , et ses étoffes dites *cirsacas*, sont les produits d'une fabrication distinguée. »

M. Declanlieux, ingénieur mécanicien , à Paris. — *Machines de filature.* — Médaille d'argent, exposition 1819.

« A perfectionné le peigne-sans-fin, instrument d'une grande importance pour la filature des lainages dont les filamens sont d'une grande longueur. »

M. Declerck. Vosges (Haute-Saône). — *Ouvrages en granit.* — Citation honorable, exposition 1806.

« Pour avoir mis en valeur les granits des montagnes des Vosges et de la Haute-Saône. Les scieries établies à Moulines et à Mélisey fournissent des ouvrages dont l'emploi devient précieux par la variété des grains et des couleurs, et par la perfection du poli. »

M. Decresme (Alex.) Roubaix (Nord). — *Nankins.* — Médaille de bronze, exposition an x (1802).

« Il a présenté des nankins d'une bonne fabrication ; il a le génie inventif, et il donne promptement aux étoffes les formes et les variétés que demande la mode. C'est à lui qu'est dû en partie l'état satisfaisant de la fabrique de Roubaix. »

Le même. — Exposition 1806.

« Il a envoyé des nankins, des nankinets et des échantillons d'une étoffe qu'il a nouvellement inventée. Ces ouvrages seraient des titres suffisans pour lui faire décerner la médaille, s'il ne l'avait déjà obtenue. »

*Le même.—Étoffes pour gilets.—*Mention honorable, exposition 1819.

« Ce fabricant a exposé des étoffes fines pour gilet, remarquables par la régularité du tissu et par le bon goût des dispositions. »

M. Décrétot, ayant son dépôt à Paris, place des Victoires, 2 et 18. Louviers (Eure).—*Draps fins.*—Une des douze médailles d'or de l'exposition an IX (1801).

«Ce nom, célèbre dans le commerce, soutient parfaitement sa réputation. La fabrique Décrétot présente des draps de vigogne, des draps de laine d'Espagne, des draps faits avec de la laine du troupeau de Rambouillet, des draps de laine française améliorée par l'alliance des mérinos, et un drap très-précieux de pinne-marine. »

*Le même.—*Médaille d'or, exposition an x (1802).

« Depuis l'an IX, ce fabricant a perfectionné sa fabrication. Il est douteux qu'on puisse présenter de plus beaux produits. Ses châles en laine de vigogne ont le même croisé, le même moelleux, et presque la même finesse que ceux de cachemire; ils ne se froissent point au toucher. Ses draps sont d'une exécution achevée. Cette fabrique est actuellement dirigée par Jean-Baptiste Décrétot neveu. Le jury a vu avec satisfaction que ce nom, depuis long-temps honoré dans le commerce, continuera de désigner une de nos plus intéressantes manufactures. »

*Le même.—*Exposition 1806.

« Les produits qu'ils ont présentés en 1806 répondent tout-à-fait, par leur beauté et leur perfection, à la haute idée que le public s'est depuis long-temps formée de cette manufacture, le modèle de la belle draperie française. »

8 *

M. Decroos, de Bagnolet, près Paris.—*Savon.*—
Citation au rapport du jury, exposition 1806.

« Pour avoir fabriqué du savon parfaitement égal à celui
qui est recherché dans le commerce sous le nom de savon de
Windsor. »

M. Deffontis-Gilbert. Moulins (Allier).—*Bonneterie de coton.*—Citation au rapport du jury, exposition 1819.

« Pour de la bonneterie de coton qu'il a exposée.

M. Defranc. Tarare (Rhône).—*Mousselines, perkales, calicots.*—Mention honorable, exp. 1806.

« Pour ses belles mousselines. »

M. Degen, mécanicien. Saint-Etienne (Loire). —
Mention honorable, exposition 1819.

« Pour avoir perfectionné la fabrication des velours de St.-
Etienne, et fait diverses inventions. »

M. Deglesne-Cousin. Annonay (Ardèche).—*Ganterie.*—Mention honorable, exposition 1819.

« Pour des gants parfaitement faits. »

M. Degouvenain (M. C. A.). Dijon (Côte-d'Or).
— *Vinaigre.* — Médaille de bronze, exposition
an x (1802).

« Le vinaigre qu'il a présenté est pur et d'une saveur agréable.
Mille parties des plus forts vinaigres sont saturées par cent
quatorze parties de potasse ; mille parties de celui de M. Degouvénain absorbent cent quarante à cent cinquante parties
de potasse. »

Le même.—Exposition 1806.

« M. Degouvénain a présenté cette année des vinaigres qui soutiennent l'opinion qu'on en avait prise d'après ses expériences comparées. »

« La fabrique de M. Degouvénain acquiert tous les jours plus de consistance ; et il n'a pas cessé d'être digne de la distinction qu'il a obtenue. »

Le même.—Exposition 1819.

« Les vinaigres qu'il a exposés en 1819 sont d'excellentes qualités, et soutiennent parfaitement sa réputation. »

M. Dégrand. Marseille (Bouches - du - Rhône). — *Coutellerie.* — Mention honorable , exposition 1819.

« Pour ses ouvrages de coutellerie. »

Madame Degrand-Gurjey. Marseille (Bouches-du-Rhône.)—*Armes blanches.*—Mention honorable , exposition 1819.

« A présenté des armes blanches en damas d'une belle exécution. »

La même.—*Coutellerie.*—Mention honorable, exposition 1819.

« Pour ses ouvrages de coutellerie. »

M. Deharme. Bercy (Seine). — *Tôle vernissée.*— La distinction du premier ordre , équivalant à une médaille d'or.—Exposition an VI (1798).

« Pour divers ouvrages en tôle vernissée, ornés de dessins et peintures d'une grande beauté. »

MM. Deharme et Dubaux.— Rue de la Madeleine. —Médaille d'or, exposition an IX (1801).

« Grand perfectionnement dans l'art de vernir les tôles,
pour lequel le jury de l'an vi les jugea dignes d'être mis au
nombre des douze artistes les plus distingués. »

Les mêmes.—Exposition an x (1802).

« Ont obtenu à toutes les expositions la distinction du premier ordre, pour avoir perfectionné l'art de vernir les tôles.
Les portiques où leurs productions étaient exposées cette année, ont fortement attiré l'attention publique : ces artistes se
sont perfectionnés sous plusieurs rapports. Le jury a particulièrement remarqué la forme de leurs vases et la beauté de
leurs vernis ; ils ont véritablement porté cet art à un point de
perfection inconnu avant eux. »

C'est M. Deharme qui a exécuté les grands vases de la galerie de Diane, aux Tuileries et, depuis, les deux grilles en
bronze du sanctuaire royal de Saint-Denis.

M. DEHARME, mécanicien à Paris, cour des Petites-Écuries, rue du Faubourg-S.-Denis, 67.—
Objets divers.—Médaille d'argent, exposition
1819.

« A présenté à l'exposition un assortiment nombreux d'objets de quincaillerie, tels que fers à repasser, fers à chapeliers,
chandeliers en fer battu, des mascarons, rosaces, balustres,
grilles d'appui, poignées d'espagnolettes, marteaux de porte,
garde-feux, des outils à moulure pour façonner le cuivre,
des écrous à l'usage des constructeurs de machines, des char-
nières, des anneaux en cuivre.

« Tous ces objets sont fabriqués avec tout le soin qu'on devait attendre d'un mécanicien ingénieux et soigneux. »

M. DEHEURLE-BILLY. Troyes (Aube).—*Cadisserie.*
—Mention honorable, exposition an x.

« Pour ses ratines, dont la fabrication est très-bonne. »

M. Delacour. Tain (Drôme).—*Soies grèges.* — Mention honorable , exposition 1819.

« Le jury a vu avec une satisfaction particulière les soies grèges , ouvrées et organsinées , exposées par ce fabricant. »

M. Deladerrière -Dubois , entrepreneur en filature. Arras (Pas-de-Calais). — *Filature de coton.* — Médaille de bronze à tirer au sort avec M. Linars-de-Lescars , exposition an x (1802).

« Sa filature de coton est bonne et régulière ; les prix en sont modérés. ».

Le même.—Exposition 1806.

« A présenté des cotons filés que le jury a vus avec satisfaction comme répondant à l'idée que le public a dû se former de l'industrie de M. Deladerrière-Dubois , depuis la distinction qu'il a obtenue. »

M. Delafontaine fils aîné , directeur associé de la filature de Lescure , près Rouen (Seine-Inférieure). — *Machine à filer le coton.* —Médaille d'argent , 2.ᵉ classe , exposition 1806.

« A présenté une machine à filature continue , composée d'un petit nombre de broches , destinée à filer , pour chaîne , dans les numéros de 80 à 100.

« M. Delafontaine a eu pour objet de faire connaître :

« 1°. Une nouvelle manière d'enter les cylindres de tirage , qui est plus solide , et qui donne les moyens de remplacer les collets , sans changer les cylindres ;

« 2°. Un moyen de soustraire la bobine à l'action de la broche , afin de pouvoir plus facilement en régler la résistance suivant la finesse du fil ;

« 3°. La forme qu'il conviendrait de donner à la denture

des roues d'engrenage, pour obtenir plus d'uniformité dans le mouvement. »

« Le jury a pris l'idée la plus favorable des connaissances de M. Délafontaine dans la mécanique, et de son aptitude pour perfectionner les machines à filer le coton. »

M. Delagarde, propriétaire de la papeterie du Marais (Seine-et-Marne).—*Papeterie.*—Médaille d'argent, exposition 1819.

« Les échantillons envoyés par cette manufacture n'ont pas été regardés comme un produit courant des fabrications ; cependant ils ont attiré l'attention du jury par leur extrême perfection ; il y a vu la preuve que, si la fabrique du Marais n'était pas déterminée, par des convenances de commerce, à borner sa fabrication aux espèces communes, elle pourrait fournir les plus belles qualités de papiers. »

M. Delahaye.—Expos. an ix (1801), an x (1802)-(1806).—*Voyez* Morgan et Delahaye.

MM. Delahaye et Williot (François). Bolbec (Seine-Inférieure).—*Impression sur coton.*—Médaille de bronze, exposition 1819.

« Ont présenté des impressions à sujets, faites au cylindre, que le jury a vues avec intérêt. »

M. Delahaye-Pisson. Amiens (Somme).—*Velours d'Utrecht.* — Mentions honorables, exposition 1802 et exposition 1806.

« Pour ses pannes et velours de laine fabriqués avec soin. »

Le même.—Médaille de bronze, exposition 1819.

« Ce fabricant entretient un grand nombre d'ouvriers. Le

produits qu'il a envoyés (en velours d'Utrecht) sont très-soignés et d'une bonne qualité. »

M. DELAITRE. Lépine, près Arpajon (Seine-et-Oise).—*Filature de coton.*—Citation honorable, exposition an VI (1798).

« Le jury regrette que M. Delaître, à qui la filature de coton doit une partie de ses progrès, n'ait pas eu le temps d'envoyer à l'exposition des objets qui auraient beaucoup augmenté l'intérêt, et qui leur auraient donné sûrement un rang honorable dans le concours. »

MM. DELAITRE, NOEL et compagnie.—Une des douze médailles d'or, exposition an IX (1801).

« Des cotons filés à la filature continue, jusqu'au n.° 160, et des cardes à coton, qu'ils font fabriquer dans leur établissement, ont été jugés d'un très-beau travail. La filature de l'Epine est une des plus anciennes de France : ses fils ont servi à fabriquer la plus belle bonneterie présentée aux expositions de l'an VI et de l'an IX. Cent jeunes filles des hospices de Paris y sont élevées et formées au travail. »

Les mêmes.—Exposition an X (1802).

« La manufacture de MM. Delaître, Noël et compagnie est conduite sur d'excellens principes. Le jury est assuré que les fils de l'Epine sont estimés et sont recherchés : elle a exposé de très-belles cardes. Il est extrêmement agréable au jury de faire connaître au gouvernement toute l'importance de cette manufacture. »

Le même.—Exposition 1806.

« Les fils que cette manufacture a présentés cette année prouvent qu'elle soutient parfaitement sa réputation. »

M. Delaloge. Paris, rue de l'Orillon, 27.—*Cuirs vernis.*—Mention honorable, exposition 1819.

« A présenté un cuir vernis destiné à servir de tapis de table. Ce cuir est d'une souplesse remarquable. La guirlande de rose qui en orne le centre est bien exécutée. »

MM. Delamarche et Dien. Paris, rue du Jardinet, 13.—*Globes terrestres et célestes.*—Mention honorable, exposition 1819.

« Ont présenté des globes célestes et terrestres fort bien exécutés. »

MM. de Lamark et Decandole. Paris.—Citation au rapport du jury, distribution des prix décennaux 1810.

« Pour leur *filature française.* »

M. Delamarre (Jean). Bayeux (Calvados).—*Dentelles.*—Mention honorable, exposition 1819.

« Qui a exposé des dentelles composées avec goût et fabriquées avec soin.

M. Delambert, deux fois. — Exposition 1819. — *Voyez* Demenou et Delambert.

M. Delambre.—Paris.—Distribution des prix décennaux, 1810.

« Le jury regrette de ne pouvoir proposer pour le grand prix à l'auteur de l'ouvrage qui fera l'application la plus heureuse des principes des sciences mathématiques ou physiques à la pratique, la base *du système métrique décimal, ou la mesure de l'arc du méridien entre Dunkerque et Barcelonne,* de M. Delambre, puisqu'en sa qualité de membre du jury, il a lui-même exclu ses ouvrages du concours. «Les formules et les tables employées par l'auteur pour la-réduction et la correction des observations méritent d'être étudiées par tous ceux qui s'occupent d'opérations de ce genre... Elles l'ont été par tous les astronomes, et aussi par le dépôt de la guerre, pour servir à la levée des cartes géographiques et dans toutes les opérations de ce genre qu'ils font exécuter par ordre du gouvernement. »

M. DELAMOTTE. Paris, rue Neuve-des-Mathurins, 44. *Machine à vapeur.*—Médaille de bronze , exposition an IX (1801).

« Ancien directeur de la fonderie d'Indret. Pour avoir présenté un beau modèle de machine à vapeur; pour avoir construit au Creuzot des laminoirs pour la tôle. »

M. DELAMOTTE. S.-Étienne (Léon).—*Armes à feu.* —Mention honorable, exposition 1819.

« Un fusil remarquable par sa belle exécution. »

M. DELANOS. S.-Manvieu (Calvados).— *Faux.*— Mention honorable , exposition 1819.

« Le jury a vu avec satisfaction les faux très-bien fabriqués qu'il a exposés. »

M. DE LA NOUVELLE. Châteauneuf-sur-Loire (Loiret). — *Sucre.* — Mention honorable , exposition 1819.

« Pour du sucre de betterave bien fabriqué et de bonne qualité. »

M. DELARUE.—Exposition an X (1802)-(1806). — *Voyez* SOLLIER et DELARUE.

M. Delarue, fabricant de draps. Louviers (Eure). —*Draps fins.*—Une des vingt médailles d'argent de l'exposition an IX (1801).

« Pour avoir présenté des draps surperfins de la plus grande beauté, qui ont concouru pour les médailles d'or. »

Le même.—Exposition 1806.

« A exposé des draps parfaitement fabriqués, et qui prouvent que ce manufacturier ne cesse de faire des efforts pour se surpasser lui-même, et continuer de mériter la distinction qui lui a été accordée. »

M. Delarue (Julien), apprêteur d'étoffes. Rouen (Seine-Inférieure).—*Apprêt.*—Médaille d'argent, exposition 1819.

« Pour les grands services qu'il a rendus à la fabrique de Rouen, dont il apprête les étoffes. Ce genre de travail a été de la plus grande utilité pour faciliter l'exportation des produits de la rouennerie. »

M. Delatour-Saurat. Arcis-sur-Aube (Aube). Mention honorable, exposition 1819.

« Pour la bonne qualité de la bonneterie de coton qu'il a exposée. »

Delaunay (Madame). d'Angers (Maine-et-Loire).— *Mouchoirs, façon des Indes.*—Mention honorable, exposition 1806.

« Pour avoir fabriqué des mouchoirs façon des Indes de la plus grande finesse, et de belle couleur, pouvant rivaliser avec ce que l'Angleterre et l'Inde ont fourni de plus beau. »

M. Delépine. — Exposition an ix (1801), x (1802)-
(1806).—*Voyez* Godet et Delépine.

M. Delessert (Benjamin).Passy (Seine).—*Raffinerie
de sucre indigène.* — Mention honorable, exposition an x (1802).

« Pour avoir établi à Passy une raffinerie de sucre avec des
fourneaux économiques qui épargnent du combustible. Plusieurs procédés en usage dans cet établissement, prouvent dans
l'entrepreneur beaucoup de talens et d'instruction : les sucres
qui y ont été raffinés sont très-beaux. »

M. De l'Étoile, fabricant. Hallencourt (Somme).
—*Linge de ménage.*—Mention honorable, exposition an x (1802).

«Linges ouvrés de ménage, dignes d'éloges à raison de leur
bas prix. »

MM. Deleutre fils et Mantel. Avignon (Vaucluse).
—*Étoffe de soie.*—Mention honorable, exposition 1806.

« Pour la belle fabrication de leurs florences. »

Les mêmes.—*Soies grèges.* —Mention honorable,
exposition 1806.

« Pour les soies en poil, les soies ouvrées et organsinées qu'il
a produites. »

M. Delfau, dit Lamotte, serrurier mécanicien. Montauban (Tarne-et-Garonne). Mention honorable,
exposition 1819.

«Pour améliorations et perfectionnemens qu'il a apportés
dans la construction de diverses machines. »

M. DELISLE fils. Vimoutiers (Orne).—*Toiles de lin.*
—Citation au rapport du jury, exposition 1819.

« Bonne qualité de toiles mises à l'exposition. »

M. DELLOYE. Huy (Moselle).—*Tôle laminée et fer-blanc.*—Médaille d'argent, 2.e classe, exp. 1806.

« A envoyé six feuilles de fer-blanc d'excellente qualité. »

Madame V^e. DELLOYE et fils. Cambray (Nord).—*Mouchoirs de fil, façon madras.* — Médaille de bronze, exposition 1819.

« Ces fabricans ont présenté des mouchoirs batiste, façon de madras, d'un beau tissu, remarquables par leur finesse, par la solidité des couleurs, et par le bon goût des dispositions. On a vu avec une satisfaction particulière les mouchoirs à carreaux rouges et noisette, dont la teinture est faite par les procédés de M. Palfrène. »

M. DELOBEL-DE-SURMONT. Turcoing (Nord).—*Casimirs de coton.*—Mention honorable, exposition 1819.

« Pour l'excellente qualité de ses casimirs de coton. »

MM. DELOYNE, BENOIT, HALLIER et compagnie. Orléans (Loiret).—*Bonneterie de laine.*—Médaille de bronze, exposition 1819.

« Fabriquent pour le commerce du Levant les bonnets turcs façon de tunis; ceux qu'ils ont exposés annoncent une fabrication soignée : ils sont de bonne qualité; la teinture en est solide et d'une bonne nuance. »

M. DELPECH. Du-Maz-d'Azil (Ariége).—*Produits chimiques.*—Médaille de bronze, exposition 1819.

« A envoyé un échantillon d'alun de sa fabrication ; cet alun, essayé comparativement avec celui de Rome, contenait moins d'oxide de fer. »

M. DELRUE-FLORIN. Roubaix (Nord).—*Casimirs de coton.*—Mention honorable, exposition 1819.

« Pour ses casimirs de coton d'une belle fabrication. »

M. DELTUF. Laferté-Aleps (Seine-et-Loire).—*Cotons filés.*—Médaille d'argent, exposition 1819.

« Fils des n.ºs 52 à 54, très-bien filés, sans échancrures et d'une bonne qualité. »

M. DELUCHEUX.—Exposition 1802.—*Voyez* AGLOQUE l'aîné, DELUCHEUX et LESCUREUX.

MM. DEMAILLY (Stanislas) et frères. Amiens (Somme). — *Couvertures, molletons.*—Mention honorable, exposition an x (1802.)

« Ont exposé des étoffes de laine commune, chaîne en fil, connues sous le nom de beaucamps. Ces objets sont vendus à très-bas prix, sont utiles à la classe pauvre, et leur fabrication occupe, dans l'arrondissement d'Amiens, un nombre considérable d'habitans de la campagne. Les pièces soumises au jury lui ont paru fabriquées avec soin. »

Les mêmes.—Mention honorable, exposition 1806.

« Ont reçu la même distinction. »

M. DEMARNE. Paris, rue du Faubourg-Saint-Denis, 446. — *Tôles vernies.* — Médaille d'argent, 2.e classe, exposition 1806.

« A exposé différens objets en tôle et en fer, couverts d'un excellent vernis noir, qui peut, sans s'éclater, souffrir la percussion d'un marteau. »

« Cette manufacture est recommandable, parce qu'en s'attachant particulièrement à perfectionner ses vernis et à les appliquer sur une grande variété d'objets usuels, elle contribue à nous affranchir d'un tribut imposé sur nous par quelques fabriques étrangères. »

Mlle. Démé. St.-Germain-en-Laye (Seine-et-Oise).— Citation au rapport du jury, exposition 1806.

« Qui fait établir, au profit des pauvres, des ouvrages en carton et en soie. »

M. De Meantis. Chantilly (Oise). —*Dentelles et blondes.*—Mention honorable, exposition 1806.

« A présenté des couvre-pieds de dentelle. »

MM. Demenou et Delambert. Paris, rue du Faubourg-Poissonnière, 31.—*Impression sur étoffe de laine.*—Médaille de bronze, exposition 1819.

« Ont présenté un tapis tricoté et mis en couleurs par impression. Cet objet mérite d'être distingué. »

Les mêmes.—Mention honorable, exposition 1819.

« Pour des molletons bien fabriqués. »

Les mêmes.—*Draperie moyenne.*—Mention honorable, exposition 1819.

« Drap tricot blanc d'une bonne fabrication. »

M. Demillère. Paris, rue Bourbon-Villeneuve, 6. —*Tabletterie et ornemens.*—Mention honorable, exposition 1806.

« Végétaux artificiels imitant parfaitement la nature. »

MM. Demougé et Kreutzer. Strasbourg (Bas-Rhin).
—*Vernis.*—Mention honorable, exposition an ix
(1801).

« Pour leur vernis imitant l'émail, le marbre, le jaspe, et
les pierres de toutes les espèces. »

M. Denielle. S.-Omer (Pas-de-Calais).—*Draperie
moyenne.*—Mention honorable, exposition 1819.

« Ce fabricant a exposé des draperies d'une fabrication
louable. »

MM. Denière et Matelin. Paris, rue Vivienne, 15.
—Médaille d'argent, exposition 1819.

« Ont exposé un riche berceau, un vase doré, des girandoles, des candelabres très-riches et trois lustres de formes
nouvelles ; plusieurs pendules dorées et non dorées, parmi
lesquelles on remarque, pour la netteté de l'exécution, celle
de forme architecturale en cuivre sans dorure. »

M. Deniere.—Exposition 1819.—*Voyez* Matelin,
Jumel et Deniere.

M. Denné le jeune. Paris, rue Vivienne, 12.—*Chalcographie.*—Médaille d'argent, 1.re classe, exposition 1806.

« A présenté une collection d'oiseaux de paradis, gravés
d'après les dessins de M. Barraband. Cet ouvrage, où les objets sont représentés avec la plus grande perfection, peut, en
fournissant des modèles, devenir très-utile aux manufactures
de papiers peints, de toiles imprimées, de tapisseries, de porcelaine, et en général à toutes les manufactures qui emploient
le dessin. »

9

M. Denoir-Jean, fabricant de couvertures. Paris, rue de la Juiverie, 19.—*Couvertures, molletons.*—Citation au rapport du jury, exposition 1806.

M. Denys (Julien). Luat près S.-Brice (Seine-et-Oise).—*Filature du coton.*—Distinction du premier ordre, exposition an vi (1798).

« Pour des échantillons de cotons filés, portés successivement jusqu'au n.° 110. »

Le même.—Médaille d'or, exposition an ix (1801).

« Echantillons de cotons filés de tous les n.°ˢ, jusqu'à 232. »

M. Denuelles. —Exposition 1819.—*Voyez* Cadet Devaux et Denuelles.

M. Depétigny (Eure-et-Loir).— *Économie rurale.*—Mention très-honorable, distribution des prix décennaux, an 1810.

« La petite rivière de l'Yères se perdait dans plusieurs gouffres ; cette perte avait frappé de stérilité tout un canton. M. Depétigny, propriétaire d'une partie du cours de cette rivière, après avoir bien étudié la nature du terrain, est parvenu à lui donner un cours régulier qui lui fait porter ses eaux à plein canal dans la Loire. »

MM. Depouilly et compagnie. Lyon (Rhône).— *Etoffes de soie.*—Médaille d'or, exposition 1819.

« Ces fabricans font des étoffes de goût nouvelles pour toutes les saisons ; ils ont exposé plusieurs échantillons en velours simulé, qui est un mélange de soie et de coton ; des crêpes, dits *des Indes*, qui sont une fabrication nouvelle ; des mouchoirs façon de cachemires, sans être découpés à l'envers, et confectionnés avec une économie telle, qu'ils ne redoutent, sur les marchés étrangers, la concurrence d'aucune nation. »

« Ils ont formé, dans les environs de Lyon, un établissement où ils occupent un grand nombre d'ouvriers et où deux cents métiers sont en activité. On fait dans ces ateliers des essais pour créer des étoffes nouvelles ou pour perfectionner les genres déjà connus.

« MM. Depouilly emploient le métier, dit *à la jacquart*, qu'ils ont su perfectionner ; leur exemple a eu une grande influence pour la propagation de cette machine qui est adoptée aujourd'hui dans presque toutes les fabriques.

« Par ordonnance du roi du 17 novembre 1819, M. Depouilly a été nommé membre de la Légion-d'Honneur. »

M. DEQUENNE.—Exposition 1819.—*Voyez* MONT-MOUCEAU et DEQUENNE.

M. DEQUENNE, à Raveau.—Exposition 1819.—*Voyez* MONTMOUCEAU et DEQUENNE.

M. DERMET (Joseph), charpentier. Vienne (Isère).— Mention honorable, exposition 1819.

« Pour avoir été très-utile à l'industrie du département de l'Isère et des départemens voisins, en établissant des usines et des machines de tous les genres, qui ont répandu la prospérité dans toutes les fabriques de la ville de Vienne, et pour avoir formé d'excellens élèves qui se sont répandus et ont porté partout les améliorations exécutées à Vienne. »

M. DEROSNE (Charles), pharmacien, fabricant de sucre à Chaillot, rue des Batailles, 7.—Médaille d'argent, exposition 1819.

« Pour avoir fait connaître et adopter l'usage du charbon animal dans le raffinage des sucres. Il a aussi apporté des

9 *

perfectionnemens marquans à l'appareil de distillation de M. Cellier Blumenthal. »

Le même.—Distillation.—Exposition 1819.

« A présenté un appareil distillatoire en grand que M. Cellier Blumenthal a inventé, et que M. de Rosne a beaucoup perfectionné.

« Cet appareil a l'avantage de pouvoir servir également à la distillation continue des liquides et des matières pâteuses liquides, en supprimant entièrement l'emploi de l'eau comme moyen de condensation et de refroidissement.

« M. Charles de Rosne a été présenté, en exécution de l'ordonnance du roi du 9 avril 1819, comme l'un des artistes qui ont contribué aux progrès de l'industrie nationale, et il a obtenu une médaille d'argent.

« Les perfectionnemens qu'il a apportés à l'appareil de M. Cellier Blumenthal sont au nombre des titres qui lui ont valu cette distinction. »

Mad. veuve Désarnaud-Charpentier. Au Palais-Royal, à Paris. — *Cristallerie.* — Médaille d'or, exposition 1819.

« Est la première qui ait fabriqué des candelabres, des pendules, de grands et de petits vases d'ornemens pour les cheminées, et des meubles en cristal ornés de bronze.

« Les pièces qu'elle a exposées sont toutes remarquables par leur beauté et le goût qui a présidé à la taille. Plusieurs le sont par la grandeur de leur dimension.

« Les cristaux mis en œuvre par madame Desarnaud, sont de la fabrique de M. D'Artigues. »

M. Désarnod. Paris, rue Neuve-des-Mathurins, 144. —*Chauffage.*—La distinction du premier ordre,

équivalant à la médaille d'or , exposition an VI (1798).

« Pour cheminées et poêles de fer de fonte , perfectionnés par cet artiste; modèles de cheminées et fourneaux économiques. »

Le même.—Exposition an IX (1801).

« Pour perfectionnement dans ses cheminées économiques. »

Le même.—Exposition an X (1802).

« Cet artiste s'occupe depuis long-temps de la recherche des moyens les plus économiques et les plus salubres d'échauffer les appartemens. Il a présenté cette année de nouveaux appareils avantageux. »

Le même.—Exposition 1806.

« Cet artiste, continuellement attentif à perfectionner les moyens d'échauffer les appartemens par les procédés les plus économiques et les plus salubres , a présenté des poêles et des cheminées qui réunissent plusieurs avantages, et qui prouvent que M. Désarnod soutient sa réputation. »

N. B. M. Désarnod est mort en 1819. Il était fils d'un ingénieur des ponts-et-chaussées et arrière-neveu de Saint-François-de-Sales. Sa première découverte fut un foyer salubre et économique, qui eut le plus grand succès. On lui doit vingt-cinq autres appareils de chauffage , et notamment les calorifères à compartimens intérieurs et à circulation extérieure.

Le bureau de consultation lui a accordé le maximum des récompenses.

L'Athénée des arts lui a donné une médaille, plus une couronne.

M. Desblancs, horloger mécanicien. Trévoux (Ain).

—*Arts servant à l'horlogerie.*—Mention honorable spéciale, exposition 1806.

« A présenté des rouleaux, ou verges de balancier de montres, faits, en manufacture, au moyen de machines particulières. Ces rouleaux sont employés par les horlógers les plus célèbres de la capitale : les formes sont exactes, l'acier est bien choisi, les palettes sont trempées, et les pivots recuits au degré convenable. Les moyens ingénieux employés par M. Desblancs lui ont permis de modérer les prix en améliorant les qualités. »

« Le jury, considérant que l'établissement de M. Desblancs est un service rendu à l'horlogerie, arrête qu'il sera fait mention honorable spéciale de ce mécanicien. »

M. Desclaux. Toulouse (Haute-Garonne).—*Maroquinerie*.—Mention honorable, exposition 1819.

« A cause des maroquins qu'il a exposés et que le jury a vus avec satisfaction. »

MM. Descroisilles frères. Rouen (Seine-Inférieure). —*Blanchiment*.—Une des vingt médailles d'argent de l'exposition an IX (1801).

« Pour avoir établi, à Rouen, la plus belle blanchisserie bertholienne de France, et mis à l'exposition des objets tissus et filés d'un blanc admirable, dont la ténacité n'a été en aucune manière altérée par le blanchiment. »

Les mêmes.—Médaille d'or, exposition an X (1802).

« Ces artistes habiles ont établi dans leurs ateliers un procédé pour fabriquer le muriate d'étain avec une telle économie, qu'ils en ont réduit le prix au huitième de ce qu'il était auparavant : ce sel est d'un usage journalier dans les fabriques d'indienne et dans les teintureries. »

« La blanchisserie de MM. Descroizilles est un des plus parfaits établissemens de ce genre que nous ayons en France. »

Les mêmes.—Exposition 1806.

« Le jury de l'an X (1802) lui décerna une médaille d'or

pour avoir formé un des plus parfaits établissemens de blanchisserie bertholienne qui soient en France.

« On a vu cette année des étoffes, de la bonneterie et du fil de coton qui avaient reçu dans cet établissement un blanc admirable : le fil, fort beau en lui-même et très-fin, provenait de la filature de M. Pinel de Rouen : le blanchiment de M. Descroisilles n'en avait aucunement altéré la régularité et la force.

« M. Descroisilles joint au blanchiment la fabrication de quelques produits chimiques, utiles aux manufactures, et entre autres du muriate d'étain, qu'il est parvenu à donner à très-bas prix. Plusieurs appareils de chimie, applicables aux manufactures, lui doivent des perfectionnemens intéressans.

« Si M. Descroisilles n'avait pas obtenu la médaille d'or, le jury ne balancerait pas à la voter pour lui. »

M. Désétables aîné. Veaux-de-Vire (Calvados). —*Papeterie.*—Médaille de bronze, exposition 1819.

« Ce fabricant fournit depuis long-temps, aux fabriques de cotonnades pour empaqueter les étoffes, des papiers de couleurs, bien apprêtés, et qui remplacent ceux qu'on tirait autrefois de la Hollande, pour le même service.

« Ses papiers à dessiner de diverses couleurs sont très-recherchés à cause de l'égalité de leur teinte et de la qualité du grain qui s'est suffisamment conservé dans l'apprêt. »

« M. Désétables a aussi concouru au perfectionnement de l'art, par l'invention d'une machine à faire le papier, particulièrement applicable aux petites fabriques. »

M. Desfrancs.—Exposition an x (1802) et 1819.— *Voyez* Benoit, Mérat, Desfrancs et Mingre Bagueneau.

M. DESFONTAINES. — Pour sa *flore athlantique*.— Citation au rapport du jury, distribution des prix décennaux, 1810.

M. DESJARDINS. Paris, boulevart du Temple, 53. — *Incrustation*. — Mention honorable , exposition 1819.

« Pour des yeux artificiels qu'il a fabriqués. »

M. DESJARDINS-RENOULT. Sées (Orne).— *Calicots*.— Mention honorable, exposition 1819.

« Pour des calicots présentés à l'exposition. »

M. DESMALTER (Jacob). Paris, rue Meslay, 77.— *Ébénisterie*.—Médaille d'or de l'exposition à tirer au sort avec M. Ligneréux, exposition an IX (1801).

« Les meubles de ce fabricant sont recommandables. Dans un genre différent de ceux de son concurrent, M. Ligneréux, leur style est d'un plus grand caractère : les détails les plus difficiles de la sculpture y sont traités avec perfection. Ces deux artistes excellent dans un genre d'industrie portée aujourd'hui à un point de perfection dont il n'y a jamais eu d'exemple. Le jury, embarrassé de choisir entre deux genres de talens si différens, a laissé au sort le soin de déterminer celui des deux à qui la médaille doit être remise. »

Le même.—Exposition an X (1802).

« Les progrès de M. Jacob sont très-marqués. Le jury se plaît à déclarer toutes les productions de M. Jacob, marquant des talens du premier ordre dans leur genre. »

Le même.—Exposition 1806.

« Les divers objets que M. Jacob a exposés cette année sont au-dessus de ce qu'on a vu dans ce genre : les ornemens magnifiques et d'un goût exquis sont parfaitement assortis à la destination des meubles auxquels ils sont appliqués, et à la décoration de l'appartement où ces meubles doivent être placés.

« A ne considérer ces objets que comme de l'ébénisterie simple, ils méritent encore les plus grands éloges, sous le rapport de la précision et de l'exécution.

« Le jury considère M. Jacob comme ayant un talent supérieur dans sa partie : il s'empresserait de lui donner une médaille d'or, s'il paraissait à l'exposition pour la première fois. »

Le même.—Exposition 1819.

«Avait déjà paru à l'exposition de 1806, où il a obtenu une médaille d'or; il s'est concerté avec M. Oberkampf pour présenter à l'exposition de 1819 les meubles de sa fabrication, associés avec les toiles peintes pour meubles préparés par la manufacture de Jouy; le lit, les chaises, les fauteuils, les canapés, les commodes, les secrétaires, les candelabres, les tables et les autres objets en bois indigènes, ont attiré la foule en présentant le spectacle de deux industries extrêmement perfectionnées, qui se faisaient valoir mutuellement.

« Le jury aime à déclarer que M. Jacob Desmalter est toujours digne de la distinction qu'il a obtenue en 1806. »

M. DESMARÈST. Bapaume (Seine-Inférieure).—*Teinture sur fil de lin.*—Médaille de bronze, exposition 1819.

«A présenté un échantillon de fil de lin teint en rouge par la garance. »

M. DESMARÈST (Guillaume). Bapaume (Seine-Inférieure.— *Teinture sur coton.* — Mention honorable, exposition 1819.

« A envoyé de très-beaux cotons rouges et violets. »

M. Desmoulins. Paris, rue S.-Martin, 252.—*Couleurs*.—Médaille de bronze, exposition 1819.

« A présenté des échantillons de vermillon de sa fabrication ; c'est le plus beau qui se soit fait en France ; celui qui était exposé sous le n.º 1 surpasse en beauté tous les vermillons connus. »

M. Desormes.—Exposition 1806.—*Voyez* Clément et Desormes.

M. Despeaux. Rouen (Seine-Inférieure).—*Nankins*. —Mention honorable, exposition an x (1802).

« Il a présenté de belles nankinettes. »

Le même.—Mention honorable, exposition 1806.

« Ses nankins ont été vus avec intérêt et satisfaction par le jury. »

M. Despiau. Laval (Mayenne).—*Linge de table damassé*.—Médaille de bronze, exposition 1819.

« A exposé des serviettes et des nappes fines damassées, d'une parfaite exécution et d'un bel effet, à des prix modérés.»

M. Desportes (Jean-Baptiste). Le Mans (Sarte).— *Cadis, serges, étamines*.—Mention honorable, exposition an x (1802).

« Ce fabricant a produit des étamines d'une belle fabrication. »

Le même.—Mention honorable, exposition 1806.

« A présenté des étamines qui sont bien dignes de la réputation dont la ville du Mans jouit depuis long-temps pour cet article. »

M. Despretz fils, La Capelle (Aisne).—*Fer-blanc.*—Mention honorable, exposition 1819.

« Fer-blanc d'une belle exécution et d'une bonne qualité. »

M. Desprez. Paris, rue des Récollets.—*Incrustation.*—Médaille d'argent, 2.e classe, exposition 1806.

« A exposé des camées en pâte de porcelaine parfaitement exécutés : ce genre trouve son application dans la décoration des vases de porcelaine et dans la bijouterie.

« M. Desprez avait aussi exposé des tasses en porcelaine, d'une forme et d'une décoration élégantes. »

Le même. Mention honorable , exposition 1819.

« Pour les objets incrustés dans des cristaux qu'il a exposés. »

M. Desquinemare. Paris, rue Neuve-Notre-Dame-des-Champs, 1469. — *Toiles imperméables.* — Médaille de bronze, exposition an x (1802).

« A présenté des toiles rendues imperméables par un procédé de son invention, et qui sont à bas prix. »

M. Desray, libraire. Paris, rue Hautefeuille, 56.—*Chalcographie.*—Médaille d'argent, exp. an x (1802).

« A exposé des gravures d'animaux coloriés à l'aide d'une seule planche, par un procédé de l'invention de MM. Audebert et Vieillot. Ce moyen, qui produit une imitation plus exacte et moins dispendieuse des animaux, est utile pour les ouvrages d'histoire naturelle. »

M. Destigny. Rouen (Seine-Inférieure).—*Horlogerie fine.*—Médaille de bronze, exposition 1819.

« A introduit, dans les ouvrages du commun, des perfec-

tionnemens jusqu'alors réservés pour les pendules plus particulièrement soignées. »

M. Destombes.—Exposition 1819.—*Voyez* Gaydet
et Destombes.

MM. Destoup et Bentalou. Toulouse (Haute-Garonne).—*Tannage.*—Citation au rapport du jury,
exposition 1819.

« Pour leurs cuirs tannés à la garouille. »

M. Desurmont. Melun (Seine-et-Marne).—*Calicots.*
—Mention honorable, exposition 1819.

« Pour des calicots présentés à l'exposition. »

M. Desverney.—Exposition 1819.—*Voyez* Roux,
Ollat et Desverney.

Desville. (Seine-Inférieure). — *Filature de coton.*
—Mention honorable, exposition 1806.

« Cotons filés de cette fabrique. »

M. Detrey aîné, fabricant de bas de fil. Besançon
(Doubs).—*Bonneterie en fil.* — Mention honorable, exposition an vi (1798).

« Beaux échantillons de bonneterie en fil. »

Le même. — Médaille d'argent, exposition an ix
(1801).

« Echantillons de bonneterie en fil très-bien fabriqués. M. Detrey y a joint des bas de laine faits avec de l'étame retirée d'une
partie de laine de Rambouillet, qui lui fut remise par feu
Gilbert de l'institut national. Ces bas sont très-beaux et d'une

grande finesse. M. Detrey a offert la communication du procédé par lequel il retire l'étame de la laine des mérinos. »

Le même.—Exposition an x (1802).

Le jury voit avec plaisir que, non seulement ce fabricant soutient les qualités de ses bas, mais qu'il les améliore chaque année. »

Le même.—Exposition 1806.

« Sa bonneterie de fil, exposée cette année, jouit des mêmes qualités. »

M. DETREY père (la même maison).—Exposition 1819.

« Il avait mis à l'exposition de l'an ix des bas de fil pour homme et pour femme dont la fabrication fut trouvée bonne et le prix peu élevé. Le jury lui accorda une médaille d'argent. Ceux qu'il a envoyés cette année ne leur cèdent ni en beauté ni en qualité. Le jury aime à déclarer que M. Detrey est toujours digne de la distinction qu'il a obtenue.

« Par ordonnance du 12 octobre, Sa Majesté a nommé M. Detrey père, membre de la Légion-d'Honneur. »

M. DEVILLE. Paris, rue Grange-aux-Belles.—*Broderie et passementerie.* — Mention honorable, exposition 1806.

« Pour les gazes soufflées qu'il a présentées. »

MM. DEVILLERS père et fils. Amiens (Somme).—*Velours.* — Médaille de bronze, exposition an x (1802).

« La fabrication de leurs velours est bonne, et leur prix modéré. Le jury a pensé qu'ils méritaient une marque d'intérêt. »

M. DEVRINE. Paris.—*Machines de précision, instrumens.*—Médaille de bronze, exposition an x (1802).

« A exposé une balance d'essai, d'une exécution extrêmement soignée, et qui promet une grande précision. »

DEVRES (la fabrique de). (Pas - de - Calais). —
Draperie commune.—Mention honorable, exposition 1806.

« Les gros draps, pinchinats, ratines et les autres étoffes de
laine de cette manufacture ont paru d'une bonne fabrication. »

M. DEYDIER. Aubenas (Ardèche).—*Soies grèges.*
—Médaille d'argent, 1.re classe, exp. 1806.

« A présenté des soies et des organsins de bonne qualité et
très-bien préparés. »

M. D'HERBECOURT. Paris, rue du Monceau, 6, à
l'Orme-S.-Gervais.—*Outils.*—Médaille d'argent,
exposition 1819.

« A présenté des assortimens d'outils de tout genre à l'u-
sage des charrons, des charpentiers, des menuisiers, des
ébénistes, des tonneliers, des sabotiers, des jardiniers, etc.
Ces outils, provenant de sa fabrique, sont bien exécutés, d'un
prix peu élevé et d'une très-bonne qualité. »

MM. DIDELOT-PERRIN et DIDELOT REGNOULT. Vassy
(Haute-Marne).—*Draps communs.*—Mention honorable , exposition 1819.

« Tiretaines à bas prix et bien fabriquées; la filature est
bonne. »

M. DIDIER (Nicolas). Mirecourt (Vosges).—*Instrumens à cordes.*—Médaille d'argent, 2.e classe ,
exposition 1806.

« A exposé un violon de sa fabrique, d'un bon patron et

d'un beau vernis. Le jury voit avec satisfaction que les violons de la fabrique de Mirecourt, qui forment une branche intéressante de commerce, se sont perfectionnés sans sortir des prix modérés. »

M. DIDIER. Paris, rue d'Orléans, 17, au Marais.— *Cuirs vernis.* — Médaille d'argent à tirer au sort avec MM. Lebreton, Liegrois et Valentin, exposition an x (1802).

« A appliqué son vernis sur des vases en cuir bouilli, sur des peaux et des feutres. Ce vernis est souple, élastique et brillant : soumis à des épreuves rigoureuses, il a paru solide. »

Le même. Rue du Faubourg-S.-Denis, 59.—Exposition 1806.

« Le jury a reconnu que ce fabricant est, d'après les nouveaux produits qu'il a exposés, toujours digne de la distinction qu'il a reçue. »

Le même. Rue Montmorency, 3.—Exposition 1819.

« Les produits de son art, qu'il a exposés en 1819, prouvent qu'il en a sensiblement amélioré les procédés ; il a appliqué ses vernis, non seulement au cuir, mais encore au papier et au feutre. Les ustensiles de ménage en cuir ou en feutre vernis qu'il a présentés à l'exposition sont parfaitement fabriqués.

« Le jury s'empresserait de lui donner une médaille d'argent s'il ne l'avait déjà obtenue. »

M. DIDOT jeune. Paris.—*Typographie.*—Exposition an vi (1798).

« Le jury regrette que cet imprimeur, si avantageusement connu par de belles éditions de son papier vélin, n'ait pas eu le temps d'envoyer à l'exposition des objets qui en auraient beaucoup augmenté l'intérêt, et qui auraient sûrement donné un rang honorable dans le concours. »

***

MM. Didot (Pierre , Firmin) et Herhan. Paris. — *Typographie.*—La distinction du premier ordre, équivalant à la médaille d'or , exposition an VI (1798).

« Pour une superbe édition de Virgile sur papier vélin avec caractère et encre de leur fabrication , des planches stéréotypées, et une édition in-12 des œuvres de Virgile et de celles de La Fontaine avec ces caractères.

« Le jury met les ateliers de Didot, surtout de Pierre et Firmin , au nombre des ateliers français qui offrent des objets dont rien n'approche chez nos voisins. »

***

MM. Didot l'aîné (Pierre) et Didot (Firmin).—Médaille d'or, exposition an IX (1801).

« Ces deux frères sont connus de toute l'Europe par la perfection qu'ils ont portée dans l'art typographique; ils ont produit à l'exposition de l'an IX un *Horace* in-fol. , le premier volume des œuvres de *Racine* in-fol. : ces deux ouvrages , et leur *Virgile* in-fol., sont regardés comme les plus belles productions de la typographie de tous les pays et tous les âges.»

Les mêmes.—Exposition an X (1802).

« Ils ont exposé cette année un superbe exemplaire des fables de La Fontaine sur vélin, digne de leur grande réputation. Depuis long-temps ces typographes ne connaissent plus de rivaux dans leur art; ils ont obtenu la distinction du premier ordre à toutes les expositions. »

Les mêmes.—Exposition 1806.

« M. Pierre Didot a montré à l'exposition de 1806 le Racine complet, les Fastes, et quelques ouvrages sortis de ses presses.

« Non content d'avoir, comme graveur, perfectionné et

embelli les caractères usités, M. Firmin Didot a étendu la sphère de la typographie, en gravant un nouveau caractère pour représenter l'écriture cursive : l'imitation est parfaite ; la liaison entre les lettres voisines et entre les parties d'une même lettre, quoique avec des caractères mobiles, se fait par des traits continus, comme dans l'écriture à la main, sans qu'on puisse distinguer le point de jonction.

« A l'aide de ce procédé, les petites écoles pourraient être fournies à bas prix de bons modèles d'écriture : on parviendrait ainsi à rendre plus commun le talent de la belle écriture dont la rareté se fait sentir dans l'administration et le commerce ; et les Français auraient enfin une écriture cursive, nationale, régulière et uniforme. »

« Il serait inutile d'insister sur le mérite de MM. Didot ; leurs ouvrages sont connus et admirés de tous les amateurs de la belle typographie en Europe, qui joindraient au besoin leurs suffrages à celui des jurys qui ont successivement proclamé la prééminence de ces habiles imprimeurs. »

M. Didot (Henri), graveur de caractères. Paris, rue du Petit-Vaugirard, 13.—*Typographie.*—Médaille d'argent, 1.re classe, exposition 1806.

« A présenté à l'exposition une machine pour fondre les caractères, qu'il a nommée moule à refouloir. A l'aide de ce moule, on obtient toujours des caractères, sans soufflure, qui prennent exactement l'empreinte de la gravure et des traits les plus déliés. Le jury a trouvé une amélioration réelle dans le procédé de M. Henri Didot. »

M. Didot (Firmin). Paris, rue Jacob, 24.—*Éditions typographiques.*—Exposition 1819.

« A paru aux expositions précédentes en communauté avec Pierre Didot son frère. Depuis qu'ils ne sont plus en société, M. Firmin-Didot a imprimé plusieurs ouvrages parmi lesquels on a particulièrement remarqué un *Camoëns*. Tout ce qui constitue un chef-d'œuvre de l'art se trouve réuni dans ce volume que la chalcographie a encore enrichi des plus belles productions. *Voyez* DIDOT (Pierre), exposition 1819.»

Le même.—Gravure et fonte de caractères.—Exposition 1819.

« A porté depuis long - temps une grande perfection dans la gravure des caractères. Il a donné une nouvelle preuve de son talent par les caractères imitant les écritures à la main. »

« Une ordonnance du roi du 17 novembre 1819 confère la décoration de la Légion-d'Honneur à M. Firmin Didot. »

MM. DIDOT (Henri) et compagnie. Paris, rue du Petit-Vaugirard, 13.—*Gravure et fonte de caractères.*—Médaille d'or, exposition 1819.

« Ont formé, sous le nom de *fonderie polyamatype*, un établissement destiné à la fonte des caractères, et dans lequel, au moyen d'une machine appelée *moule à refouloir*, ils fondent simultanément et d'un seul jet cent à cent - quarante caractères qui ont le mérite d'être très-corrects sur toutes les faces et sur tous les angles, et d'être exactement calibrés dans toutes les dimensions.

« Le jury trouve que M. Didot (Henri) a fait faire un progrès véritable et important à l'art de fondre les caractères typographiques. »

M. DIDOT (Pierre). Paris, rue du Pont-de-Lodi, 6. *Gravure et fonte de caractères.* — Médaille d'or, exposition 1819.

« A exposé des caractères fondus à l'aide d'un nouveau moule qui contient dix-neuf lettres différentes, et avec lequel un seul ouvrier peut produire dans un jour autant de lettres que cinq et les faire beaucoup mieux. »

M. DIDOT (Pierre). Paris, rue du Pont-de-Lodi, 6. —*Éditions typographiques.*—Exposition 1819.

« A exposé plusieurs exemplaires d'ouvrages, parmi lesquels
se trouvent un *Boileau* et une *Henriade*, qui sont de véritables
chefs-d'œuvre de typographie ; jusqu'ici on n'a rien produit
de supérieur.

« MM. Didot (Pierre et Firmin) ont obtenu la distinction
du premier ordre à la première exposition en l'an vi (1798).

« Ils se sont présentés à chacune des expositions suivantes
avec de nouveaux chefs-d'œuvre qui les rendaient de plus en
plus dignes de la médaille d'or.»

M. Didot (Saint-Léger), fabricant de papiers. Paris.
—Médaille d'argent, exposition 1819.

« Pour les progrès qu'il a fait faire à l'art de fabriquer le
papier par machine. »

« La première machine à fabriquer le papier a été imaginée,
à Essone, dans les ateliers de M. Didot, en 1798, par M. Robert. Depuis cette époque, M. Didot n'a pas cessé de s'occuper
du perfectionnement de cette industrie, et il a contribué aux
améliorations les plus importantes qui ont été faites aux premiers procédés et qui ont porté l'art au degré où il est aujour-
d'hui. »

M. Dien.—Exposition 1819.—*Voyez* Delamarche
et Dien.

M. Dietrich. Strasbourg (Bas - Rhin).—*Fers.*—
Mention honorable, exposition an x (1802).

« Inventeur d'un procédé, au moyen duquel il fabrique du
fer doux avec une fonte qui n'avait produit jusqu'ici que du fer
cassant à froid. ».

Le même.—Mention honorable, exposition 1806.

« Un échantillon de fer très-nerveux, se forgeant et se soudant bien, doux à la lime. »

10 *

M. Dietz. Bar (Bas-Rhin). — *Teinture sur coton.*— Médaille de bronze, exposition 1819.

« A présenté deux nuances de rouge et une de rose, qui ont fixé l'attention du jury, qui a surtout distingué le rouge comme l'un des plus parfaits que l'on puisse produire.

« Le même teinturier a aussi présenté des nuances de violet, qui sont belles, quoiqu'elles n'aient pas le même mérite que les rouges. »

M. Dijon, grand propriétaire. Landes et Lot-et-Garonne.—*Économie rurale.*—Mention très-honorable, distribution des prix décennaux, 1810.

« Ce grand propriétaire a formé les plantations les plus étendues d'arbres indigènes analogues au sol, et surtout d'arbres exotiques qu'il a su naturaliser. Plusieurs de ces arbres étrangers portent déjà graines : dans les derniers temps, il a donné la plus grande extension à sa culture par les graines et les plantes qu'il a fait venir d'Amérique, et dont il a couvert un grand espace de terrain. Il a un troupeau de bêtes à laine d'Espagne qu'il est allé chercher sur les lieux même. »

MM. Dihl et Guerard. Paris.—*Porcelaine.*—La distinction du premier ordre, équivalant à une médaille d'or, exposition an vi (1798).

« Pour des tableaux en porcelaine, exécutés par d'habiles artistes avec des couleurs qui n'éprouvent aucun changement dans la cuisson. »

Le même.—Médaille d'or, exposition 1806.

« Cette fabrique jouit depuis long-temps de la première

estime. M. **Dilb** s'est appliqué avec succès à la préparation des couleurs, et il a soin de n'en confier l'emploi qu'à des artistes d'un mérite distingué : il est un des hommes qui ont le plus contribué à porter l'art de la porcelaine au haut degré où il est parvenu en France. »

M. **Dobo** (Antoine-Marie). Paris, rue de Charonne. 86.—*Mécanique.*—Médaille d'argent, exposition 1819.

« Pour avoir appliqué les machines à filer le coton aux filatures de laine et avoir par ce moyen perfectionné les filatures de laine. »

Le même.—Exposition 1819.

« A présenté de la laine peignée, filée par mécanique, depuis le n.° 40 jusqu'au n.° 60; cette laine est filée avec une grande perfection. M. Dobo est l'un des créateurs en France de la filature de la laine peignée par mécanique. Ce n'est pas le seul service qu'il ait rendu aux arts; il a été désigné par le jury, en exécution de l'ordonnance du 9 avril 1819, comme l'un des artistes qui ont contribué aux progrès de l'industrie française.»

Le même.—Mention honorable, exposition 1819.

« A présenté le modèle d'un encliquetage nouveau de son invention qui peut être appliqué au mouvement de rotation et au mouvement rectiligne; cet encliquetage ne fait aucun bruit et n'a pas de recul.

« Ce mécanisme élémentaire est susceptible d'un grand nombre d'applications. M. Wagner l'a employé dans les mouvemens des phares.

« M. Dobo a déjà été distingué comme l'un des créateurs de l'art de filer la laine peignée par mécanique; et, en exécution de l'ordonnance du 9 avril 1819, il a été présenté comme l'un des artistes qui ont contribué aux progrès de l'industrie française. »

M. DOCAGNE, Alençon (Orne). — *Dentelles.* — Médaille d'argent, exposition 1819.

« Il a exposé des dentelles de différentes largeurs, et un voile où figure une corbeille de fleurs : le tout est parfaitement exécuté, surtout celui de la corbeille de fleurs qui est d'un travail très-difficile. »

M. DODILLET (Henri-Louis), mécanicien, chez M. Jappy. Mulhausen (Haut-Rhin). — 300 francs donnés en présence des ouvriers en 1819.

« Inventeur de machines et de laminoirs, perfectionnés chez MM. Jappy. »

M. DOLÉ fils. St.-Quentin (Aisne).—*Linge de table damassé.*—Mention honorable, exposition 1819.

« Ce fabricant a exposé du linge damassé à figures, d'une grande finesse et fait avec talent. »

MM. DOLFUS, MIEG et compagnie. Mulhausen (Haut-Rhin). — *Toiles peintes.* — Médaille d'argent, 1.re classe, exposition 1806.

« Les toiles peintes présentées par ces fabricans sont remarquables par la beauté des couleurs et le choix des dessins : le teint en est solide.

« L'art d'imprimer des toiles doit d'ailleurs des progrès à MM. Dolfus, Mieg et compagnie. »

« Tous les fabricans de toiles peintes de Mulhausen doivent voir dans cette médaille une preuve de l'estime du jury qui a examiné leurs productions avec soin et les a trouvées belles, soignées et dignes de la confiance des consommateurs. »

Les mêmes.—*Impression sur toile de coton.*—Médaille d'or, exposition 1819.

« Cette fabrique, déjà citée pour la filature, a exposé des châles à fond amaranthe, teint en cochenille, à fond noir garancé, d'une belle fabrication et présentant une grande variété de dessins; le bon goût des impressions et l'éclat des couleurs justifient le succès que ces objets ont obtenu dans le commerce. »

M. DOLLEY. Saint-Lô (Manche).—*Draperies communes.*—Mention honorable, exposition 1819.

« Etoffes, dites *droguets*, et finettes bien fabriquées et à des prix modérés. »

M. DOLLEY, fabricant à St.-Lô (Manche).—*Coutils.* Citation au rapport du jury, exposition 1819.

M. DOMINÉ.—Exposition 1819.—*Voyez* MIGEON et DOMINÉ.

M. DONNET. Expositions an IX (1801), 1806.—*Voyez* PLUMMER, DONNET et VANIER.

M. DORÉ. Dijon (Côte-d'Or).—*Draperie commune.* —Mention honorable, exposition 1819.

« Drap commun d'un prix modéré. »

DOUAI (les filatures de). (Nord).—*Filature de coton.* —Mention honorable, exposition 1806.

« Pour les cotons filés fournis à l'exposition. »

Les mêmes. — Mention avec estime accordée à la filature de Douai, appartenant à M. Gauthier Dagoty, distribution des prix décennaux, an 1810.

M. Douault-Wieland, metteur en œuvre. — Paris, rue Ste. Avoie, 19. — *Strass.* — Médaille de bronze, exposition 1819.

« Qui a remporté le prix proposé par la société d'encouragement pour la fabrication du strass ; a présenté des parures et des bijoux de toutes les espèces, en pierres blanche et de couleur qui ne le cèdent point pour l'éclat aux plus belles pierres précieuses naturelles. »

———————

M. Douglass, ingénieur - mécanicien. Paris, aux moulins de l'Ile-des-Cygnes. — *Machines pour les étoffes de laine.* — Médaille d'or, exp. 1806.

« A composé une suite de machines propres à la filature de la laine et à la manutention des draps.

« Cette suite comprend :

1°. Une machine à ouvrir la laine, qu'un enfant peut alimenter, et qui fait l'ouvrage de quarante personnes employées à ouvrir la laine par les procédés ordinaires ;

2°. Une carde, appelée *brisoir*, pour le premier degré de cardage, qui carde soixante à soixante-cinq kilogrammes par jour, et qu'un enfant peut alimenter ;

3°. Deux cardes, nommées *finissoirs*, pour finir le cardage de la laine qui a déjà passé au brisoir : la laine sort du finissoir en loquettes qui se succèdent et forment un ruban continu : deux enfans suffisent pour le service de chaque finissoir ;

4°. Une machine de trente broches à filer en gros, produisant par jour vingt-cinq à trente kilogrammes de gros fil de boudin : elle est conduite par une femme et un enfant ;

5°. Une machine de quarante broches, au moyen de laquelle une femme et un enfant peuvent filer par jour quinze kilogrammes de laine pour chaîne de couverture ;

6°. Une machine de soixante broches, destinée à filer la laine pour la fabrication des draps : cette machine, conduite par une femme, fait environ six kilogrammes de fil par jour;

7°. Une grande machine à lainer les draps.

« Le jury s'est assuré que cette machine, que deux personnes peuvent servir, fait autant d'ouvrage que vingt laineurs à la main ; qu'elle n'altère point la force du tissu ; que le drap sur lequel elle a opéré est bien garni et très-soyeux : l'expérience a aussi démontré qu'elle procure une économie de douze pour cent sur la consommation du chardon ;

8°. Une machine de moyenne grandeur, propre à lainer et brosser les draps ;

9°. Une machine du genre de la précédente, particulièrement destinée à lainer et à brosser les casimirs et autres étoffes étroites.

« Toutes ces machines ont été construites dans les ateliers de M. Douglass, au moulin de l'Ile-des-Cygnes. Les six premières n'ont pas été mises à l'exposition ; mais elles sont journellement en activité rue Saint-Victor, n°. 57, où M. Douglass a formé un établissement pour mettre les fabricans en état de juger du mérite de ses machines, et même pour leur donner la facilité de faire apprendre à leurs ouvriers l'art de les conduire et de les tenir en état. Le jury s'est transporté à cet établissement et y a vu les machines en opération.

« Depuis environ deux ans, M. Douglass a fourni aux manufactures de draps de seize départemens plus de trois cent quarante machines ; il a mis sous les yeux du public les échantillons de draps fabriqués par ses machines, et il a communiqué aux membres du jury sa correspondance avec les fabricans auxquels il a fourni, et qui lui témoignent leur satisfaction.

« Indépendamment des machines ci-dessus désignées, M. Douglass construit des métiers pour tisser à la navette volante les étoffes de la plus grande largeur ; il construit aussi des manéges d'une composition simple et solide.

« Toutes les machines construites dans les ateliers de M. Douglass sont solides dans toutes leurs parties, et très-bien appropriées à leurs objets. »

Le même. — Mention honorable, distribution des prix décennaux, an 1810.

« Pour ses machines destinées à la fabrique de draps, invention d'une utilité reconnue et qui a déjà été récompensée magnifiquement par le gouvernement. »

M. DOULZALS aîné. Montauban (Tarn-et-Garonne). —*Cartons d'apprêt.*—Médaille d'argent, 2.ᵉ classe, exposition 1806.

« Il a envoyé des cartons lustrés, fabriqués par lui. Le jury les a trouvés bien faits. »

Le même.—Exposition 1819.

« A présenté de nouveaux cartons d'une grande dimension, parfaitement lisses et offrant toutes les apparences de la solidité, quoique faits avec du chiffon pourri.

« Le jury le juge digne de la même récompense, et lui décernerait la médaille de bronze s'il ne l'avait déjà obtenue. »

DOURDAN (la maison de correction de). (Seine-et-Oise).—*Divers objets.*—Mention honorable, exposition 1819.

« Nécessaires en nacre à l'usage des dames. »

« La fabrication de ces nécessaires en nacre et autres objets de même nature a été introduite dans cette maison par M. Pradier neveu, qui occupe un certain nombre de détenus mis à sa disposition et à sa solde.

« M. Le maire de Dourdan rend les témoignages les plus honorables de ce fabricant; il loue son désintéressement et fait remarquer que cet artiste est parvenu, au moyen d'outils ingénieux et par des procédés méthodiques, ainsi qu'à force de soins et de persévérance, à inspirer l'amour du travail à des individus qui n'en avaient ni l'habitude ni le goût, et a réussi à leur faire faire des pièces d'une exécution difficile. »

M. Doyen.—Paris, rue Sainte-Avoie, 47.—*Cotons filés.*—Mention honorable, exposition 1819.

« Pour ses fils retors à coudre et à broder. »

M. Droz. Paris,—*Mécanique, art du monnayage.*—Médaille d'or, exposition an x (1802).

« Cet artiste a embrassé dans toute son étendue l'art du monnayage, et il n'est pas une partie de cet art qu'il n'ait amélioré. Par ses procédés, s'ils étaient adoptés, la possibilité de contrefaire les monnaies serait presque entièrement détruite. Il frappe la pièce en même temps sur la tranche et sur le plat, avec un degré de perfection, tel qu'on peut regarder les monnaies, ainsi frappées, comme ayant l'avantage de ne pouvoir être imitées. »

Le même.—Mention honorable, distribution des prix décennaux, an 1810.

« Pour diverses opérations du monnayage. »

M. Dubaux.—Exposition 1802.—Deharme et Dubaux.

M. Duboc fils. Rouen (Seine-Inférieure). — *Châles de coton et rouennerie.*—Citation au rapport du jury, exposition 1819.

M. Dubois. Lisieux (Calvados). —*Toiles de corps et de ménage.*—Mention honorable, exp. 1806.

« Pour la bonne qualité de ses toiles cretonnes. »

M. Dubois. Saint-Servan (Ille-et-Vilaine). — *Cordages.*—Mention honorable, exposition 1806.

« Qui a envoyé des cordages pour la marine, très-bien fabriqués. »

M. Dubois père et fils. Le Mans (Sarthe).—*Cadis*, *serges*, *étamines*.—Mention honorable, exposition an x (1802).

« Ces fabricans ont exposé de très-belles étamines. »

M. Dubois-Fournier. Valenciennes (Nord).—*Batistes et linons*.—Mention honorable, exp. 1806.

M. Duboscq - Rigaut. Saint - Quentin (Aisne).—*Mousselines, perkales, calicots*.—Mention honorable, exposition 1806.

« Pour ses perkales et ses calicots. »

M. Dubuc le jeune. Rouen (Seine-Inférieure). — *Produits chimiques*.—Citation au rapport du jury, exposition 1819.

« Qui a présenté du sulfate de fer d'une belle cristallisation. »

M. Duchaussoy. Troyes (Aube). — *Bonneterie de coton*.—Mention honorable, exposition 1819.

« Pour la bonne qualité de la bonneterie de coton qu'il a exposée. »

M. Duchemin. Paris, quai de l'Horloge, 75.—*Horlogerie fine à l'usage civil*.—Citation au procès-verbal du jury, exposition 1819.

« Joint à l'instruction un grand esprit d'observation et de recherche. »

MM. Duchesne et Tieulen. Yvetot (Seine-Infé-

rieure).—*Calicots*.—Citation au rapport du jury,
exposition 1819.

« Pour des calicots qu'ils ont exposés. »

M. Duchet. Paris, rue Poliveau, 21.—*Colle-forte*.
—Mention honorable, exposition an ix (1801).

« Pour avoir établi une manufacture de colle-forte de bonne
qualité. »

Le même.—Exposition an x (1802).

« Le jury voit avec satisfaction qu'il a soutenu la qualité de
ses colles, et même qu'il l'a perfectionné. »

Le même.— Médaille d'argent, 1.re classe, exposition 1806.

« A présenté des colles remarquables par leur blancheur et
leur tenacité. Le jury trouve qu'il s'est perfectionné. »

M. Ducrusel, fabricant de limes. Amboise (Indre-
et-Loire). — *Limes*. — Médaille d'argent, exposition an x (1802).

« La fabrique d'Amboise est une des premières, de France,
où l'on ait fait des limes : elle a langui pendant long-temps.
M. Ducrusel l'a ranimée : les limes qui en sortent sont très-
bonnes. »

Le même.—Exposition 1806.

« A présenté des limes excellentes, bien mordantes. Le jury
est convaincu qu'il a amélioré sa fabrication depuis l'an x. »

M. Ducruy aîné. Grenoble (Isère).—*Chamoiserie,
ganterie*.—Mention honorable, exposition 1806.

« Pour des échantillons de ganterie parfaitement bien travaillés. »

M. Dufaud, directeur de forges. Grossouvre (Cher).
—*Forgerie du fer.*— Médaille d'or, exposition
1819.

« Il a établi et perfectionné en France le travail des fers par
les cylindres, au sortir de l'affinage par le charbon de terre.
Cette amélioration va faire une révolution dans l'art de la forgerie et nous replacer à côté des peuples les plus avancés
dans cet art. M. Dufaud a trouvé et publié les moyens de pu-
rifier les fers cassant à froid et à chaud. Il a établi à Grossouvre une machine à lames pour les canons de fusil, laquelle
les fait bien plus parfaits et en quantité capable d'en fournir
l'Europe entière. »

« Par ordonnance du 17 novembre 1819, Sa Majesté a conféré
la décoration de la Légion-d'Honneur à M. Dufaud. »

M. Dufougerais.—Expositions 1802, 1806.—*Voyez*
Creuzot (manufacture du).

M. Dufour. Arras (Pas-de-Calais).—*Dentelles et
blondes.*—Mention honorable, exp. an x (1802).

« Pour avoir présenté du beau fil à dentelle. »

Le même. —Mention honorable, exposition 1806.
« Pour le même objet. »

M. Dufour. Paris, rue Beauveau, 10. —*Papiers
peints.*—Médaille d'argent, exposition 1819.

« A porté à un très-haut point de perfection le genre de papier peint de la plus difficile exécution. Ses tableaux en gri-
saille ont le mérite d'être bien composés et d'un bon style. »

MM. Dugas frères et compagnie. Saint-Chamond

(Loire). — *Rubannerie*. — Médaille d'or, exposition 1806.

« Ces manufacturiers ont envoyé à l'exposition des rubans de leur fabrique, en satin et en uni, de grande largeur, des rubans velours et des rubans damassés, tous de qualité supérieure. Le jury en a trouvé le travail excellent : il a particulièrement remarqué la perfection des apprêts. Ces rubans ont paru faits pour effacer ceux que l'Angleterre a été en possession de fournir jusqu'ici. »

MM. DUGAS, VIALIS. Saint - Chamond (Loire). — *Rubannerie*. — Mention honorable, exp. 1806.

« Les rubans fabriqués par cette maison sont très-beaux, et propres à soutenir la concurrence des rubans étrangers les plus estimés. »

Mad. veuve DULAC. — Exposition 1806. — *Voyez* CHAMPAGNAC et veuve DULAC.

M. DULAURENT. Laval (Mayenne). — *Toiles de lin.* — Citation au rapport du jury, exposition 1819.

« Bonne qualité des toiles mises à l'exposition. »

M. DULERAIN (Maurice), fabricant à Rennes (Ille-et-Vilaine). — *Toiles à voiles.* — Mention honorable, exposition 1819.

« Toiles à voiles de bonne qualité. »

M. DULUD père. Carlepont (Oise). — *Calicots.* — Mention honorable, exposition 1819.

« Pour des calicots présentés à l'exposition. »

M. DUMARAIS. Neuilly, près Isigny (Calvados).— *Comestibles.* — Mention honorable, exposition 1819.

« A exposé du fromage façon de Hollande de bonne qualité. Cette fabrication nouvelle en France est très-utile. »

M. DUMAS, aciériste. Caumont (Eure). — *Aciers.* — Médaille de bronze, exposition an ix (1801).

« Pour avoir fabriqué des aciers cémentés, d'un grain égal et d'une bonne qualité. »

M. DUMAS-DESCOMBES.—Expositions 1806, 1819.— *Voyez* BELLANGÉ et DUMAS-DESCOMBES.

M. DUMAS. Lavelanet (Ariége).—*Draperie fine.* — Médaille de bronze, exposition 1819.

« Ce fabricant a présenté des draps dans le genre d'Elbeuf d'une bonne fabrication ; le jury les a vus avec un véritable intérêt. »

M. DUMAS fils. Paris, rue Traversière-St.-Antoine, 62.— *Ustensiles en fonte de fer.*—Mention honorable, exposition 1819.

« Assortiment de roulettes ; roulettes en fonte faites sur de nouveaux modèles, exécutées avec soin, solides, très-mobiles, et à des prix modérés. »

M. DUMERY.—Saint-Julien-du-Sault (Yonne). — *Acier poli et quincaillerie fine.*—Mention honorable, exposition 1819.

« Fermoirs de sac en acier poli d'une belle exécution. »

M. Dumontier. Rouen (Seine-Inférieure).—*Cornes à lanternes.*—Mention honorable, exp. an x(1802).

7 A exposé des cornes à lanterne transparentes et d'une grande dimension. 7

M. Dumoulin. Grenoble (Isère). — *Chamoiserie , ganterie.*—Mention honorable, exposition 1806.

« Pour des échantillons de ganterie parfaitement bien travaillés. »

MM. Dupatis frères. Laval (Mayenne). —*Toiles de corps et de ménage.*—Mention honorable, exposition 1806.

« Pour la bonne qualité de leurs toiles dites de Laval. »

M. Dupaty, statuaire.—Décoration de la Légion-d'Honneur à l'occasion de l'exposition publique de 1819.

« Il honore, par ses travaux dans la sculpture, dit l'ordonnance, l'époque actuelle, et contribue à maintenir la haute réputation que la France s'est acquise dans les beaux arts. »

M. Duplat. Paris, rue du Cloître-St.-Benoît, 26.—*Procédés de gravure.*—Médaille de bronze, exposition 1819.

« Exécute la gravure en taille de relief au moyen de planches en bois, en pierre et en métaux.

« Il a exposé des produits de son procédé ; le jury les a vus avec satisfaction. »

M. Duplessier, rue Saint-Pierre (Oise).—*Toiles de corps et de ménage.*—Médaille de bronze tirée au

11

sort avec MM. Bouan, de Quintin, et Mahieu, rue Saint-Pierre, exposition an x (1802).

« Ses toiles à chemise en blanc et en écru sont bien fabriquées ; le tissu en est fin et régulier et la consommation considérable. »

M. DUPOIRIER, facteur de piano. Paris, rue Bergère, 21.—*Instrumens à cordes.*—Médaille d'argent, 2.ᵉ classe, exposition 1806.

« A présenté un piano d'un nouveau genre, dans lequel il a changé la disposition des cordes : ce changement a donné plus de résonnance à la table, plus d'égalité au son et plus de durée à l'accord.

« Le jury a vu avec satisfaction cette amélioration dans un instrument dont la fabrication alimente un commerce important à l'intérieur et à l'extérieur. »

M. DUPONT-BOILLEROT. Troyes (Aube). —*Cotons filés.*—Mention honorable, exposition 1819.

« Bonne filature de coton. »

M. DUPONT. Troyes (Aube).—*Basins et velventines.*—Médaille d'argent, exposition 1819.

« A présenté des basins et des velventines d'une fabrication très-soignée ; il a aussi présenté des perkales et des molletons croisés ; tous ces objets annoncent un fabricant distingué. »

MM. DUPORT père et fils. Paris.—*Bronzes ciselés.*—Mention honorable, exposition 1806.

« Qui ont exposé divers ouvrages en bronze ciselé, provenant de leur fabrique : ces ouvrages sont traités avec soin. »

MM. DUPORT et JOURDAN, de Lyon, fabricans à

Tarare (Rhône).—*Mousselines, perkales, calicots.*
—Médaille d'argent, 1.re classe, exposition 1806.

« Ont adressé des mousselines d'une grande beauté. »

MM. Duport et Faverges.—Mention avec estime,
distribution des prix décennaux, 1810.

« Les mousselines de M. Dupont de Faverges. »

M. Duprez aîné. Saint-Geniez (Aveyron).—*Draps
communs.*—Citation au rapport du jury, exposition 1819.

M. Duprez. Saint-Geniez (Aveyron).—*Draps communs.*—Citation au rapport du jury, exposition
1819.

M. Duquène. Valenciennes (Nord). — *Batistes et
linons.*—Mention honorable, exposition 1806.

« Pour batistes et linons. »

M. Durand. Grandvillars (Hautes-Alpes).—*Faux.*
—Mention honorable, exposition 1806.

« Faux de très-belles formes, très-légères et de fort bonne
qualité. »

M. Durand (Ennemond). Grenoble (Isère).—*Chamoiserie, ganterie.*—Mention honorable, exposition 1806.

« Pour des échantillons de ganterie parfaitement bien travaillés.»

11[*]

M. Durand-Damieh. Pratz-de-Mollo (Pyrénées-Orientales). —*Draperie commune.*—Mention honorable, exposition 1819.

« Fabrique, à des prix modérés, des draps de qualité commune, bons dans leur genre.

M. Dutilleul.—Exposition 1806.—*Voyez* Debarre, Théoleyre et Dutilleul.

M. Duvivier.—Exposition 1806.—*Voyez* Savonnerie (Manufacture de la).

E.

M. Ébingre. St.-Denis (Seine).—Exposition an IX (1801).—*Toiles peintes.*—Mention honorable.

« Pour ses toiles peintes à fond sablé, imprimées par le moyen d'une mécanique de son invention. »

Elboeuf (la manufacture d'). (Seine-Inférieure). —*Draps fins.*—Citation au rapport du jury, exposition 1806.

« Les manufactures d'Elboeuf fournissent à la consommation des fortunes moyennes, qui est importante par son étendue : elles ont fait, dans ces derniers temps, des progrès remarquables. Leurs premières qualités surtout, qui tiennent le milieu entre les draps de Louvier et les secondes qualités d'Elboeuf, sont devenues plus abondantes, et se sont singulièrement améliorées. Ce progrès se montrait déjà d'une manière sensible aux précédentes expositions. »

La même.—Médaille d'argent, 1.re classe, exp. 1806.

« Plusieurs fabricans d'Elboeuf ont présenté des draps superfins et fins qui auraient concouru pour les médailles, si le jury n'avait pris la résolution de n'en plus accorder à ceux qui en auraient obtenu précédemment pour le même sujet. »

M. ENGELMANN (Louis). Paris, rue Louis-le-Grand, 37.—*Lithographie*.—Mention honorable, exposition 1819.

« Pour la belle exécution de ses estampes lithographiques, et pour avoir trouvé le moyen d'imiter, par la lithographie, les effets de l'aqua tincta ou lavis.

M. ÉNOS. Rouen (Seine-Inférieure).—*Bonneterie, coton*.—Mention honorable, exposition 1806.

« Il a présenté des bas blancs d'une belle qualité et des bas chinés avec goût, d'une grande finesse et d'un prix modéré. »

MM. ERRARD frères. Paris, rue du Mail, 13.—*Harpes et forté-piano*. — Médaille d'or, exposition 1819.

« Ont présenté à l'exposition quatre pianos et deux harpes; les pianos sont tout-à-fait dignes de la haute réputation que ces habiles facteurs ont acquise depuis long-temps; ils ont simplifié le mécanisme de leurs pianos à queue; en perfectionnant la table d'harmonie, ils ont obtenu des sons nets, vigoureux, brillans, et, d'un bout à l'autre, d'une égalité relative. »

« Les harpes ont beaucoup d'harmonie. »

« Les instrumens de MM. Errard sont connus de toute l'Europe pour leur supériorité; leur fabrication est établie en grand, et leurs ateliers occupent un grand nombre d'ouvriers. »

M. ESCOMEL (Pierre). Annonay (Ardèches).—Citation au rapport du jury, exposition 1819.

« Pour ses peaux mégissées. »

M. Esnault. Paris, rue d'Orléans-Saint-Honoré, 17.
— *Broderie et passementerie.* — Mention honorable, exposition an x (1802).

« Dont les broderies sont belles et bien exécutées. »

Le même. — Mention honorable, exposition 1806.

Le même. — Mention honorable, exposition 1819.

M. P. J. Estivant. Givet (Ardennes). — *Colle forte.*
— Médaille d'argent, exposition 1819.

« A présenté des colles fortes d'une très-bonne qualité. Il obtint, à l'exposition de 1806, une médaille d'argent de deuxième classe, équivalant à la médaille de bronze ; les colles qu'il a exposées en 1819 sont d'une qualité supérieure ; le jury lui décerne une médaille d'argent. »

M. Estivant-de-Braux. Givet (Ardennes). — *Colle forte.* — Médaille d'argent, 2.e classe, exp. 1806.

« A envoyé de la colle forte d'une belle transparence et d'une bonne qualité. »

Le même. — *Colle forte.* — Mention honorable, exposition 1819.

« A exposé de la colle forte très-belle et de bonne qualité. »

Eure (département de l'). — *Productions en général.*
— Exposition an ix (1801).

« S'est distingué par la beauté des productions qu'il a montrées. »

Le même. — Exposition an x (1802).

« Le département de l'Eure est un des huit qui se sont particulièrement distingués par la beauté des productions qu'ils ont montrées au public. »

ÉVREUX (fabrique d'). (Eure).—*Filature de coton.*
—Mention honorable, exposition 1806.

« Coton filé envoyé par cette fabrique. »

La même.—Coton filé.—Mention honorable, exposition 1806.

La même.—Toiles.—Mention honorable, exposition 1806.

« Le jury témoigne sa satisfaction aux fabricans de cette ville de la beauté de leur travail en coutil. »

ÉVREUX (hospice d') (Eure). —*Objets divers.*—Exposition an IX (1801).

« Le jury a distingué divers objets fabriqués dans cet hospice. »

M. EYMIEU (Pascal). Aillaut (Drôme). — *Filature de bourre de soie.*—Médaille d'argent, exposition 1819.

« A formé un établissement pour la filature de la bourre de soie par mécanique ; il est l'inventeur de toutes les machines qu'il y emploie. Il a envoyé des échantillons, 1.º de bourre de soie filée à la mécanique jusqu'au n.º 110 ; il est le premier qui ait atteint ce degré de finesse ; 2.º des fantaisies filées au n.º 120 ; 3.º des fils à brocher mêlés de laine et de soie ; 4.º des fils communs de filoselle employés, dans tout le midi de la France, pour les étoffes communes. »

« Tous ces objets sont bien traités. »

F.

M. FABRE. La Canourgue (Lozère).—*Cadisserie.*—Mention honorable, exposition 1806.

« Echantillons de cadis très-bien fabriqués. »

M. FABRE (André). Pralz-de-Mollo (Pyrénées-Orientales). — *Bonneterie de laine.* — Mention honorable, exposition 1819.

« Pour des bonnets de laine d'une bonne fabrication. »

MM. FABRY et UTSCHNEIDER. Sarreguemines (Moselle). — *Minium.* — Citation au rapport du jury, distribution des prix décennaux, 1810.

« MM. Fabry et Utschneider, propriétaires des manufactures de poterie fine, et de la fabrique de *minium* établie à Sarreguemines ; leurs pâtes colorées imitant les pierres dures sont remarquables par le poli dont elles sont susceptibles, et ont obtenu une médaille d'or à l'exposition des produits de l'industrie nationale en l'an IX. »

Le chef du gouvernement d'alors a affecté à leurs usines une concession de bois qui leur assure pendant quarante ans la provision de combustibles dont ils auront besoin.

M. FAGÈS. Carcassonne (Aude). — *Tissu mérinos.* — Médaille de bronze, exposition 1819.

« Pour un tissu mérinos d'une belle fabrication. »

M. FAGÈS (Jean-Louis). Carcassonne (Aude). — *Draperie fine.* — Médaille d'argent, exposition 1819.

« A exposé des londrins et des mahauts agréables et bien fabriqués. »

M. FALLATIEU. Montureux-les-Gray (Haute-Saône). — *Acier.* — Mention honorable, exposition 1819.

« Pour de l'acier corroyé et non corroyé de bonne qualité. »

M. FALLATIEU. Bains (Vosges). — *Fer-blanc.* — Médaille de bronze, exposition 1816.

« A présenté à l'exposition du fer blanc-d'une exécution satisfaisante et de bonne qualité. »

Le même.—*Tréfilerie.*—Mention honorable, exposition 1819.

« A présenté des fils d'acier et de fer de bonne qualité et bien fabriqués. »

M. FALLOIS, fabricant. Puteaux, près Paris (Seine). —*Blanchiment.*—Médaille de bronze, exposition an x (1802).

« Il donne au lin et au chanvre une préparation avantageuse. Par son procédé, le lin et le chanvre sont rendus mi-blancs, d'où il résulte que les fils sont plus soyeux, se tissent plus serré, et ne creusent point au blanchissage. Il a fabriqué ainsi une pièce de toile damassée qui est d'une belle réussite. »

M. FAREL et fils. Montpellier (Hérault).—*Teinture sur coton.*—Médaille de bronze, exposition 1819.

« Cette maison a exposé des mouchoirs, façon des Indes, d'excellente qualité, et qui sont dignes de la réputation dont elle jouit depuis long-temps. »

Les mêmes.—*Mouchoirs de coton,*—Mention honorable, exposition 1819.

« Leur fabrique, l'une des plus anciennes de Montpellier, et qui a considérablement contribué à perfectionner la teinture en rouge sur coton, a envoyé des échantillons de rouge et de violet dont les couleurs sont belles et unies. Cette maison continue à mériter la considération dont elle jouit. »

M. FATON. —Exposition 1806.—*Voyez* MASSEY, FLEURY, PATTE et FATON.

MM. FAULER, KEMPFF et MUNTZER. Choisy (Seine)

—*Maroquins.*—Une des douze médailles d'or de l'exposition an ix (1801). Dépôt à Paris, rue Grenier-Saint-Lazare, sous la raison Peremans et compagnie (depuis rue Française, 12.)

« Fabriquent des maroquins en toutes couleurs qui ont été jugés supérieurs à celui d'un porte-feuille fabriqué au Caire l'année précédente, avec le plus beau maroquin du Levant. Ils ont soutenu avec le même avantage le parallèle des maroquins préparés en Europe. »

« Ce genre d'industrie manquait à la France : MM. Fauler, Kempff et Muntzer l'y ont établi. »

Le même.—Exposition an x (1802).

« Ces fabricans ont montré cette année de beaux produits, entre autres des maroquins bleus et des jaunes, qui sont les nuances les plus difficiles à faire ; écartent la concurrence des maroquins étrangers, et leurs bonnes qualités sont si bien reconnues que les marchands des objets composés de maroquins ont soin d'avertir que c'est du maroquin de Choisy. »

Le même.—Exposition 1806.

« Ils ont exposé en 1806 un assortiment de maroquins que le jury a examinés dans le plus grand détail ; il en a trouvé les nuances belles, solides, la grenure nette et agréable. Les peaux sont très-bien préparées. Le jury a remarqué avec satisfaction que MM. Fauler, Kempff et compagnie, ne négligent rien pour soutenir et pour perfectionner leur fabrication, et qu'ils se montrent, à chaque exposition, supérieurs à eux-mêmes. »

M. FAULQUIER, Lodève (Hérault). — *Draperie fine.* —Médaille d'argent, exposition 1819.

« A présenté du drap bien fabriqué à des prix modérés. »

MM. FAUQUET (Jacques) frères. Bolbec (Seine-Inférieure. — *Filature de coton.* — Mention honorable, exposition 1819.

« Pour la bonne filature de coton. »

MM. FAUQUET frères. Bolbec (Seine-Inférieure).— *Calicots.* — Mention honorable, exposition 1819.

« Pour des calicots de bonne fabrication présentés à l'exposition. »

———————

M. FAUQUIER, mécanicien. Rouen (Seine - Inférieure).—*Métier à tisser, rots d'acier.*—Médaille de bronze, exposition an x (1802).

« Il fabrique des rots d'acier qui servent à des étoffes. Ceux qu'il a composés ont paru bien faits et régulièrement espacés.»

———————

MM. FAURE et LAFORET. Chabreuil (Drôme).— *Soies grèges.* — Mention honorable, exposition an x (1802).

«Ces fabricans ont fourni des soies bien ouvrées. »

———————

M. FAVEREAU. Paris, rue Simon-le-Franc, 13.— *Bonneterie de laine.*—Médaille de bronze, exposition 1819.

« Est déjà connu pour avoir ajouté des perfectionnemens au métier à fabriquer les bas de coton ; il a mis à l'exposition des robes et des jupons de tricot de laine sans envers, d'une bonne fabrication et d'un prix modéré. »

———————

M. FAVERET. Jussey (Haute-Saône).—*Horlogerie fine.*—Médaille d'argent, exposition 1819.

« A présenté une pendule et un outil de son invention ; la pendule présente un bel ensemble; l'outil, qu'il appelle *cylindrimétrique,* a pour objet de faire à coup sûr des pivots comme on les désire. Tout ce que M. Faveret a présenté est exécuté avec précision.

« Le jury a vu avec une satisfaction particulière une aussi belle exécution qui ferait honneur aux meilleurs horlogers de la capitale. »

M. FAVEROT, fabricant. Troyes (Aube).—*Basins et piqués*.—Médaille de bronze à tirer au sort avec M. Ch. Huot, exposition an x (1802).

« Une pièce de piqué broché à grand dessein, figurant la mousseline avec transparent rouge, fabriqué par M. Faverot, annonce un homme très-instruit dans le montage des métiers à étoffes façonnées. »

M. FAYARD, fabricant de couvertures. Paris, rue Saint - Victor, 89.—*Couvertures.* — Citation au rapport du jury, exposition 1806.

FAYET (fabrique de). (Aveyron).—*Cadis, serges, étamines.*—Mention honorable, exposition 1806.

« Les tricots et les cadis de ce lieu sont dignes d'éloge. »

M. FERDINAND-LADRIÈRE. Cateau (Nord).—*Perkale.* —Médaille d'argent, exposition 1819.

« A présenté de la perkale écrue superfine, des calicots écrus et du linge de table damassé de coton. Tous ces produits annoncent un fabricant distingué. »

M. FERRET. Lyon (Rhône). — *Étoffes de soie.*— Médaille d'argent, 1.re classe, exposition 1806.

« Pour avoir fabriqué des châles, et des étoffes façonnées, et chinées de qualité très-variées et excellentes. »

M. FEUCRÈRE. Paris, rue Notre-Dame-de-Nazareth, 25.—*Bronze ciselé.* — Médaille d'argent, exposition 1819.

« A présenté quatre garnitures de cheminées fort riches et du meilleur goût, des girandoles, des lustres, des ornemens pour consoles et dessus de cheminées, et plusieurs petites statues en bronze ; des modèles de balcons parmi lesquels on distinguait celui sur lequel a été fait le balcon du Louvre qui fait face au pont des Arts. »

FEUQUEROLLES-SUR-ORNE, près de Caen (fabrique de). (Calvados).—*Nankins.*—Mention honorable, exposition 1806.

« Les nankins exposés par les fabricans de Fougerolles. »

M. FÉVRIER. Montebourg (Manche).—*Coutil.*—Citation au rapport du jury, exposition 1819.

M. FIÉVET. Lille (Nord).—*Coton filé.*—Mention honorable, exposition 1819.

« Bonne filature de coton. »

M. FILHOL. Paris, rue des Francs-Bourgeois-Saint-Michel, 785. — *Chalcographie.*—Médaille d'argent, 2.ᵉ classe, exp. 1806.—*Voyez* M. LANDON.

Madame veuve FILHOL. Paris, rue de l'Odéon, 35.—*Gravure.*—Médaille de bronze, exposition 1819.

« A déjà paru à l'exposition de 1806, où elle présenta, avec M. Landon, plusieurs livraisons de la gravure des tableaux du Musée, exécutée dans un format et avec un genre de travail qui mettent leur ouvrage à la portée des fortunes moyennes, et permettent de le vendre au prix des livres ordinaires. Cette utile entreprise leur fit accorder une médaille de bronze.

« Depuis, Mad. veuve Filbol l'a continué; elle a exposé cette année de nouvelles livraisons, auxquelles elle a joint des gravures et des dessins d'un goût nouveau. Ces objets prouvent qu'elle est toujours digne de la distinction qui lui fut accordée en 1806. »

MM. Firmin et Cardu (Fromin-Thomas). Harbonnières (Somme).—*Bonnet de coton.*—Citation au rapport du jury, exposition 1819.

« Pour de la bonneterie de coton qu'ils ont exposée. »

M. Fizeaux. Valenciennes (Nord). — *Batistes et linons.*—Mention honorable, exposition 1806.

« Mentionné en l'an x, pour ses batistes et linons ; il a reparu en 1806 avec de nouveaux titres à cette distinction. »

M. Flages. Toulouse (Haute-Garonne).—*Cardes.* —Mention honorable, exposition an vi (1798).

« Le jury applaudit aux cardes croisées fabriquées par des flages. »

M. Flandry. Pamiers (Ariége).—*Draperie commune.* —Citation au rapport du jury, exposition 1819.

MM. Flavigny et fils. Elbœuf (Seine-Inférieure).— *Draperie fine.* — Mention honorable, exposition an x (1801).

« Pour avoir fabriqué du drap avec la laine de mérinos, provenant d'un troupeau formé dans le département. »

Les mêmes.—Médaille de bronze à tirer au sort avec la maison Jean-Nicolas-Félix Lefébre, d'Elbeuf, exposition an x (1802).

« Ils ont envoyé deux coupons de drap bleu ; l'un en pure laine du troupeau de Rambouillet, qui a donné un résultat aussi beau que la laine d'Espagne, et l'autre fabriqué avec de la laine de métis. Le jury a trouvé la fabrication de ces objets très-bonne et les prix modérés. »

M. FLAVIGNY (Louis-Robert). Elbœuf (Seine-Inférieure).—*Draperie fine.*—Médaille de bronze, exposition 1819.

« Pour les draps bien fabriqués et de bonne qualité qu'il a exposés. »

Mad. veuve FLEUR, propriétaire des forges de Lods (Doubs).—*Tréfilerie.*—Médaille d'argent à partager entre cinq, exposition an x (1802).

« A exposé des fils de fer dans lesquels le jury a reconnu les qualités qui sont la suite d'un bon choix de matière, et d'une fabrication bien entendue : ces fils sont élastiques, tenaces et propres à la fabrication des cardes. »

La même.—Exposition 1806.

« A présenté des fils de fer de bonne qualité, élastiques et propres à la fabrication des cardes... L'examen de leurs derniers produits a convaincu le jury qu'ils n'ont pas cessé d'être dignes de cette honorable distinction. »

La même.—Exposition 1819.

« A présenté à l'exposition des fils de fer et de laiton de bonne qualité, qui prouvent que cette fabrication n'a pas cessé d'être digne de la médaille d'argent qui fut décernée par le jury de 1806 à Mad. Fleur. »

M. FLEURET. Pont-à-Mousson (Meurthe).—*Pierres factices.*—Citation au rapport du jury, exposition 1806.

« Pour avoir composé une pierre factice propre à former

des conduits d'eau et des plate-formes sur les édifices : cette pierre n'est altérée ni par le soleil ni par la gelée. »

M. FLEURY jeune, fabricant de fil de fer pour les cardes. Laigle (Orne). — *Tréfilerie*. — Médaille d'argent à partager entre cinq, exp. an x (1802).

« Il a exposé des fils de fer dans lesquels le jury a reconnu les qualités qui sont la suite d'un bon choix de matière, et d'une fabrication bien entendue : ces fils sont élastiques, tenaces et propres à la fabrication des cardes. »

Le même. — Exposition 1806.

« Fils de fer de bonne qualité et propres à la fabrication des cardes. Ils n'ont pas cessé d'être dignes de l'honorable distinction qui leur a été accordée an l'an x.

M. FLEURY-DELORME. Paris, rue Saint-Denis, 277 — *Broderie et passementerie.* — Médaille d'argent, 2.ᵉ classe, exposition 1806.

« A présenté un nouveau genre de broderie imitant le velours, dont le commerce des modes peut tirer un parti avantageux. »

M. FLEUZAT-LESSART. Chapelle-Montbrandeux (Haute-Vienne). — *Acier.* — Mention honorable, exposition 1819.

« Acier corroyé et naturel. »

M. FLORIN (Carlos). Roubaix (Nord). — *Coton filé.* — Médaille d'or, exposition 1819.

« A exposé des échantillons de coton filé dans les finesses depuis le n.º 177 jusqu'au n.º 192. Son fil est beau et très-égal; il fournit à plusieurs fabriques de Saint-Quentin, qui en sont très-contentes; il fournit aussi aux fabriques de Tarare et à celles de Lyon. »

MM. FLOTTE frères. de Saint-Chinian (Hérault).—
Draperie fine.—Médaille d'argent, exposition 1819.

« Fabriquent des londrins, des mahouts ou draps sérail pour le commerce du Levant. Les produits qu'ils ont présentés sont agréables et d'excellente qualité; ils annoncent une fabrication extrêmement soignée. »

FOIX (manufacture de). (Ariége). — *Draperie moyenne.*—Mention honorable, exposition 1806.

« Les gros draps pinchinats, ratines, et les autres étoffes de laine de cette manufacture, ont paru d'une bonne fabrication. »

FONTAINE (la fabrique de). (Aveyron).—*Productions chimiques.*—Mention honorable, exposition an x (1802).

« Pour la belle fabrication de son alun. »

FONTAINE-GUERARD (fabrique de). (Eure).—*Filature de coton.*—Mention honorable, exp. 1806.

« Cotons filés, envoyés par cette fabrique. »

M. FONTAINE. Authie (Somme). —*Clouterie.*—Médaille de bronze, exposition 1819.

« Clous de toute espèce et de toute dimension très-bien fabriqués et très-remarquables par la modération du prix. »

M. FONTENILLAT. Le Vast (Manche).—*Calicots.*—
Mention honorable, exposition 1819.

« Pour des calicots présentés à l'exposition. »

Le même.—*Coton filé.*—Médaille d'argent, exposition 1819.

« Les cotons filés de ce grand établissement ont été trouvés très-beaux et bien conditionnés; ils sont au n.° 30. »

12

FONTEVRAULT (la maison de détention dè). (Maine-et-Loire). — *Objets divers*. — Mention honorable, exposition 1819.

« Echantillons de diversés espèces de toiles de bonne qualité et bien fabriquées. »

M. FORCET. Strasbourg (Bas-Rhin). — *Bonneterie en coton*. — Mention honorable, exposition 1806.

« Pour des bas très beaux. »

M. FORTIN. Paris, rue des Amandiers, près du Panthéon, 14, à l'ancien collége des Grassins. — *Instrumens de mathématique*. — Médaille d'or, exposition 1819.

« A présenté le cercle répétiteur avec lequel la latitude du formentara a été déterminée par les astronomes chargés de la mesure de la méridienne; une boussole d'un travail achevé appartenant à l'observatoire royal, et destiné à l'observation des variations diurnes de l'aiguille aimantée; une grande règle de platine; un baromètre portatif, etc., etc.

« Tous ces instrumens sont exécutés avec l'exactitude et le soin qui distinguent les travaux de M. Fortin. Cet habile artiste construit dans ce moment, pour l'Observatoire, un cercle astronomique de cinq pieds et demi de diamètre qui a été examiné par les membres du jury; cet instrument ajoutera à la grande réputation dont M. Fortin jouit déjà dans toute l'Europe. »

M. FOUQUE. Pont S.-Ours (Nièvre). — *Tôles*. — Médaille d'argent, exposition 1819.

« A exposé de la tôle laminée d'une bonne fabrication, fers-blancs ternes, et fers noirs, minces et bien exécutés, par le moyen du laminoir. »

M. Foüquet (Claude). Poitiers (Vienne).—*Draperie moyenne*.—Citation honorable, exposition 1806.

« Pour ses serges drapées. »

M. Fourché, balancier. Paris, rue de la Ferronnerie, 4.—*Instrumens*.—Médaille d'argent, 1.re classe, exposition 1806.

« A présenté à l'exposition :

« 1°. Une grande balance construite avec beaucoup de précision, et qu'on peut rendre plus ou moins sensible à raison des poids dont elle est chargée : chaque plateau, contenant vingt kilogrammes, il suffit de trois centigrammes pour la faire trébucher ;

« 2°. Une romaine propre à peser depuis cent jusqu'à neuf cents kilogrammes sans qu'on soit obligé de la retourner, et sans que sa sensibilité soit détruite. »

Fourcroy (M. le comte).—*Littérature, chimie.*—Mention très-honorable à la distribution des prix décennaux, 1810.

« Pour son système des *Connaissances chimiques* publié en dix volumes, jugé par le jury être un recueil très-complet, en grande partie rempli de faits nouveaux découverts et observés par l'auteur, et comme formant un ensemble satisfaisant sur une branche importante des sciences naturelles. »

M Fourmand (Bertrand), fabricant de machines. Nantes (Loire-Inférieure).—*Mécanique.*—Médaille de bronze, exposition 1819.

« Pour avoir été très-utile aux fabriques du pays, et avoir contribué à leur multiplication ; pour le bas prix et la perfection de ses machines et pour beaucoup d'inventions avantageuses. »

----

12 *

M. FOURMY. Paris, rue de la Pépinière, 650.—*Poterie, grès.*—Une des vingt médailles d'argent de l'exposition an IX (1801).

« Pour avoir fabriqué des grès-porcelaines qui, chauffés au rouge, reçoivent sans altération l'impression subite de l'eau froide, et qui peuvent fournir à bon marché des vases propres à la cuisine sans danger pour la santé. »

Le même.—Médaille d'or, exposition an X (1802).

« M. Fourmy s'est rendu remarquable par ses travaux sur les poteries : il n'a point voulu être imitateur. Après une longue suite d'essais, faits avec une grande sagacité, et dirigés par une saine théorie, il est parvenu à fabriquer une poterie qui, aux avantages de la porcelaine, joint le mérite d'aller au feu, de résister aux acides et autres agens chimiques, et de se rapprocher pour le prix des poteries usuelles. Il a appelé ces poteries hygiécérames.

« On doit à M. Fourmy un nouveau genre de poterie connue sous le nom d'hydrocérames salubres, supportant les altérations du chaud et du froid, ne communiquant ni goût ni odeur.—A fabriqué des alcarrazas qui rafraîchissent aussi bien l'eau que ceux rapportés d'Espagne ou d'Egypte. Ce rafraîchissement a lieu par le moyen de l'évacuation. »

———————

M. FOURNIER, entrepreneur d'une filature de lin et de chanvre. Paris, rue Sainte-Avoye, maison de Mesmes.—*Machine à filer le lin et le chanvre.*—Mention honorable, exposition an X (1802).

« Il a présenté une petite machine ingénieuse pour filer le chanvre et le lin, avec des échantillons de fils de divers degrés de finesse et d'une filature régulière. »

———————

MM. FOURNIVAL et LEGRAND-LEMOR. Paris, rue

Cléry, 40. — *Châles cachemire*. — Médaille de bronze, exposition 1819.

« Qui ont présenté de très-beaux tissus en matière de cachemire. »

FRANCE (royaume de). — *Fers*. — Citation au rapport du jury, exposition 1806.

« Sur soixante-sept envois de fer, on a trouvé de qualité ordinaire . . . . 16.
— De bonne qualité . . . .   5.
— De fort bonne qualité . . . . 16.
— D'excellente qualité . . . . 17.
— De qualité supérieure . . . . 13.
                                        TOTAL . . . . . 67.

La France étant depuis long-temps en possession de faire des fers excellens, on n'a pas jugé convenable de donner des médailles pour cet objet.

MM. FRÈREJEAN frères. Vienne (Isère). — *Cuivre laminé et martelé*. — Médaille d'argent, 1.re classe, exp. 1806.

« Ont envoyé de leur fonderie de Vienne des cuivres travaillés avec habileté : on a particulièrement remarqué un fond de chaudière préparé au martinet ayant deux mètres de diamètre , vingt - cinq centimètres de bord et une coupe de cent seize centimètres de diamètre. »

FRÈREJEAN. — Exposition 1819. — *Voyez* DE BLUMENSTEIN.

M. FREROT jeune. Pont-Audemer (Eure). — *Outils divers*. — Mention honorable, exposition 1806.

« Couteau à revers, pour les corroyeurs, de bonne qualité et d'une forme convenable. »

M. Frestel. S.-Lô (Manche)—Mention honorable, exposition 1819.

« Comme ayant été cité par le jury de 1806, et ayant de plus en plus mérité cette distinction par ses ouvrages de coutellerie. »

———————

M. Frevin, ouvrier. Escarbotin. (Somme).—*Serrurerie.*—Médaille de bronze à tirer au sort entre plusieurs, exposition an IX (1801).

« Pour avoir fait en commun des serrures très-bien travaillées. »

———————

M. Frichot. Paris, rue des Jardins-Saint-Paul, 3. —*Tabletterie et ornemens.*—Médaille d'argent, 1.re classe, exposition 1806.

« A présenté une collection de bordures et de cadres ornés en marqueterie de cuivre, d'acier et d'or fabriquée à l'emporte-pièce, suivant les procédés de M. Jouvet, dont M. Frichot est le successeur, et qui fut jugé digne, en l'an IX, d'une médaille d'argent.

« Tous les ouvrages présentés par M. Frichot sont de bon goût et parfaitement exécutés. Ce fabricant prépare l'oxide rouge de fer propre à polir les métaux, et même l'acier légèrement trempé.

« Cette fabrique soutient sa réputation : elle n'a pas cessé d'être digne de la distinction qu'elle a obtenue en l'an IX. »

———————

M. Frichot. Paris, rue des Gravilliers, 42.—*Bijouterie d'acier.*—Médaille d'argent, exposition 1819.

« A présenté des ouvrages en acier d'une belle exécution, produits dans lesquels l'acier poli est élevé à une très-haute valeur par une habile main-d'œuvre. »

FROMELENNE (la manufacture naissante de). (Ardennes).

« Fondée par M. de Contamine, pour laminer le fer, le zinc, et qui donne de grandes espérances. »

Citation au rapport du jury, à la distribution des prix décennaux, 1810.

M. FROMENT. Rethel (Ardennes). — *Tissu mérinos.* — Mention honorable, exposition 1819.

« A présenté un tissu mérinos très-égal et point barré à la teinture.

FRUGES (fabrique de). (Pas-de-Calais). — *Draperie moyenne.* — Mention honorable, exposition 1806.

« Les gros draps pinchinats, ratines et les autres étoffes de laine de cette manufacture, ont paru d'une bonne fabrication. »

M. FURET-LABOULAYE. Lieurey (Eure). — *Coutils.* — Mention honorable, exposition 1819.

« Coutils et sangles d'une excellente fabrication. »

G.

MM. GAGNEAU et BRUNET. Paris, rue du Faubourg-St.-Denis, 173. — *Éclairage.* — Médaille de bronze, exposition 1819.

« Ont présenté plusieurs lampes construites avec soin et qui donnent une belle lumière. Parmi ces lampes on remarquait un modèle dans lequel l'huile est élevée à la hauteur de la flamme sans intermittence par un moyen mécanique ingénieux qui diffère de celui qui est connu sous le nom de M. Carcel. »

M. GAILARD, garde-magasin du bataillon des sapeurs-pompiers. Paris, au Marché-Neuf, 20.—*Hydraulique.*—Mention honorable, exposition 1819.

« Pour avoir amélioré la construction des pompes à incendie en usage à Paris; les perfectionnemens introduits par M. Gailard rendent les réparations de ces machines faciles et en augmentent les effets. M. Gailard a en outre rendu ces appareils propres à être transportés, avec quatre hommes, par des chevaux à de grandes distances. »

M. GAILLARD. Paris, rue S.-Denis, 228.—*Toiles metalliques.*—Médaille d'argent, exposition 1819, successeur de M. Perrin, qui obtint une médaille d'argent à l'exposition de l'an IX (1801), et qui reparut avec le même mérite à l'exposition de 1806.

« A présenté des toiles métalliques fabriquées avec soin et qui soutiennent la réputation de cette fabrique. »

M. GAILLARD. Saint-Paul (Oise).—*Sulfate de fer.*—Mention honorable, exposition 1806.

« Ce manufacturier fabrique du sulfate de fer d'excellente qualité. »

GAILLON (la maison de détention de). (Eure).—*Objets divers.*—Mention honorable, exposition 1819.

« Navettes volantes, dentelles communes, dessus de carnassières en ficelle, et échantillons d'étoffes, le tout fabriqué d'une manière louable. »

M. GAIN. Rouen (Seine-Inférieure).—*Teinture sur coton.*—Mention honorable, exposition 1819.

« A exposé une suite de rouges et de roses remarquables par l'éclat des couleurs. »

MM. GAJON, MARTIN, COLAS-DE-BROUVILLE, VAN-DERBERGUE et compagnie. Orléans (Loiret). — *Couvertures, molletons.* — Médaille de bronze, exposition an x (1802).

« Ils ont exposé des couvertures blanches en laine ou laine et coton de différens prix; les laines ont été cardées à la mécanique, et filées avec des machines à la filature continue. Le jury a trouvé leur fabrication bonne. »

Les mêmes.—Exposition 1806.

« Leurs couvertures en laine, laine et coton, ont été jugées toujours dignes de la distinction qu'elles ont obtenue; elles sont fabriquées avec des laines cardées et filées à la mécanique. »

M. GALHOT. Chaylar (Ardèche).—*Mégisserie,*—Citation au rapport du jury, exposition 1819.

« Pour ses peaux mégissées. »

M. GALLE. Paris, rue Vivienne, 60.—*Bronzes ciselés.*—Médaille d'argent, 2.ᵉ classe, exp. 1806.

« A exposé des bronzes dorés d'un effet agréable. Parmi les pendules présentées par lui, celle où une femme voile un cadran et ne laisse apercevoir que l'heure marquée par la pendule mérite d'être distinguée, parce qu'elle présente une idée agréable et raisonnable, mérite assez rare dans ce genre d'ornemens. »

M. GALLE. Paris, rue Colbert, 1.—*Bronzes ciselés et dorures.*—Médaille d'argent, exposition 1819.

« Les objets qui composent l'exposition de M. Galle sont

un petit lustre de forme nouvelle, des girandoles, des feux, plusieurs pendules, et un surtout composé de vingt-quatre pièces.

« Tous ces ouvrages sont conçus avec goût et bien exécutés; le surtout est très-beau. »

M. GAMBEY. Paris, rue du Faubourg-S.-Denis, 52.
—*Instrumens de mathématique.*—Médaille d'or, exposition 1819.

« A présenté un cercle répétiteur astronomique, un théodolite, un cercle répétiteur à réflexion, une boussole destinée à l'observation des variations diurnes de l'aiguille aimantée et un comparateur.

« Les instrumens de M. Gambey nous ont paru des modèles, sous le triple rapport de l'exactitude des divisions, de l'élégance du travail, et des principes qui ont présidé à la construction et à la disposition des pièces nombreuses dont ils se composent, et des mécanismes par lesquels les mouvemens s'exécutent. M. Gambey, quoique très-jeune, est déjà un artiste du premier ordre. »

M. GAMBU-DE-LA-RUE. Rouen (Seine-Inférieure).
—*Mouchoirs de coton.*—Médaille d'argent, exposition 1819.

« A mis à l'exposition des châles tissus croisés en couleur, remarquables pour la régularité de sa fabrication, par la vivacité et la solidité des couleurs. »

GANGES (fabrique de). (Hérault).—*Bonneterie en soie.*—Mention honorable, exposition 1806.

« Pour les bas de soie de cette fabrique. »

M. GARDEUR. Paris, rue Beaurepaire, 30.—*Tablet-*

terie et ornemens.—Mention honorable, exposition 1806.

« Pour ornemens moulés en carton. »

M. GARDON (Léonard), marchand tireur d'or. Lyon (Rhône).—*Tréfilerie en cuivre.*—Médaille d'argent, exposition 1819.

« Pour avoir trouvé le procédé pour faire le fil de cuivre propre aux travaux des tireurs d'or ; les Allemands étaient jusqu'ici en possession exclusive de ce procédé, et chaque année la France , et surtout la ville de Lyon , achetait à Nuremberg des fils de cuivre pour une valeur très-considérable. Le cuivre préparé par M. Gardon a la ductilité convenable ; les tireurs d'or de Lyon trouvent qu'il ne laisse rien à désirer. Il a aussi perfectionné les filières. »

M. GARNIER. Paris, rue S.-Germain-l'Auxerrois, 45. —*Vernis.*—Mention honorable, exposition 1819.

« Qui a présenté des lampes à double courant d'air, construites sur des modèles très-variés et très-élégamment décorées. »

MM. GARRIGOU, SANS et compagnie. Toulouse (Haute-Garonne).—*Faux.*—Médaille d'or, exposition 1819.

« Réunissent la fabrication des faux à celle des limes et à celle de l'acier ; ils ont été nommés de la manière la plus honorable, à raison de ces deux industries. L'accueil que le public fait aux produits de leur manufacture, leur a permis de prendre un grand développement en peu d'années. »

« Ils ont présenté à l'exposition des faux et des faucilles d'une belle exécution, et dont la bonne qualité, constatée par diverses épreuves, justifie l'estime dont elles jouissent dans le commerce. »

Les mêmes. — *Limes.* — Exposition 1819.

« Ont mis à l'exposition des limes de leur fabrique qui sont d'excellente qualité. »

Les mêmes. — *Acier.* — Exposition 1819.

« Ont exposé de l'acier en barres de très-bonne qualité. »

M. GARRISSON. Montauban (Tarn-et-Garonne). — *Draperie moyenne.* — Médaille de bronze, exposition 1819.

« Draps unis et draps croisés, bien fabriqués et à des prix modérés. »

M. GATINE. Paris, rue S.-Jacques, 303. — *Châles cachemire.* — Mention honorable, exposition 1819.

« Châles fabriqués avec soin. »

M. GATTEAUX, Paris, rue Bourbon, 35. — *Mécanique.* — Médaille d'argent, exposition 1819.

« A présenté une machine de son invention, au moyen de laquelle on peut copier les sculptures les plus compliquées, et qui peut servir à *mettre au-point* avec plus de précision que tous les moyens connus. »

M. GATTELIER, fabricant. Troyes (Aube). — *Basins et piqués.* — Une des vingt médailles d'argent de l'exposition à tirer au sort entre quatre, exp. an IX (1801).

« A présenté des piqués et des basins bien fabriqués. »

M. Gau. Strasbourg (Bas-Rhin).—*Toiles à voiles.*
—Exposition 1806.

« A présenté des toiles à voiles de différens échantillons qui auraient concouru pour les médailles, si le jury en avait destiné pour cette partie. »

MM. Gau, frères. Strasbourg (Bas-Rhin).—Mention honorable, exposition 1819.

« Toiles à voiles qui soutiennent bien leur réputation. »

M. Gaudin, directeur des ateliers de Saint-Lazare, Paris.—*Broderies.*—Mention honorable, exposition an x (1802).

« Les broderies exécutées dans ces ateliers sur linon et sur batiste sont faites avec goût, et le travail est soigné. »

MM. Gaudin aîné et puîné. Angoulême (Charente). — *Papeterie.* — Mention honorable, exposition 1819.

« Pour la bonne qualité du papier qu'ils ont exposé. »

M. Gaudron (Emmanuel). Château-Rennes (Indre-et-Loire).—*Corroyage.*—Mention honorable, exposition 1819.

« Pour le beau corroyage des cuirs qu'il a présentés. »

M. Gaudry le jeune. Orléans (Loiret). — *Cadis, serges, étamines.*—Médaille de bronze à partager avec deux, exposition an ix (1802).

« Les casquets, façon de Tunis, fabriqués par l'établissement dirigé par M. Gaudry, sont d'une bonne matière, bien tricotés et feutrés; pour la finesse de la laine et le teint, ils sont absolument semblables à ceux de Tunis, que les Orientaux estiment beaucoup. Cet objet est important dans le commerce du Levant. »

M. GAUTHEUR.—*Toiles de lin*.—Citation au rapport du jury, exposition 1819.

« Bonne qualité de toiles mises à l'exposition. »

M. GAUTHIER. Rouen (Seine-Inférieure). — *Outils divers*.—Mention honorable, exposition 1806.

« Arbre de tour portant différens pas de vis d'une rare précision : tarauds très-bien exécutés. »

M. GAUTIER.—Exposition 1806.—*Voyez* BRONON aîné et GAUTIER.

M. GAVET. Paris, rue Saint-Honoré, 138.—*Coutellerie*.—Citation honorable, exposition 1806.

« A présenté de la coutellerie d'une exécution très-soignée. »

Le même.—Rue S.-Honoré, 138.—*Coutellerie*.— Mention honorable, exposition 1819.

« Pour coutellerie fine et coutellerie commune. »

M. GAY-LUSSAC, pour ses ingénieuses expériences sur la chaleur.—*Littérature physique*. — Citation au rapport du jury, distribution des prix décennaux, 1810.

M. GAYDET et DESTOMBES. Roubaix (Nord).—*Étoffes pour gilets*.—Mention honorable, exposition 1819.

« Ce fabricant a exposé des étoffes fines pour gilets, remarquables par la régularité des tissus et par le bon goût des dispositions. »

M. le baron de GENCY. Meulan (Seine-et-Oise).— *Cardes*.—Mention honorable, exposition 1819.

« Pour une bonne fabrication de cardes. »

M. GENGEMBRE, mécanicien des monnaies du royaume. Paris. — *Instrumens de précision.* — Médaille d'argent, exposition an x (1802).

« A présenté un balancier construit à ses frais, où l'on remarque plusieurs choses nouvelles et ingénieuses; il a également imaginé des moyens plus parfaits que ceux qui sont en usage dans les ateliers monétaires, pour mettre au poids les flans destinés à être frappés en monnaie. Ces machines démontrent, dans leur auteur, un esprit d'invention conduit par des connaissances théoriques, fruit d'excellentes études. »

M. GENNUYS. Chaumont (Haute-Marne). — *Chamoiserie , ganterie.*—Mention honorable, exp. 1806.

« Pour des gants de sa fabrique. »

MM. GENSSE-DUMINY et compagnie. Amiens (Somme). —*Casimirs*.—Médaille d'argent à tirer au sort avec la maison BALIGOT père et fils, de Reims, exp. an x.

« Les casimirs qu'ont présentés MM. Gensse-Duminy et compagnie, sont fabriqués par des procédés particuliers. Le tissu est parfaitement régulier, d'une finesse qui surpasse dans le rapport de 100 à 68 celle d'un échantillon choisi de casimir étranger de première qualité. Le prix en est modéré, eu égard à la beauté. »

Les mêmes.—Médaille d'or, exp. 1806. (Dépôt à

Paris, chez M. Bardel fils, rue des Bons-Enfans, n.º 29).

« Ces fabricans ont présenté des pièces de casimir de la plus grande perfection, réunissant une extrême finesse à la solidité; ces casimirs ont en chaîne un nombre de fils plus considérable que les casimirs les plus fins du commerce; et, malgré cela, au toucher et au coup d'œil, ils sont plus doux et plus fins.

« MM. Gensse-Duminy ont introduit récemment la fabrication du *patent-cord*, étoffe que l'Angleterre vendait exclusivement et fort cher. »

Le même.—Exposition 1819.

« Ce fabricant a obtenu, en 1806, une médaille d'or pour ses casimirs. Il a présenté à l'exposition de 1819 des casimirs propres à soutenir sa réputation. Le jury a vu avec satisfaction que les prix de M. Gensse-Duminy sont modérés; il le juge toujours digne de la médaille d'or qu'il a obtenue. »

M. GENSOUL. Lyon (Rhône). — *Soies grèges.*—Médaille d'or, exposition 1806.

« Ce négociant a imaginé un appareil pour échauffer, au moyen de la vapeur, l'eau des bassines où les cocons sont mis pour être filés.

« Cet appareil présente trois avantages majeurs :

« 1.º Il se fait une économie considérable sur le combustible ;

« 2.º Il est facile de régler la température de la manière la plus favorable pour conserver la force et les autres qualités de la soie ;

« 3.º La soie tirée, au moyen de cet appareil, est extrêmement pure et n'a point cette teinte terne que l'on aperçoit presque toujours dans les soies tirées par le procédé ordinaire ; teinte qui se reconnaît encore après la teinture, surtout dans les nuances délicates.

« M. Gensoul a envoyé des échantillons filés par son nouveau procédé dans sa maison de Connaux, département du Gard : ils sont très-beaux et remarquables par la pureté de leur teinte.

« Le jury regarde comme très-importans les perfectionnemens qui s'appliquent aux préparations primitives d'une matière première, parce que l'effet de ces perfectionnemens se fait sentir dans toutes les branches et dans tous les degrés de fabrication où cette matière est employée. »

Le même.—Mention avec estime, distribution des prix décennaux, an 1810.

M. GENTIL. Vienne (Isère). — *Carton à presser.*—Médaille d'argent, 2.e classe, exposition 1806.

« A présenté des cartons laminés de sa fabrique qui, par leur poli et leurs autres qualités, sont comparables aux meilleurs cartons de ce genre importés de l'étranger. »

M. GENTIL (Philippe). Vienne (Isère).—*Cartonnage.* Médaille d'argent, exposition 1819.

« A présenté des cartons d'apprêt en pâte verte, parfaitement fabriqués ; plusieurs qui sont faits avec du coton écru ou de la filasse, resemblent à des cartons de parchemin, et peuvent les remplacer. »

MM. GEORGE et CUGNOLET. Underveiler (Haut-Rhin). —*Acier.*—Médaille d'argent, 1.re classe, exposition 1806.

« Ont présenté vingt-sept échantillons d'acier de qualité excellente ; il est de bel aspect, se forge et se soude très-bien, a le grain fin, beaucoup de corps et de nerf, et prend beaucoup de dureté à la trempe. »

13

M. Georgeon. Exposition 1819.—*Voyez* Lacour-rade et Georgeon.

M. Georget. Paris.—*Serrurerie.*—Mention honorable, exposition 1806.

« Plusieurs serrures et verroux fermant à clef croisée, avec cache-entrée.

« Cache-entrées s'adaptant aux serrures ordinaires. »

Le même. —Paris, r. de Castiglione, 6.—*Serrurerie.* Médaille d'argent, exposition 1819.

« A présenté divers modèles de serrures à combinaison ingénieusement conçues et artistement fabriquées.

« Parmi les objets qu'il a exposés on distinguait un coffre de fer ciselé du plus beau travail. »

M. Gerard. Paris, rue de la Boucherie, 23.—*Mousselines, perkales, calicots.*—Mention honorable, exposition 1806.

«Pour ses mousselines. Ce fabricant a aussi exposé de bonnes couvertures. »

M. Gerdret aîné. Louviers (Eure).—*Draperie fine.*— Médaille d'or, exposition 1819.

« Ce fabricant jouit depuis long-temps de la réputation du premier ordre. Ses produits sont très-estimés des consommateurs. Les draps superfins qu'il a exposés sont de qualité supérieure et dignes de sa réputation. »

M. Gerentel. Paris.—*Corne à lanterne.*—Seconde mention honorable, exposition an vi (1798).

«Feuillets de corne à lanterne, ramenés aux plus grandes dimensions, par un procédé qui appartient à cet artiste. »

(195)

M. GERVAIS. Marseille (Bouches-du-Rhône).—*Bonneterie de soie.*—Mention honorable, exposition an x (1802).

« A présenté des bas d'une belle qualité. »

M. GILBERT. Paris, rue du Croissant, 9.—*Chauffage.*—Mention honorable, exposition 1819.

« Pour les cheminées à la Desarnod, faites en poterie, qu'il a exposées et qui présentent ce qu'il y a de meilleur dans l'état actuel de l'art. »

MM. GILBERT (feu), M. TESSIER et HUZARD, membres de l'Institut.—*Amélioration des laines.*—Exposition an ix (1801).

« Le jury rappelle à la reconnaissance de la France les travaux de ces savans, au zèle et à la constance desquels est due l'amélioration désormais assurée de nos laines. »

M. GILLÉ. Paris, rue Saint-Jean-de-Beauvais. —*Typographie.*—Médaille de bronze, exposition an x (1802).

« Pour la beauté et la variété de ses caractères. »

Le même.—Exposition 1806.

« A présenté de beaux caractères d'imprimerie, des ornemens, des vignettes, etc.

« Il continue d'être digne de la distinction qu'il a obtenue en l'an x. ».

Le même. Paris.—*Gravure et fonte de caractères.* —Exposition 1819.

« A déjà paru aux expositions de l'an x et de 1806, où il obtint une médaille de bronze. Il a présenté à celle de cette année des caractères d'imprimerie, des vignettes, des ornemens, etc., etc. ; tous sont exécutés de la manière la plus satisfaisante, et prouvent qu'il est toujours digne de la distinction qui lui a été accordée. »

13*

M. GILLES, fabricant de couvertures. Paris, rue Saint - Victor, 122.—*Couvertures, molletons.*—Citation au rapport du jury, exposition 1806.

M. GILLET. Paris, rue de Charenton, 23.—*Coutellerie.*—Citation au rapport du jury, exp. 1806.

« Rasoirs d'acier fin de bonne qualité. »

Le même. Mention honorable, exposition 1819.

« Pour coutellerie fine et coutellerie commune. »

MM. GIRARD frères. Paris, rue de Provence, 12.—*Éclairage.*—Médaille d'argent, 2.e classe, exposition 1806.

« Ont eu l'idée heureuse de maintenir l'huile au niveau du porte-mèche par le seul équilibre des fluides que la lampe renferme, et ils l'ont exécutée avec une adresse et une intelligence parfaites. Ces lampes, nommées hydrostatiques, se font encore remarquer par l'élégance des formes et par la beauté des vernis et des globes de verre dépoli qui en adoucissent la lumière. Le jury a vu avec satisfaction que ces artistes sont parvenus à rétablir le premier état de pression par un simple renversement, ce qui fait cesser le danger de l'épanchement et l'incommodité du service pour vider le réservoir qui en formait la base.

« MM. Girard ont présenté en outre des plateaux décorés mécaniquement, et une lunette achromatique dans laquelle ils ont remplacé le flint-glas par un fluide. Ces objets étaient susceptibles de concourir pour des distinctions supérieures, s'ils avaient été plus abondants dans le commerce. »

M. GIRARD. Cotignac (Var).—*Soies grèges.*—Mention honorable, exposition 1806.

« Pour les soies en poil, les soies ouvrées et organsinées qu'il a produites. »

M. GIRARD. Nîmes (Gard).—*Étoffes de soie.*—Mention honorable, exposition 1806.

« Pour ses châles et ses petites étoffes. »

MM. GIRARD (N.) et TOURNIER (F.). Renage (Isère). —*Acier.*—Mention honorable, exposition 1806.

« Acier de fort bonne qualité, ayant beaucoup de corps et de nerf, se forgeant comme du fer et prenant un grain très-fin. »

M. GIRARD. Donciez (Jura). — *Faux.* —Médaille d'argent, 1.re classe, exposition 1806.

« Les faux, façon d'Allemagne et les faux ordinaires qu'il a présentées, sont de qualité excellente : elles valent celles de Styrie, sont un peu plus dures à battre : ce qui leur fait tenir leur taillant plus long-temps. »

M. GIRAUD. Annonay (Ardèche). — *Mégisserie.* — Mention honorable, exposition 1819.

« Pour des peaux mégissées travaillées avec soin. »

M. GIRAUT. S.-Geniez (Aveyron). *Draperie commune.* —Citation au rapport du jury, exposition 1819.

« Les gros draps, pinchinats, ratines et les autres étoffes en laine de cette manufacture ont paru d'une bonne fabrication. »

MM. GISCARD aîné, RAYMOND – SEVENNE et fils, et BROUILHET. Marvejols (Lozère). — *Casimirs.* — Médaille d'argent, 1.re classe, exposition 1806.

«Casimirs bien fabriqués, fins, beaux et capables de soutenir la comparaison avec les casimirs les plus estimés, fabriqués en pays étranger. »

GLACES. Paris (la manufacture des).—Médaille d'or, exposition 1806.

« Cette manufacture, connue de toute l'Europe, n'y a point de rivales.

« Elle a exposé plusieurs glaces à différens degrés de fabrication, parmi lesquelles il y en a une toute étamée, qui, par ses dimensions et sa pureté, est un chef-d'œuvre. Elles sont fabriquées avec des soudes préparées en France et extraites du sel marin. »

M. GLEIZER. Paris, rue Censier, 37.—*Maroquins.*— Mention honorable, exposition 1819.

« A cause des maroquins qu'il a exposés et que le jury a vus avec satisfaction. »

GOBELINS (manufacture royale des). Paris. — *Tapisséries.*—Citation au rapport du jury, exposition an IX (1801).

« Les Gobelins ont actuellement sur le métier des ouvrages d'une perfection dont il n'existe pas d'exemple dans l'histoire de cette manufacture. Les moyens mécaniques de travail ont reçu beaucoup d'amélioration de M. Guillaumot, administrateur de cette manufacture, aussi zélé qu'habile. »

La même. M. GUILLAUMOT, directeur.—Citation au rapport du jury, exposition 1806.

« Cette manufacture travaille aujourd'hui avec un soin et une perfection qui la rendent supérieure à ce qu'elle a jamais été. M. Guillaumot, directeur actuel, a introduit dans le mécanisme du tissage des améliorations considérables; les métiers sont arrangés de manière que la chaîne, au lieu d'être comme autrefois enroulée sur un cylindre , demeure tendue dans toute la grandeur et dans le sens du tableau ; d'où il résulte :

« 1.° Qu'à mesure que le travail fait des progrès, il est plus facile de juger de l'effet général ;

« 2.° Que, les fils de la chaîne étant toujours dans la même position respective , la correction du dessin se conserve mieux.

« L'inégalité d'influence de l'atmosphère, sur la décoloration de la soie et de la laine , est ce qui contribue le plus à défigurer les tapisseries en détruisant l'harmonie des teintes. On a pris le sage parti de ne plus mêler ces deux matières dans l'exécution d'un même tableau.

« La teinture des laines a beaucoup gagné depuis qu'elle est dirigée par M. Roard. Cet habile chimiste a mis dans les procédés une telle méthode, que l'on ne sera plus exposé à voir des couleurs, sensiblement égales au moment de l'emploi, devenir différentes après quelque temps d'exposition au grand jour. »

La même manufacture royale.—Exposition 1819.

« Elle a exposé cinq ouvrages anciens et cinq nouveaux , traités avec la perfection que l'on remarque dans tout ce qu'elle produit.

« L'art de la tapisserie est porté dans cette manufacture à un tel degré de supériorité , qu'elle ne connaît pas de rivaux.»

GOBERT. Paris, Cour des Fontaines. — *Broderie et passementerie.*—Mention honorable, exposition an x (1802).

« A exposé des objets de passementerie, des franges pour garnitures d'ameublemens , qui sont d'une grande variété de formes et d'une bonne exécution. »

Le même.—Mention honorable, exposition 1806.

« A exposé des passementeries qui soutiennent parfaitement sa réputation. »

M. GOBLET. Aux Forges-de-Chaume (Nièvre).—
Acier.—Mention honorable , exposition 1819.

« Acier naturel de très-bonne qualité. »

M. GODARD. Amiens (Somme).—*Filature de laine.*
—Mention honorable , exposition 1819.

« A présenté un échantillon de laine que l'on annonce avoir
été peignée à la mécanique. Le jury s'est borné à en faire une
mention honorable. Si l'exécution en grand eût été constatée ,
le jury aurait décerné une distinction d'un ordre supérieur.»

MM. GODARD père et fils. Châteauroux (Indre).—
Draperie moyenne.—Médaille d'argent , exposition 1819.

« Leurs draps sont bien fabriqués ; ils ont donné à la contrée
qu'ils habitent l'exemple d'employer dans la fabrique la machine à vapeur, et ils ont fait , pour le perfectionnement de
l'opération du foulage , un emploi heureux de l'eau chaude
que la machine fournit. »

M. GODARD-MENESSON. Reims (Marne).—*Molletons.*
—Mention honorable , exposition 1819.

«Pour de belles flanelles lisses. »

M. GODEFROY. Rouen (Seine-Inférieure). — *Coton
filé.*—Médaille de bronze, exposition 1819.

« Calicots écrus et guinées bleues de bonne qualité à bas
prix. »

M. GODEFROY. Caen (Calvados). *Bonneterie de coton.*
Citation au rapport du jury , exposition 1819.

« Pour de la bonneterie de coton qu'il a exposée. »

MM. Godet et Delépine. Rouen (Seine-Inférieure).
— *Velours*. — Une des douze médailles d'or de
l'exposition an ix (1801).

« Ces fabricans ont présenté des velours pleins, et des demi-
velours en coton de la plus grande beauté, et supérieurs à
tous ceux du commerce. »

Les mêmes. — Exposition an x (1802).

« Ils ont présenté un assortiment de velours unis et rayés
qui comprend une série de qualités, depuis les plus communs
jusqu'aux plus fins. Celles-ci sont d'un degré de finesse très-
rare dans le commerce, et au-delà duquel on ne connaît rien
dans le même genre.

Les mêmes. — Exposition 1806.

« Qui obtinrent une médaille d'or pour la bonne fabrication
de leurs velours, en ont exposé cette année qui ne sont pas
moins bien fabriqués. »

M. Godin. Paris, rue de Poliveau, 21. — *Hydraulique*.
Mention honorable, exposition 1819.

« Il a présenté deux modèles de leviers hydrauliques perfectionnés.

« Le levier hydraulique est destiné à l'arrosement des prairies ; son principe a été imaginé par feu M. Conté. M. Godin
l'a simplifié et perfectionné, et il en a rendu le service plus
sûr. »

M. Godot. Arcis-sur-Aube (Aube). — *Bonneterie de
coton*. — Mention honorable, exposition 1819.

« Pour la bonne qualité de la bonneterie de coton qu'il a
exposée. »

MM. Gohin frères, fabricans de couleurs. Paris,
rue Saint-Martin, 8. — *Couleurs*. — Médaille d'argent, exposition an x (1802).

« Ils ont perfectionné l'art de fabriquer les couleurs, et surtout le bleu de Prusse. Ils ont introduit de nouvelles couleurs très - recherchées des artistes; ils font un commerce étendu des objets de leur fabrication. »

M. E. GOHIN. Paris, rue Neuve-S.-Jean, faubourg S.-Martin, 3.—*Couleurs.*—Mention honorable, exposition 1819.

« Pour un assortiment de couleurs. »

M. GOMBERT. Paris, rue du Grand-Chantier.—*Filature de coton.*— Mention honorable, exposition an x (1802).

« A exposé un assortiment de fils de coton à broder, marquer et tricoter. Tous ces objets sont habilement préparés ; les nuances sont choisies et variées. Le blanc est d'un grand éclat. »

MM. GOMBERT père et fils et MICHELEZ. Paris, rue et barrière de Sèvres, 11.—*Cotons filés.*—Médaille d'argent, exposition 1819.

« Ont exposé un assortiment complet de fils de coton retors de diverses couleurs. Les fils à coudre, faits avec le coton, entrent en concurrence avec les fils à coudre de lin. Ils ont d'abord été fabriqués à l'étranger. MM. Gombert et Michelez sont les premiers qui en aient fait en France ; leur exemple a excité l'émulation de plusieurs fabricans. Le bas prix et la belle qualité de ceux qu'ils fournissent au commerce ne laissent craindre aucune concurrence. »

MM. GOMBERT fils aîné et MICHELEZ, à S.-Denis (Seine).—*Blanchiment.*—Médaille d'argent, exposition 1819.

« Ont exposé diverses sortes de toiles de lin blanchies par le procédé berthollien ; leur blanc est éclatant et parfait. Le jury a surtout remarqué des mouchoirs façon de Mayence et de Chollet, dont le fond est parfaitement blanchi et amené à une qualité de blanc supérieure à celle du pays, sans que les couleurs des cadres qui forment les bordures aient été altérées.

« Ces divers objets prouvent que MM. Gombert aîné et Michelez connaissent à fond l'art du blanchiment, et même qu'ils lui ont fait faire des progrès. »

M. GOMBERT (Narcisse) fils. Paris.—*Rubans de coton.* Mention honorable, exposition 1819.

« Pour les rubans de coton qu'il a exposés. »

M. GONFREVILLLE, teinturier. Deville - les - Rouen (Seine-Inférieure).—*Teinture.* — Mention honorable, exposition an x (1802).

« Pour avoir présenté des fils de coton teints en jaune, en vert, et couleur abricot bon teint, aussi bien que pour ses rouges incarnat et rose, grand teint. »

Le même.—Médaille d'argent, 1.re classe, exposition 1806.

« A présenté des cotons teints en rouge des Indes ; les nuances *rouge, rose* et *paliacat,* sont belles, éclatantes et bien nourries. Leur solidité a été constatée par des épreuves décisives. »

M. GONFREVILLE fils. Déville (Seine-Inférieure).— *Teinture sur coton.*—Médaille d'argent, exposition 1819.

« A soumis au jury neuf paquets de coton teint, dont deux

en rouge, deux en rose et cinq en divers degrés ou nuances de violet. Toutes ces couleurs sont solides, unies et brillantes.

« *Nota*. M. Gonfreville fils est élève de l'école de teinture des Gobelins, sous la direction de M. Roard. »

M. GONIN aîné, teinturier. Lyon (Rhône). — *Teintures.* — Médaille d'or, exposition 1819.

« Pour les découvertes et les perfectionnemens qu'il a introduits dans l'art de la teinture, et pour avoir remplacé complétement la cochenille par la garance dans la teinture écarlate. »

GONNEVILLE, près Valogne (Manche). — *Filature de coton.* — Mention honorable, an IX (1801).

« A envoyé des cotons très-bien filés. »

M. GONORD. Paris, rue Courty, 8. — *Porcelaine.* — Médaille d'argent, 2.ᵉ classe, exposition 1806.

« Transporte, à l'aide d'un procédé mécanique, des gravures en taille-douce sur la porcelaine. Ce procédé a l'avantage de permettre d'imprimer les gravures du sens de la planche ou de celui de l'estampe à volonté. M. Gonord avait exposé plusieurs pièces de porcelaine décorées par son procédé.

« M. Gonord qui obtint une médaille d'argent de 2.ᵉ classe, aurait obtenu une distinction supérieure si les produits de son art avaient été plus abondants dans le commerce. »

Le même. — *Décoration sur porcelaine.* — Médaille d'or, exposition 1819.

« A fait une découverte dont l'annonce a excité la surprise du public. Si on lui donne une planche gravée en cuivre, il peut s'en servir pour tirer des épreuves à telle échelle qu'on voudra. Il fait à volonté plus grand ou plus petit que le modèle; il ne demande que quelques heures et n'a pas besoin d'un autre cuivre. Ainsi, si l'on mettait à sa disposition les cuivres d'un ouvrage grand atlas, comme est la description de l'Égypte, par exemple, il pourrait en faire une édition *in*-8.°, et cela sans changer les cuivres.

« La certitude du procédé a été constatée par des membres du jury que M. Gonord a admis dans ses ateliers. »

Le même.—Aux Quinze-Vingts.—*Procédés de gravures.*—Exposition 1819.

« A présenté à l'exposition des pièces de porcelaine décorées par impression, suivant son procédé; on y voyait des plats, des assiettes et des soucoupes ornées du même dessin, imprimé dans une grandeur proportionnée à celle de la pièce sur laquelle il était appliqué. »

M. GOSSELIN.—Exposition 1806.—*Voyez* SOUPPES (manufacture de).

Mad. GOSSET (veuve). Gavray (Manche).—*Étoffes de crin.*—Citation au rapport du jury, exp. 1806.

« Pour ses toiles de crin propres à faire des tamis et à d'autres usages. »

La même. - *Étoffes de crin.*—Mention honorable, exposition 1819.

« Qui fut citée dans le rapport du jury de 1806 pour ses toiles de crin propres à faire des tamis; industrie assez importante par son utilité et par son étendue. »

M. GOUNON (Aug.), entrepreneur de la manufacture de toiles à voiles. Agen (Lot-et-Garonne). —*Toiles à voiles.*—Mention honorable, exposition an IX (1801).

« A présenté des échantillons de toile à voile belle et bien fabriquée. »

Le même.—Médaille de bronze à partager entre

MM. Sollier fils et Delarue, à Rennes, exposition an x (1802).

« Les échantillons qu'il a envoyés cette année sont supérieurs à ceux présentés au dernier concours.»

Le même.—Exposition 1806.

«Est toujours digne de la médaille de bronze qu'il a obtenue en l'an x.»

M. GOUPIL. Dampierre (Eure-et-Loir).—*Ustensiles de fonte de fer.*—Mention honorable, exposition 1819.

« Ouvrages et ustensiles en fonte de fer d'une bonne fabrication. »

M. GOUVÉ. Caen (Calvados).—*Coutellerie.*—Mention honorable, exposition 1819.

« Pour coutellerie fine et coutellerie commune. »

M. GOUY. Rouen (Seine-Inférieure).—*Filature de lin.*—Mention honorable, exposition 1819.

« Ce fabricant a exposé des fils de lin d'excellente qualité faits à la mécanique. »

M. GOZZOLI. Paris, rue J.-J.-Rousseau, 20.—*Albâtres.*—Mention honorable, exposition 1819.

« Pour la perfection avec laquelle sa fabrique exécute des sculptures et des ornemens de tout genre, en albâtre de Florence. »

MM. GRAFFE frères, manufacturiers aux Quatre-

Cheminées-Boulogne (Seine). — *Cires à cacheter.*
— Mention honorable, exposition an x (1802).

« Les cires à cacheter, fabriquées par ces messieurs, sont
remarquables par la variété des matières, par la beauté et
la diversité des couleurs. »

Les mêmes. Dépôt. Rue des Fossés-Montmartre, 13.
— *Cire à cacheter.* — Médaille de bronze, exposition 1819.

« Furent mentionnés honorablement à l'exposition de 1802.
Leurs cires à cacheter sont à un prix modéré : elles sont toujours parfaitement préparées, les couleurs en sont belles et
bien nuancées. »

MM. GRAND frères. Lyon (Rhône). — *Étoffes de soie.*
— Médaille d'or, exposition 1819.

« Ils ont exposé des velours chinés et unis de diverses couleurs, des étoffes pour meubles, en soie, or et argent, et
du gros-de-naples. Tous ces objets sont parfaitement exécutés, d'une grande beauté, de l'effet le plus riche. Les dessins sont exécutés avec une telle précision, qu'on les croirait
produits par l'impression et non par le tissage. Le velours
chiné qui présentait les plus grandes difficultés est surtout
remarquable par la précision des dessins et la perfection avec
laquelle les nuances sont fondues. »

MM. GRAND frères. Bédarieux (Hérault). — *Draperie
fine.* — Mention honorable, exposition 1819.

« Pour les draps qu'ils ont exposés. »

MM. GRAND (Amable) et compagnie. Lyon (Rhône).
— *Étoffes de soie.* — Médaille de bronze, exposition
1819.

« Les produits de leur fabrique sont recherchés dans le commerce : elle a exposé un châle de bourre de soie imitant le cachemire dont le travail ne laisse rien à désirer. Les produits de cette fabrique sont généralement bien traités. »

M. GRANDIN l'aîné. Elbœuf (Seine - Inférieure). — *Draps superfins et fins.* — Médaille de bronze, exposition an IX (1801).

« Pour avoir fabriqué des draps qui soutiennent la réputation justement méritée de sa fabrique. »

Le même. — Médaille d'argent, exp. an X (1801).

« Ses draps sont de la plus belle qualité, ils ne peuvent qu'affermir sa réputation. »

Le même. — Exposition 1806.

« A exposé des draps parfaitement fabriqués et qui prouvent que ce manufacturier ne cesse de faire des efforts pour se surpasser lui-même, et continuer de mériter la distinction qui lui a été accordée. »

M. GRANDIN (Louis-Jacques). Elbœuf (Seine-Inférieure). — *Draperie fine.* — Médaille de bronze, exposition 1819.

« Pour les draps bien fabriqués et de bonne qualité qu'il a exposés. »

M. GRANDJEAN (Pierre - François), serrurier. Vienne (Isère). — *Mécanique.* — Mention honorable, exposition 1819.

« Pour avoir été très-utile à l'industrie du département de l'Isère et des départemens voisins, en établissant des usines et des machines de tous les genres, qui ont répandu la prospérité dans toutes les fabriques de la ville de Vienne, et pour avoir formé d'excellens élèves qui se sont répandus et ont porté partout les améliorations exécutées à Vienne. »

M. GRANET. Paris.—*Peinture d'histoire.*—Décora tion de la Légion-d'Honneur, à l'occasion de l'exposition publique de 1819.

« M. Granet est peintre d'histoire et peintre de genre. D'après le compte qui a été rendu à Sa Majesté de la perfection des travaux du sieur Granet, et pour donner une marque de sa satisfaction au talent qui, pendant son séjour à Rome, a si puissamment contribué à soutenir, dans cette ville et dans toute l'Italie, la gloire de l'école française. »

GRANDVILLERS (fabrique de). (Oise).—*Draperie moyenne.*—Mention honorable, exposition 1806.

« Les gros draps, pinchinais, ratines et des autres étoffes de laine de cette manufacture, ont paru d'une bonne fabrication. »

M. GRANGERET, coutelier. Paris, rue des Saints-Pères, 45.—*Coutellerie.*—Mention honorable, exposition 1819.

« Pour l'excellence de sa coutellerie à l'usage de la chirurgie. »

M. GRASSET (Antoine). Allevart (Isère).—*Fers.*—Mention honorable, exposition 1806.

« Fer bien forgé, très-nerveux, doux à la lime et prenant une certaine roideur à la trempe. »

M. GRASSET (Claude). Forge-la-Doué, près la Charité (Nièvre). — *Acier.* — Médaille d'argent, 1.re classe, exposition 1806.

14

« A présenté vingt-sept échantillons d'acier de qualité
excellente, se forgeant et se soudant bien, le grain fin, très-
dur. »

*Le même.—Acier.—*Médaille d'argent, exposition
1819.

« A présenté à l'exposition de l'acier naturel de qualité
excellente, et qui prouve que ce fabricant est toujours digne
de la médaille d'argent qui lui fut décernée par le jury
en 1806. »

M. GRÉGOIRE, inventeur d'un tissu circulaire. Paris.
—*Tableaux en velours.* — Médaille de bronze.
exposition an IX (1801).

*Le même.—*Médaille d'argent, 1.re classe, exp. 1806.

« Est parvenu à tisser des tableaux en velours avec une
correction et une perfection qu'il ne paraissait pas possible
d'atteindre. L'imitation est plus parfaite que dans aucune autre
espèce de tissu connu, et cependant la fabrication s'exécute
avec plus de promptitude.

« Le jury a considéré que ce nouvel art, mis en manufacture, pourrait donner des produits qui serviraient de base à
un commerce intéressant. »

*Le même.—*Rue de Charonne, 47.—*Étoffes de
—soie.—*Exposition 1819.

« Il avait obtenu, en 1806, une médaille d'argent pour
des velours de soie imitant la peinture. Son industrie n'a point
dégénéré : les objets qu'il a présentés sont exécutés avec une
extrême perfection. »

Le jury se plaît à déclarer qu'il est toujours digne de la
distinction qui lui a été accordée.

M. GRÉGOIRE. Saint-Quentin (Aisne). —*Perkales,
calicots.—*Mention honorable, exposition 1806.

« Pour ses perkales et ses calicots. »

MM. Grémont et Barré. Bercy (Seine). — *Toiles peintes*. — Distinction du premier ordre, équivalant à une médaille d'or, exposition an VI (1798).

« Pour toiles peintes, distinguées par la pureté du dessin et la beauté des couleurs. »

M. Grenet-Pélé. Toury (Eure-et-Loir). — *Sucre*. — Médaille de bronze, exposition 1819.

« A présenté du beau sucre de betterave de sa fabrication. »

M. Grenouillet, fermier des forges de Claviers. (Indre). — *Fers*. — Mention honorable, exp. 1806.

« Fer extrêmement nerveux, prenant une certaine dureté à la trempe, se forgeant et se fondant parfaitement, ayant une grande ténacité. »

M. Grevenich. — Exposition 1819. — *Voyez* Berte et Grevenich.

Grillon, près Dourdan (manufacture de). (Seine-et-Oise). — *Bonneterie, coton*. — Une des vingt médailles d'argent de l'exposition à tirer au sort entre quatre, exposition an IX (1801).

« A présenté des piqués et des basins parfaitement fabriqués. »

La même. — Médaille d'argent à partager avec M. Lenfumey-Camusat, exposition an X (1802).

« La manufacture de Grillon, près Dourdan, a présenté des bas de coton d'une bonne fabrication et d'un prix modéré. »

La même. — Exposition 1806.

14 *

« A présenté des bas d'une grande finesse et fabriqués dans la perfection. »

M. Grimault. Exposition an ix (1801).—*Voyez* Cesbron frères, Martin, etc.

M. Grimblon. Marseille (Bouches-du-Rhône). — *Verre à vitre,*—Mention honorable, exp. 1806.

« Ce fabricant n'a présenté que des feuilles de dimensions très-ordinaires, mais son verre est à bas prix et de qualité inaltérable. »

M. Grivel. Auchy-les-Moines (Pas-de-Calais).—*—Coton filé.*—Médaille de bronze, exposition 1819.

« Coton filé au n.° 53 pour chaîne, bonne filature. »

Gros-Caillou, près Paris (fabrique du). (Seine). —*Cristaux.*—Mention honorable, exp. an vi (1798).

« Le jury parle avec éloge de la fabrique du Gros-Caillou. »

M. Gros-Davillier. Wesserling (Haut-Rhin).—*Calicots.*—Mention honorable, exposition 1806.

« A cause de ses calicots pour l'impression. »

« Il imprime lui-même les calicots qu'il fabrique, et ses impressions sont d'une grande perfection. »

MM. Gros-Davillier, Roman et compagnie. Wesserling (Haut-Rhin). Paris, rue du Faubourg-Poissonnière, 15.—*Impression sur toile de coton.* —Médaille d'or, exposition 1819.

« La manufacture de Wesserling est une des plus anciennes

et des plus importantes de ce département. Elle réunit la filature et le tissage à l'impression. »

« Depuis plusieurs années elle a beaucoup de succès dans
les marchés étrangers , et elle y redoute peu de concurrens.

« Elle a présenté un assortiment de toiles peintes qui prouvent que l'on y connaît parfaitement tous les procédés de la
meilleure fabrication , et qu'on sait les employer avec goût. »

M. Grosjean. Saussure (Vosges). — *Faux.* —Mention honorable , exposition 1806.

« A envoyé une faux dont la matière est excellente. »

M. Grout. Rouen (Seine-Inférieure). — *Casimirs
laine et coton.* — Médaille de bronze, exposition
1819.

« A exposé du casimir , fait de laine et de coton mélangés
à la carde, de belle qualité. M. Grout est le premier qui ait
fabriqué cette étoffe dans le département de la Seine-Inférieure. »

M. Guenin. Audincourt (Doubs).—Pension à fixer
par la munificence royale.—Exposition 1819.

« A rendu de la manière la plus désintéressée les plus grands
services à toutes les usines du département et des pays voisins,
tant en créant, suivant leurs besoins, des machines pour leur
usage , qu'en fournissant les plans et les moyens pour former
de nouvelles fabriques, et y introduisant une foule de procédés
mécaniques et chimiques dont il est l'inventeur. Il est âgé et
peu fortuné. »

M. Guerhard. Expositions an VI (1798) , 1806.—
Voyez Dihl et Guerhard.

M. Guérin frères. — Exposition an ix (1801).— *Voyez* Amfrye, Lecourt et Guérin frères.

M. Guérin. Exposition 1819.—*Voyez* Boigues, de Bladis et Guérin.

M. Guérin (Philippon). Lyon (Rhône).—*Étoffe de soie.*—Médaille d'or, exposition 1819.

« Ce manufacturier a exposé des velours très-beaux et une pièce, pour rideaux, de satin sans envers, d'une fabrication soignée et qui demande une grande habileté. »

Guérin de Sercilly. Exposition an x (1802).— *Voyez* Souppes (manufacture de).

M. Guérineau. Poitiers (Vienne).—*Mégisserie.*— Citation au rapport du jury, exposition 1819.

« Pour ses peaux mégissées. »

M. Guérinot. Valençay (Indre).—*Bonneterie de coton.*—Médaille de bronze, exposition 1819.

« A envoyé des bas, des bonnets, des pantalons de coton, etc., le tout d'une bonne qualité et d'un prix peu élevé. Le jury a particulièrement remarqué les bas qui sont d'une grande finesse. »

M. Guérite. Arcis-sur-Aube (Aube).—*Bonneterie de coton.*—Mention honorable, exposition 1819.

« Pour la bonne qualité de la bonneterie de coton qu'il a exposée. »

MM. Gueroult et Lelièvre. Rouen (Seine - Inférieure). — *Filature de coton.*—Médaille d'argent à tirer au sort avec MM. Jacques Lemaître et fils, de Rouen, exposition an x (1802).

« Ils ne font que la filature continue; leurs fils sont régulièrement travaillés. Il a paru au jury qu'ils égalaient ceux
de M. Lemaître. La filature de MM. Gueroult et Lelièvre est
mise en mouvement par une machine à vapeur qui a été faite
aussi bien que les machines à filer dans les ateliers de Chaillot,
par M. Perrier. Les mécanismes à filer sont construits sur les
principes d'Arkwrigth, auxquels M. Perrier a ajouté des perfectionnemens. »

M. GUIBAL jeune. Castre (Tarn).—*Draperie moyenne.*
—Médaille d'argent, exposition an x (1802).

« Il a exposé un assortiment nombreux d'étoffes de laine
très-variées, depuis le prix de deux francs jusqu'à celui de
dix-huit francs le mètre. Il fournit par conséquent l'habillement de la classe moyenne, de la classe ouvrière, et en
général des petites fortunes. Sous ce rapport, le jury regarde
cette manufacture comme très-importante. Il en a examiné les
produits dans le plus grand détail, et il a reconnu que la
fabrication en était soignée et avait toute la perfection que
comportent les étoffes de ce genre. »

Le même.—Exposition 1806.

« La fabrication des étoffes exposées en 1806 n'est pas
moins soignée, et M. Guibal est toujours digne de la distinction qui lui a été accordée. »

Le même.—Exposition 1819.

« Ce fabricant a exposé un assortiment d'étoffes de laines
de sa fabrication qui comprend de la draperie moyenne, des
casimirs, des cuirs-laines, de la draperie commune, des
coatings ou castorines. Toutes ces étoffes sont fabriquées avec
soin, et prouvent que M. Guibal jeune est toujours digne de
la médaille d'argent qu'il a obtenue aux expositions précédentes. »

GUIBAL-VEAUTE, chef de la maison de ANNE-VEAUTE et fils aîné. Castres (Tarn).

« Paraît pour la première fois à l'exposition. Il a présenté des draps doubles croisés, couleur bleue et couleur mélangée, d'une fabrication parfaite : il y avait joint un assortiment des divers produits de sa manufacture, tels que casimirs, molletons, coatings ou castorines. Tous ces objets sont très-bons, chacun dans son genre. »

M. GUICHARD-PORTAL. Exposition an IX (1801). — *Voyez* ROLAND père et GUICHARD-PORTAL, etc.

M. GUICHARD-PORTAL. Le Puy (Haute-Loire). — *Dentelles et blondes.* — Médaille de bronze à tirer au sort avec plusieurs, exposition an X (1802).

« L'industrie de ce fabricant fut jugée digne, l'année dernière, d'une mention honorable ; elle a augmenté depuis. »
Le même. — Exposition 1806.

« Est toujours digne de la distinction dont il a été honoré. »

M. GUICHARDIÈRE. Paris, rue S.-Jacques, 178. — *Chapeaux feutrés.* — Mention honorable, exposition 1819.

« Pour les chapeaux noirs en purs poils de lièvre, et pour les expériences qu'il a faites pour améliorer l'art de la chapellerie. »

M. GUIFFRAY et compagnie. Lyon (Rhône). — *Chapellerie.* — Mention honorable, exposition 1806.
« A exposé des chapeaux de très-bonne qualité et dignes de la réputation dont jouit depuis long-temps la chapellerie de Lyon. »

M. GUILLAUME. Paris, rue du Faubourg-S.-Martin, 27.—*Instrumens agricoles.*—Mention honorable, exposition 1819.

« A présenté la charrue qui porte son nom, qui a remporté un prix au concours ouvert par la Société royale d'Agriculture et qu'il a perfectionnée ; il y a joint divers autres instrumens d'une exécution simple et solide pour biner et buter, et un moulin à bras dont les meules sont en fonte, susceptible d'être repiquée au marteau comme la pierre. Ce moulin est encore en expérience. »

M. GUILLAUME-ANGRAN frères. S.-Léger (Seine-Inférieure).—*Teinture sur coton.*—Mention honorable, exposition 1819.

« Ont exposé deux paquets de coton, l'un rouge, l'autre rose, qui réunissent à la vivacité l'égalité et la solidité. »

GUILLAUMOT. Exposition 1806.—*Voyez* GOBELINS.

M. GUILLEMET Nantes. (Loire-Inférieure).—*Molletons.*—Citation au rapport du jury, exposition 1819.

« Pour ses molletons de coton. »

M. GUILLEMET. Nantes (Loire-Inférieure).—*Draperie commune.*—Mention honorable, exposition 1819.

« Dont la fabrication est bonne et les prix modérés. »

M. GUILLEMET. Nantes (Loire-Inférieure).—*Basin.* Citation au rapport du jury, exposition 1819.

« Fabricant de basin. »

M. Guillié. Exposition 1819.—*Voyez* Paris, institution royale des jeunes aveugles.

M. Guillois (Léonard). Tours (Indre-et-Loire).— *Bonneterie de coton.*—Citation au rapport du jury, exposition 1819.

« Qui a exposé de la bonneterie de coton, et des bas de filoselle. »

M. Guimaudeau.—Exposition an ix (1801).—*Voyez* Cesbron frères, Martin, etc.

M. Guion. Paris.—*Orfévrerie.*—Médaille d'argent, 1.re classe, exposition 1806.

« Excelle dans l'orfévrerie courante : il a exposé un plateau à plusieurs étages destiné à porter des fruits, qui est bien conçu et bien exécuté. »

M. Guion dessine très-bien et se sert de son talent pour perfectionner sa fabrication ; il a imaginé d'employer des cylindres gravés pour faire les ornemens courans de ses pièces.

M. Guiraut. — Exposition 1819.—*Voyez* Jalve, Saillet et Guiraut.

M. Guyard (Benjamin). Laval (Mayenne).—*Toiles de corps et de ménage.*—Mention honorable, exposition an x (1802).

« A exposé en blanc et en écru des toiles fabriquées avec soin et présentant un tissu régulier. »

Le même.—Mention honorable, exposition 1806.

« A soutenu sa fabrication au degré de bonté qui le fit mentionner honorablement en l'an x. »

MM. GUYBERT et JOLIET. Paris, rue de Fourcy, 8.
Étoffes de crin.—Mention honorable, exposition
1819.

« Qui ont présenté plusieurs échantillons d'étoffes de crin,
dans lesquels le jury a reconnu une fabrication soignée. »

M. GUYS. Amiens (Somme).—*Rouissage.*—Médaille
d'argent, 1.re classe, exposition 1806.

« A formé un établissement de rouissage suivant la méthode
de M. Bralle.

« Plusieurs échantillons de chanvre roui, dans son établissement, ont été mis sous les yeux du jury qui en a été très-
satisfait. »

H

MM. HACHE BOURGOIS. Louviers (Eure). — *Ma-
chines à filer le coton.*—Médaille d'argent, 2e. classe,
exposition 1806.

« A présenté des cardes remarquables par le bon choix du
cuir, par la qualité des fils de fer et des fils d'acier, par la
régularité dans la distribution des crochets, et par l'intelligence avec laquelle la hauteur du coude est proportionnée à
l'épaisseur du cuir. »

M. HAEKS. Paris, rue du Faubourg-S.-Antoine, 47.
—*Ébénisterie.*—Médaille de bronze, exposition
1819.

« A exposé des feuilles de bois d'acajou pour placage, dé-
bitées à la scie circulaire; la scie employée par M. Haeks à
sept pieds de diamètre : il est le premier à Paris qui se soit
servi de cette espèce de scie pour le débitage du bois de
placage. »

M. Hæner, fabricant de poterie. Nancy (Meurthe).—
Poterie.—Médaille d'argent à partager entre trois,
exposition an x (1802).

« La pâte de ce fabricant est bien composée, très-résis-
tante. »

M. Halette, mécanicien. Arras (Pas-de-Calais).—
Médaille de bronze, exposition 1819.

« Pour avoir changé et amélioré le travail des huiles qu'on
obtient à présent en plus grande quantité, et de meilleure qualité, dans tout le pays où cette fabrication est une grande
partie de la richesse locale. »

M. Hallier et compagnie. Exposition 1819.—*Voyez*
Deloyne, etc.

M. Halleim (fabricant) (Nord).—*Nankins.*—Mention honorable, exposition 1806.

M. Hamelin-Bergeron, Paris, rue de la Barillerie,
15.—*Typographie.*—Mention honorable, exposition 1819.

« Son ouvrage, intitulé *Manuel des Tourneurs*, renferme une
description complète de cet art important ; il est en trois volumes, dont un est un atlas en quatre-vingt-seize planches. »

M. Hamoir.—Expositions 1802, 1806.—*Voyez* Mestivier et Hamoir.

M. Hamoir (Edmond). Valenciennes (Nord).—*Batistes.*—Mention honorable, exposition 1819.

« Pour des pièces de batiste écrue et blanche d'une grande
finesse et d'une rare perfection. »

M. Hanin. Paris, rue Neuve-Notre-Dame, 11, en la Cité. — *Outils divers*. — Mention honorable, exposition 1806.

« Pesons à ressort et à cadran de diverses dimensions. »

« M. Hanin a beaucoup perfectionné les pesons à ressort; ils sont aujourd'hui généralement en usage; et, comme les cadrans portent en même temps les nouveaux et les anciens poids, leur usage facilite les opérations du commerce et propage la connaissance des nouveaux poids. »

Le même.—Rue Neuve-Notre-Dame, 23.—Mention honorable, exposition 1819.

« Cet artiste fut mentionné honorablement à la dernière exposition pour les pesons à ressort et à cadran qui portent son nom; il continue à mériter cette distinction. »

M. Hannotin-Geoffroy. Bar-le-Duc (Marne).— *Mouchoirs de coton de couleurs*.—Citation au rapport du jury, exposition 1819.

M. Hanvoile (fabrique d').Oise.—*Draperie moyenne*. —Mention honorable, exposition 1806.

« Les gros draps, pinchinats, ratines et autres étoffes de laine de cette manufacture ont paru d'une bonne fabrication. »

M. Hardi. Athis (Orne).—*Casimirs de coton*.—Citation au rapport du jury, exposition 1819.

« Pour ses casimirs gris de coton. »

M. Harel. Paris, rue de l'Arbre-Sec, 50.—*Chauffage*.—Médaille d'argent, exposition 1819.

« A exposé différens appareils économiques, et entre autres ceux qui sont désignés sous les noms de fourneau potager et de coquille à rôtir. »

Tous les appareils de M. Harel sont très-bien construits et d'une combinaison heureuse; ils procurent une économie considérable de combustibles.

Les prix de M. Harel sont modérés.

M. HARING. Paris, Palais-Royal, 63.—*Instrumens de précision.* — Mention honorable, exposition 1806.

« Pour des lunettes de même grandeur que celle de Dollond, trouvées très-bonnes.

« Pour une machine pneumatique bien exécutée. »

Le même. Paris.—Mention honorable, exposition 1819.

« Pour une fort bonne lunette achromatique présentée par cet opticien. »

M. HARTMANN. Paris, rue Vannes, 9.—*Horlogerie.*—Mention honorable, exposition an x (1802).

« Pour une pendule à huit cadrans d'un travail soigné; elle marque le lever et le coucher du soleil, les phases de la lune, etc. »

MM. HAUSSMANN frères. Logelbach (Haut-Rhin).—*Toiles peintes.*—Médaille d'argent, 1re. classe, exposition 1806.

« Ont envoyé des toiles peintes très-agréablement composées, et d'une grande richesse de couleurs.

« MM. Haussmann, par leurs travaux chimiques, ont beaucoup contribué à l'avancement de l'art d'imprimer les toiles. »

Les mêmes.—*Impression sur toile de coton.*—Médaille d'or, exposition 1819.

« Ces fabricans ont appliqué les premiers, et avec un plein succès, la gravure lithographique à l'impression sur les étoffes de soie, de laine et de coton ; leurs toiles imprimées se font remarquer par l'éclat et la solidité des couleurs, par la netteté et le bon goût des dessins.

L'art de la teinture et celui de l'impression sur toiles ont dû des progrès aux travaux de MM. Haussmann. »

M. Hauy. Paris.—*Littérature minéralogie.*—Distribution des prix décennaux, an 1810.

« Le jury a regretté qu'il n'y eût pas un second prix, la minéralogie de M. Hauy étant, après l'ouvrage qui a été couronné, celui qui paraît offrir le plus de qualités du même genre, et qui est le plus complétement guidé par une pensée propre et féconde. »

« Le *Traité élémentaire de physique* de M. Hauy ne saurait recevoir trop d'éloges, et pour sa clarté, son élégance même, et pour le soin que l'auteur a pris d'y rassembler tous les faits dont se compose la physique, jusqu'aux expériences les plus récentes de nos derniers temps. »

M. Hazard. Valenciennes (Nord). — *Batistes.* — Mention honorable, exposition 1819.

«Pour des pièces de batiste écrue et blanche d'une grande finesse et d'une rare perfection. »

M. Hazard-Mirault. Paris, rue Ste.-Apolline, 2. —*Incrustation.*—Mention honorable, exposition 1819.

« Pour les yeux artificiels qu'il a fabriqués. »

M. Hébert (Frédéric). Paris, rue S.-Denis, 374.— *Châles cachemire.*—Médaille de bronze, exposition 1819.

«Pour ses châles faits au lancé, qui sont fabriqués avec soin et goût, et qui imitent bien ceux de l'Inde. »

M. Hébert (Jacques). Vimoutiers (Orne).—*Toiles de corps et de ménage.*—Mention honorable, exposition 1806.

« Pour la bonne qualité de ses toiles cretonnes. »

M. Heckel. Paris (fabrique de meubles), grande rue du Faubourg-S.-Antoine.—*Ébénisterie.*—Mention honorable, exposition 1806.

« Il a présenté des meubles enrichis d'ornemens fabriqués avec soin et goût. »

M. Hecquet-d'Orval. Abbeville (Somme).—*Tapis et moquettes.*—Médaille de bronze, exposition an x (1802).

« Moquettes et velours en laine bien fabriqués. Cette manufacture est très-distinguée et très-ancienne. »

Le même.—Exposition 1806.

« Les moquettes présentées cette année sont tout-à-fait dignes de la réputation de cette fabrique ancienne et estimée.

« Le jury se plaît à déclarer que M. Hecquet soutient ses moquettes et ses velours de laine au degré de bonté qui lui mérita en l'an x une distinction. »

Le même.—Exposition 1819.

« Sa fabrique de velours d'Utrecht et de moquettes, l'une des plus anciennes et des plus considérables qui existent en France, est toujours remarquable par l'étendue de son commerce, la bonne qualité et le bon goût de ses produits. »

MM. Heilmann frères et compagnie. Mulhausen (Haut-Rhin). — *Impression en toiles de coton.*— Médaille d'or, exposition 1819.

« Les châles fond blanc à impression en rouge d'Andrinople, les perses et les foulards à fond blanc et fond jaune qu'ils ont présentés, ont paru au jury des modèles de a plus belle impression.

Cette maison est la première qui ait fabriqué des châles fond blanc à impression, en rouge d'Andrinople. »

M. Henraux jeune. Paris, rue S.-Médéric, 46.—*Lainage et tonte de draps*.—Mention honorable, exposition 1819.

« Pour les chardons métalliques dont il est l'inventeur et qui remplacent les chardons végétaux pour le peignage du lainage des draps. »

M. Henri aîné. Angoulême (Charente).—*Papeterie*. — Mention honorable, exposition 1806.

« Les papiers envoyés par ce fabricant sont faits avec soin et de bonne qualité. »

MM. Henri et Thirouin. Paris, rue Beaubourg, 275. —*Boutons de métal*.—Mention honorable, exposition an IX (1801).

« Pour avoir établi une manufacture où l'on fabrique des boutons métalliques d'un bon goût et d'un beau poli. »

Les mêmes.—Médaille de bronze, exposition an X (1802).

« Ils ont exposé cette année des boutons dorés et argentés; leurs prix peuvent avantageusement soutenir la concurrence étrangère. »

Mad. Ve. Henriot l'aîné. Reims (Marne)—*Flanelle*. — Médaille de bronze, exposition 1819.

« A présenté à l'exposition des flanelles lisses et des flanelles croisées très-belles et jugées dignes d'une médaille de bronze. »

15

MM. Henriot frères, sœur et compagnie. Reims (Marne).—*Molletons et couvertures.*—Médaille de bronze, exposition 1819.

« Ont exposé des flanelles lisses et des flanelles croisées de première qualité et de qualité commune, supérieurement fabriquées. »

M. Herbet-de-S.-Riquier. Amiens (Somme).—*Velours de coton.*—Médaille de bronze, exposition 1819.

« Pour des échantillons de velours non-croisés d'une fabrication légère et très-soignée. »

M. Hergog.—Exposition 1819.—*Voyez* Schlumberger et Hergog.

M. Herhan.—Exposition an VI (1798).—*Voyez* Didot (Pierre, Firmin) et Herhan.

Le même. Paris.—*Typographie.*—Médaille d'or, exposition an IX (1801).

« Ses travaux sur le stéréotypage le firent placer, en l'an VI, au nombre des douze artistes les plus distingués ; il est parvenu depuis à frapper à froid des matières mobiles en cuivre dont chaque caractère est coupé dans un prisme quadrangulaire tiré à la filière. Les machines qu'il a imaginées pour remplir ces deux objets sont extrêmement ingénieuses. Il a exposé l'édition stéréotype du Salluste, in-12, et une page grand in-folio exécutée par ses nouveaux procédés. »

Le même. Rue Servandoni, 13.—Exposition 1819.

« A créé et exécuté en grand les procédés de stéréotypage au moyen des caractères mobiles frappés en creux ; il montra des produits de son art à l'exposition de l'an x (1802), et il lui fut accordé une médaille d'or. Il continue à s'occuper du perfectionnement de ses procédés.

« Parmi les objets qn'il a exposés se trouvent des matrices en cuivre frappées à froid, des clichés, des ouvrages formats in-12, in-8.°, imprimes avec des clichés. »

« Tous ces objets attesteraient, s'il en était besoin, que M. Herhan est toujours digne de la médaille d'or. »

M. Hérisson. Rouen (Seine-Inférieure). — *Chauffage*. — Médaille de bronze, exposition 1819.

« Qui a envoyé un modèle de fourneau économique à trois chaudières. »

MM. Herwyn frères (dont un est pair de France). — Mention très-honorable, distribution des prix décennaux, an 1810.

« Depuis l'époque de la réunion temporaire de la Belgique à la France, ils ont rendu une seconde fois à la culture un terrain de 8 à 9,000 hectares dans la Moères, lac situé entre Dunkerque et Furnes, qui avait déjà été desséché jadis, mais qui était redevenu, à diverses reprises, marais immense et insalubre. »

M. Heurtaut-Lamerville. — Mention très-honorable, distribution des prix décennaux, an 1810.

Pour son établissement de la Peyrisse-sur-Dun-le-Roi (Cher) où a pris naissance l'amélioration, devenue si notable, des bêtes à laines du Berri. Le propriétaire, ancien officier, le commença, en 1781, avec un bélier espagnol âgé de treize ans dont lui avait fait présent M. Barbançois père; en 1786, il fit venir d'Espagne, à très-grands frais, des béliers et des brebis, tira de Rambouillet six béliers et cinquante brebis, et se forma un troupeau considérable qui est devenu une source de prospérité pour un pays jus-

15 *

ques alors infécond. De 1800 à 1808, l'établissement a vendu neuf cents bêtes propres à faire race ; et, en 1811, époque de la mort de M. de Lamerville, âgé de soixante-onze ans, son troupeau était encore de huit cents bêtes. Sa notice biographique est insérée tome 14 des Mémoires de la Société d'Agriculture.

MM. HEUSSY frères. Montbéliard (Doubs).—*Linge de table.*—Citation au rapport du jury, exposition 1819.

« Pour échantillons de linge de table. »

M. HIMMER (Joseph), mécanicien chez M. Lucas. Basancourt (Marne).—Médaille de bronze, exposition 1819.

« Pour le perfectionnement des machines à carder et filer la laine. »

M. HINDENLANG père et fils. Paris, rue des Fossés-Montmartre, 21.—*Fils de duvet de cachemire.* —Médaille d'argent, exposition 1819.

« Ont présenté à l'exposition du duvet de cachemire filé à la mécanique avec une rare perfection ; ils ont aussi présenté des tissus de cachemire de la plus grande finesse »

M. HIRSCH. Paris, rue Portefoin, 3, au Marais.— *Ornemens en carton.*—Médaille de bronze, exposition 1819.

« A présenté différens échantillons d'ornemens en carton, pour la décoration des meubles et l'intérieur des appartemens. »

MM. HOFER (Jean) et compagnie. Mulhausen (Haut-Rhin).—*Impression sur châles.*—Médaille d'or, exposition 1819.

« Ont exposé de très-beaux châles, surtout en couleur lapis, dont les fonds unis sont d'une grande perfection dans
différentes nuances ; mérite qui suppose un rare talent de fabrication. »

M. Hombert (Théodore). le Havre (Seine-Inferieure).
—*Instrumens de pêche.* — Mention honorable,
exposition an 10.

« A présenté un assortiment d'instrumens propres à la pêche
de la baleine, très-bien exécutés. »

Mad. Ve. Honnette et fils. S.-Germain (Seine-et-
Oise).—*Corroyage.*—Mention honorable, exposition 1806.

« Pour l'habileté avec laquelle sont corroyés les cuirs présentés par eux. »

M. Hortiez. Nantes (Loire-Inférieure).—*Cordages.*
—Mention honorable, exposition 1806.

« Qui a envoyé des cordages pour la marine, très-bien fabriqués. »

M. Houel. Caen (Calvados).—*Dentelles et blondes.*—
Mention honorable, exposition 1806.

« A présenté un beau châle de dentelle. »

Houlme (filature de) (Seine-Inférieure).—*Filature
de coton.*—Mention honorable, exposition 1806.

« Cotons filés de cette fabrique. »

Houplines (fabrique d') (Nord).—*Filature de coton.*
—Mention honorable, exposition 1806.

« Les cotons fournis à l'exposition par la filature de Houplines. »

M. Huet.—Expositions 1801, 1806.—*Voyez* Beauvais (manufacture de).

M. Huguenin aîné. Mulhausen (Haut-Rhin).—*Calicots.*—Citation au rapport du jury, exposition
1819.

« Pour des calicots qu'il a exposés. »

M. Hugonet (Jean), cultivateur à Blye (Jura).—
Instrumens aratoires.—Trois cents francs à déli-
vrer publiquement, par M. le préfet, un jour de
fête.—Exposition 1819.

« Pour avoir fait une charrue perfectionnée qui produit les
plus grands avantages pour les cultivateurs de ces pays de
montagnes, puisque un ou deux bœufs font, avec cette charrue,
le même ouvrage que quatre ou six bœufs avec la charrue ordinaire, ce qui fait que l'on y cultive mieux. Il a envoyé
le modèle de sa charrue. »

M. Human et compagnie. — Exposition 1819. —
Voyez Saglio, Human et compagnie.

M. Humblot (gendre de feu Conté). Paris, place du
Tribunat, 223.—*Crayons.*—Médaille d'or, exposition 1806.

« A présenté des crayons fabriqués par les procédés de
M. Conté, découverte que le jury de l'an IX jugea digne d'une
médaille d'or. M. Humblot doit être félicité de ce qu'il maintient cette fabrication qui forme pour la France une nouvelle
branche de commerce, au degré de perfection où l'avait
portée M. Conté. »

Le même. Paris, place du Palais-Royal, 23.—
Crayons.—Exposition 1819.

« La fabrication des crayons qui mérita une médaille
d'or à feu M. Conté s'est perfectionnée entre les mains de
M. Humblot.

« Les crayons de cette fabrique sont maintenant parfaitement
homogènes; leur degré de dureté répond constamment au n.°
qu'ils portent et ne change plus avec le temps. »

« M. Humblot a, depuis peu, mis dans le commerce de
nouveaux crayons un peu inférieurs en qualité, mais de beaucoup supérieurs à ceux d'Allemagne dont il se fait en France
une grande consommation; il les donne à bas prix, et il les a
marqués de manière que les détaillans ne peuvent jamais les
vendre pour ceux de première qualité.

« Le jury aurait décerné une médaille d'or à cette fabrique, si elle ne lui avait pas été précédemment accordée. »

M. Huot (Charles). Troyes (Aube).—*Basins et piqués.*—Médaille de bronze à tirer au sort avec
M. Faverot, autre fabricant de Troyes, exposition
an x (1802).

« Ses piqués sont d'un prix modéré et d'une bonne fabrication. »

Le même.—Exposition 1806.

« Les basins, les piqués et les calicots qu'il a envoyés
cette année prouvent qu'il a conservé tous ses titres à la
médaille. »

M. Huret, ingénieur mécanicien du garde-meuble.
Paris, rue des Grands-Augustins, 5.—*Outils divers.*—Médaille d'argent, exposition 1819.

« A présenté un compas de son invention, propre à tracer

des spirales ou volutes, qui est parfaitement combiné et forme un instrument nouveau.

« Il a aussi exposé des fermetures à combinaison et à garnitures mobiles, et des serrures de porte-feuille qui sont d'une belle exécution et très-bien conçues. »

MM. HUSSON VERDIER. Paris, rue de la Roquette, 72.—*Minium*.—Mention honorable, exposition 1806.

« Le minium présenté par ce fabricant réunit les propriétés qui annoncent une belle fabrication, savoir : une très-grande finesse, une belle couleur rouge, et un coup d'œil cristallin. »

M. HUVET. Bayeux (Calvados).—*Dentelles*.—Mention honorable, exposition 1819.

« Qui a exposé des dentelles composées avec goût et fabriquées avec soin. »

M. HUZARD, membre de l'Institut.—Exposition an ix (1801). — *Voyez* GILBERT (feu), TESSIER et HUZARD.

Le même.—A l'occasion de l'exposition de 1810, a reçu de S. M. la décoration de la Légion-d'Honneur.

I.

IMPRIMERIE (royale). M. MARCEL, directeur général. Paris. — *Typographie*.—Citation au rapport du jury, exposition 1806.

« Les spécimen d'impression en plus de cinquante langues différentes exécutées à l'imprimerie royale prouvent la grande richesse de cet établissement en caractères orientaux, ainsi que l'habileté avec laquelle ces caractères y sont employés: la partie des langues orientales y a pris une nouvelle vie et une grande extension par les soins de M. Marcel qui est lui-même un habile orientaliste. »

« Le jury a remarqué les specimen d'impression en or dont l'exécution, avec des caractères et la presse ordinaires, présente une difficulté vaincue avec talent et agrandit les moyens de l'art typographique.

« L'imprimerie royale, dont la fondation remonte au premier âge de la découverte de l'imprimerie, est le plus grand établissement de typographie qui existe ; elle s'est montrée, à l'exposition de 1806, digne de sa haute réputation. »

INCARVILLE (fabrique d') (Eure.)—*Filature de coton.* —Mention honorable, exposition 1806.

« Cotons filés envoyés par cette fabrique. »

MM. Irroy père et fils. Forge-de-la-Hutte (Vosges). — *Faux.*—Médaille d'or, exposition 1806.

« Fabriquent des faux de qualité supérieure ; la forme de ces faux est analogue à celle des faux de Styrie ; elles sont très-légères, fort dures et se battent bien. »

« Les faux de MM. Irroy sont faites avec l'acier qu'ils fabriquent eux-mêmes ; ils ont envoyé vingt-un échantillons de cet acier : aux essais on l'a trouvé de qualité supérieure, se forgeant et se soudant bien, résistant très-bien au feu, ayant beaucoup de corps et de nerf, le grain fin et prenant la trempe couleur de cerise noire, ce qui est très-précieux pour les arts ; de sorte que, pour les aciers seulement, MM. Irroy auraient eu droit à la médaille d'or qui vient de leur être décernée pour la fabrication des faux. »

M. IRROY. Arc, près Gray (Haute-Saône).—*Acier.*—
Médaille d'or, exposition 1819.

« A présenté des aciers de plusieurs variétés ; ces aciers
ont été éprouvés et reconnus de qualité supérieure.

« M. Irroy a été nommé ailleurs pour avoir exposé des
limes, des faux et faucilles, des scies, des aiguilles à coudre et
à tricoter, produits qui sont tous d'un mérite distingué. »

Le même.—Arc (Haute-Saône).—*Fers.*—Mention
honorable, exposition 1819.

« Fers de très-bonne qualité. »

Le même. — Arc (Haute-Saône).—*Aiguilles.* —
Mention honorable, exposition 1819.

« A présenté des aiguilles à coudre et à tricoter, d'une exécution louable et digne d'encouragement. »

Le même.—Arc, près Gray (Haute-Saône).—*Scies
d'acier fondu.*— Mention honorable, exposition
1819.

« A exposé des scies bien fabriquées d'un prix modique. »

Le même.—Arc, près Gray (Haute-Saône).—*Limes.*
—Mention honorable, exposition 1819.

« A exposé de bonnes limes de sa fabrication. »

Le même.—Arc, près Gray (Haute-Saône).—*Faux.*
—Mention honorable, exposition 1819.

« A exposé une faux à lame de rechange qui mérite d'être
distinguée. »

————————

M. ISABEL, horloger. Rouen (Seine-Inférieure).—
Horlogerie.—Mention honorable, exposition an x
(1802).

« Montre à secondes d'une exécution assez belle, et qui annonce un homme au fait des difficultés de son art et instruit des moyens de les vaincre. »

Le même.—Médaille d'argent, 2.ᵉ classe, exposition 1806.

« Il présenta une montre simple à remontoir agissant huit fois par minute, le ressort sans fusée, et une montre à seconde dont l'échappement est à forets constans, et les ressorts sans fusée.

« Ces pièces sont exécutées avec beaucoup de soin. »

IVRY-LA-BATAILLE (fabrique d') (Eure).—*Filature de coton.*—Mention honorable, exposition 1806.

« Cotons filés envoyés par cette fabrique. »

J.

MM. JACOB frères. Paris, rue Meslay, 77.—*Ébénisterie.*—Médaille d'or, exposition an IX (1801).

« Ses meubles sont recommandables dans un genre différent de ceux de M. Lignereux, avec qui il a tiré au sort la médaille d'or accordée par le jury; leur style est d'un plus grand caractère; les détails les plus difficiles de la sculpture y sont traités avec perfection. »

Le même.—Exp. an X (1802).—ᶜ*Voyez* LIGNEREUX.

« Les progrès de M. Jacob sont très-marqués, toutes ses productions annoncent des talens du premier ordre dans son genre. »

M. JACOB DESMALTER.—Exposition 1806.—*Voyez* DESMALTER.

M. JACOB. Marseille (Bouches-du-Rhône). —*Pro-*

duits chimiques.—Médaille de bronze, exposition 1819.

« A présenté du borax qu'il a fabriqué avec l'acide boracique : c'est un art nouveau. »

Madame veuve JACOB. Lyon (Rhône).—*Étoffes de soie*.—Médaille d'argent, 1re classe, exposition 1806.

« Pour des satins liserés, et des taffetas parfaitement fabriqués. »

M. JACOBI - LESOURD. Tours (Indre-et-Loire).—*Bonneterie de coton*.—Citation au rapport du jury, exposition 1819.

« Qui a exposé de la bonneterie de coton. »

M JACOT. Bienville (Haute-Marne).—*Fers*.—Mention honorable, exposition 1819.

« Barres de fer très-bien forgées. »

M. JACQUART. Lyon (Rhône).—*Machine à tisser*.—Médaille de bronze, exposition an IX (1801).

« Inventeur d'un mécanisme qui supprime, dans la fabrication des étoffes brochées, l'ouvrier appelé *tireur de lacs*. »

Le même.—Médaille d'or, exposition 1819.

« Pour des perfectionnemens de la machine à faire les étoffes façonnées, qui porte son nom et dont il est l'inventeur ; invention des métiers à faire des couvertures façonnées, des tapis de pied, des étoffes de crin, des tissus pour meubles, des mousselines façonnées brochées à jour, des cachemires, des toiles damassées, des rubans façonnés, etc. »

Par ordonnance du 17 septembre 1819, S. M. a conféré la décoration de la Légion-d'Honneur à M. Jacquart.

MM. JACQUEMART et BESNARD, successeurs de Réveillon. Paris, rue St.-Antoine.— *Papiers peints.*
—Médaille de bronze, exposition an IX (1801).

« Pour avoir soutenu la réputation de cette belle manufacture de papier peint. »

Les mêmes.—Exposition an X (1802).

« La manufacture de MM. Jacquemart et Besnard soutient sa réputation; ils ont imaginé des tontis sur toiles qui ont l'avantage d'être d'un prix modique, et pourraient servir de tapis dans des lieux où ils ne seraient pas exposés à de grands frottemens. »

Les mêmes.—Médaille d'argent, 1.re classe, exposition 1806.

« Les tentures qu'ils ont présentées prouvent qu'ils ont fait des progrès; leurs décorations en dorures sont parfaitement exécutées. Le jury leur décerne une médaille d'argent de première classe. »

Les mêmes.—Exposition 1819.

« Ces manufacturiers sont recommandables par l'excellente direction qu'ils ont donnée à leur fabrication. Le jury a examiné leurs livres d'échantillons; il a reconnu que tout est de bon goût et travaillé avec beaucoup de soin.

« MM. Jacquemart ont paru avec distinction aux expositions précédentes; ils ont obtenu une médaille d'argent à celle de 1806 : c'est le plus haut degré de distinction accordé jusqu'ici à ce genre d'industrie. Parmi les perfectionnemens qui se font remarquer dans les productions exposées cette année par MM. Jacquemart, le jury a distingué un nouveau moyen d'imiter les ornemens en or, qui produit beaucoup d'effet; il pense que cette fabrique est toujours digne de la distinction qui lui a été accordée en 1806. »

M. JACQUIER. Mayenne (Mayenne).—*Mouchoirs de Chollet.* — Mention honorable, exposition an VI (1798).

« Le jury a distingué les mouchoirs et étoffes de la fabrique de Mayenne ; M. Jacquier a concouru à rendre à l'industrie de ce département l'activité qu'elle avait avant la révolution. »

M. JACQUINET. Paris, rue Neuve-des-Petits-Champs, 95.—*Chauffage.*—Mention honorable, exposition 1819.

« Qui a exposé deux modèles de cheminées à la Desarnod. »

M. JAHAU-L'HÉRITIER. Château-Renaud (Indre-et-Loire).—*Draperie commune.* — Citation au rapport du jury, exposition 1819.

M. JALAGUIER (Antoine). Sommières (Gard). — *Molletons.*—Mention honorable, exposition an x (1802).

« A présenté des molletons, dont le jury a été très-satisfait. »

MM. JALVI, SAISSET et GUIRAUT. S.-Pons (Hérault). —*Draperie fine.*—Médaille d'argent, exposition 1819.

« Ont exposé des londrins et des mahouts agréables et bien fabriqués. »

M. JANIN jeune. Paris, rue des Augustins, 78. — *Tabletterie et ornemens.*—Mention honorable, exposition 1806.

« A trouvé le moyen de rendre la dorure sur bois plus solide et en même temps plus économique. »

M. JANVIER (Antide). Paris , au palais des Beaux-Arts.—*Horlogerie astronomique.*—Médaille d'or , exposition an x (1802).

« A présenté plusieurs pendules curieuses qui marquent les mouvemens de la lune et du soleil ; mais la principale de ses productions est une horloge à sphère mouvante qui représente les révolutions des corps qui composent le système solaire : cette composition est également remarquable par la justesse des calculs et par la combinaison des moyens mécaniques imaginés pour en exprimer les résultats. »

Le même.—Exposition 1806.

« Il présente aujourd'hui une pendule qui donne l'équation du temps par des causes analogues à celles qui la produisent dans le ciel et sans employer l'ellipse dont on a fait usage jusqu'ici : cette idée appartient entièrement à M. Janvier. »

« Une pendule géographique du même auteur n'a pu être exposée, parce qu'il a dû la livrer pour le service du palais de Fontainebleau.

« Tous ces ouvrages prouvent que M. Janvier connaît également bien les mouvemens célestes et les moyens mécaniques propres à les représenter ; ils ne peuvent qu'affermir et accroître la réputation dont jouit cet artiste distingué. »

M. JAPPY. Beaucourt (Haut-Rhin). — *Arts servant à l'horlogerie.*—Médaille de bronze, exposition an x (1802).

« Fabrique par des moyens mécaniques des mouvemens bruts aussi bons que ceux de M. Sandoz , mais ils sont plus chers de dix pour cent. »

Le même.—Exposition 1806.

« Il a présenté des mouvemens de montre exécutés par

des moyens mécaniques, et aussi des vis de bois très-bien
faites. »

MM. Jappy frères. Beaucourt. (Haut-Rhin).—*Vis à bois et objets divers.*—Exposition 1819.

MM. Jappy frères ont établi, vers la fin de 1806, à Beaucourt, département du Haut-Rhin, une manufacture où l'on
fabrique par machines toutes les espèces de vis à bois,
des gonds, des pitons, des boulons à écrous, des poulies et
cuivrots, des boucles de sellerie, des cadenas à combinaison et
beaucoup d'autres articles de quincaillerie. »

Le jury a remarqué une grande correction d'exécution dans
tous les produits que cette manufacture a envoyés à l'exposition; le bas prix auquel elle les livre au commerce en a promptement répandu la connaissance, et il est à Paris très-peu de
magasins de quincaillerie un peu considérables où l'on n'en
trouve pas des assortimens complets. »

« La manufacture emploie huit à neuf cents ouvriers dont
les trois quarts au moins sont des femmes et des enfans.

« Ils ont été jugés dignes d'une médaille d'or pour leur manufacture d'horlogerie. Leur manufacture de quincaillerie aurait suffi seule pour leur donner des droits à une distinction
d'un ordre supérieur. »

N. B. Maire de sa commune, M. Jappy y a fondé, en 1819,
une école d'enseignement mutuel ; il a reçu de S. M. la décoration de la Légion-d'Honneur.

Les mêmes.—*Horlogerie.*—Médaille d'or, exposi-tion 1819.

« Ont exposé des ébauches de mouvemens de montres fabriqués dans la manufacture d'horlogerie par mécanique dont
ils sont les chefs. »

« Le jury a vu avec le plus grand intérêt ces produits qui sont livrés au commerce à des prix extraordinairement modérés ; il félicite MM. Jappy des efforts qu'ils ont faits pour étendre cette manufacture et pour en perfectionner les procédés , et des succès qu'ils ont obtenus sous ces deux rapports. »

« MM. Jappy ont déjà été mentionnés de la manière la plus honorable pour avoir formé une manufacture de vis à bois et autres articles de quincaillerie. »

M. Jay (André). Grenoble (Isère).—*Outils divers.* —Mention honorable, exposition 1806.

« Assortiment complet de peignes à serancer le chanvre, construits avec soin et généralement adoptés pour le serançage. »

M. Jeandeau, chef d'instruction de l'école des arts et métiers de Châlons (Marne).—Décoration de la Légion-d'Honneur, exposition 1819.

« S. M. a remarqué avec un vif intérêt la beauté des produits exposés au Louvre par son école des arts et métiers de Châlons ; elle a voulu honorer cet utile établissement et témoigner sa satisfaction au sieur Jeandeau dont le zèle et les talens ont donné une si heureuse direction aux travaux des élèves. »

M. Jeannety. Paris, rue du Colombier , 38. — *Orfévrerie.*—Médaille d'argent, exposition an x (1802).

« Il a trouvé l'art de travailler le platine , ce métal si rebelle aux efforts des métallurgistes , est doué de tant de qualité précieuse ; il en a fait des bijoux, des instrumens de chimie d'une grande utilité. »

16

MM. JEANNETY** fils et **C**HATENAY**. Paris, rue du Vieux-Colombier, 21.—*Platine.*— Médaille d'argent, exposition 1819.

« Ont présenté à l'exposition de la vaisselle et des bijoux en platine préparés par eux-mêmes; on y a aussi vu de grandes règles faites en platine qui sont destinées à transmettre à la Société royale de Londres et à l'Académie des sciences de Pétersbourg les étalons des mesures françaises. »

« Le jury a vu avec satisfaction que MM. Jeannety fils et Chatenay soutiennent avec honneur la bonne fabrication de platine établie par M. Jeannety père, et qu'ils ont amélioré les procédés de préparation qu'il employait. »

M. JECKER**. Paris, rue des Marmousets, 42.—*Instrumens de mathématiques et de physique.* — Médaille de bronze, exposition an ix (1801).

« Artiste très-habile dans la construction des instrumens usuels de précision. »

Le même. —Médaille d'argent, exposition an x (1802).

« Artiste extrêmement recommandable pour avoir établi en fabrique la construction des instrumens de précision, objets importans qu'on tirait de l'étranger, et pour avoir réuni la bonne qualité au bon marché. »

MM. JECKER** frères.—Médaille d'argent, 2.e classe, exposition 1806.

« MM. Jecker frères ont le mérite d'avoir les premiers établi en grand la fabrication des instrumens d'astronomie, de marine et d'optique. Ils ont présenté, à l'exposition des cercles de réflexion de Borda, des sextans et des lunettes qui rivalisent avec ce que l'Angleterre a de plus estimé dans ce genre. »

« Le jury n'a que des marques de satisfaction à donner à

MM. Jecker et à les louer de l'émulation et de la persévérance avec lesquelles ils ont étendu et perfectionné leur fabrication. »

Les mêmes.—Instrumens.—Médaille d'argent, exposition 1819.

« Ont obtenu en l'an ix une médaille de bronze, et ils ont été jugés dignes de la même distinction en 1806 ; ils continuent de livrer au commerce et à la marine une grande variété d'instrumens de mathématiques et d'astronomie à des prix modérés ; ils avaient exposé des modèles de ces divers instrumens. Le jury a trouvé que leur industrie a pris des accroissemens et reçu des améliorations depuis 1806. »

Les mêmes. — Instrumens. — Mention honorable, exposition 1819.

« Ont présenté un assortiment de lunettes pour les usages civils, qui méritent d'être mentionnées honorablement. »

M. Jecker (Gervais). Massevaux, près Béfort (Haut-Rhin).—*Outils divers.*—Mention honorable, exposition 1806.

« Vis à bois assorties, très-bien fabriquées à l'aide de machines de son invention ; les prix en sont modérés. »

M. Jeuffroy. — *Gravure en médailles. —* Légion d'honneur, exposition 1819.

« L'art de la gravure en médailles et en pierres fines, qui crée des monumens durables et prête son secours à l'histoire, est en partie redevable des progrès qu'il a faits de nos jours aux talens de M. Jeuffroy ; qui a produit de beaux modèles et formé des élèves capables de marcher sur ses traces. »

M. Jobert.—Exposition 1802.—*Voyez* veuve de Récicourt, Jobert, Lucas et compagnie.

16*

MM. Jobert-Lucas. Reims (Marne). — *Étoffes de laines façonnées.*—Médaille d'argent, exposition 1819.

« Cette maison a obtenu une médaille d'argent aux expositions précédentes ; elle est hors de concours en 1819, parce que M. Ternaux, l'un des principaux intéressés, est membre du jury. Cependant elle a présenté des produits qui, par leur variété, leur bon goût et leur fabrication, prouvent qu'elle a amélioré toutes les branches de son industrie. »

M. Jobez. Forges de Sirod (Jura).—*Fers.*—Mention honorable, exposition 1806.

« Fer aciéreux, très-nerveux, se forgeant et se fondant bien, prenant un peu de dureté à la trempe. »

M. Johannot, fabricant à Annonay (Ardèche). — —*Papeterie.*—Une des vingt médailles d'argent, exposition an ix (1801).

« Pour avoir fabriqué et présenté des papiers vélins et serpente d'une beauté qui les met en concurrence avec ceux qui ont obtenu la médaille d'or. »

Le même.—Médaille d'or, exposition an x (1802).

« Il a présenté cette année des papiers de la première beauté. »

Le même.—Exposition 1806.

« A présenté de forts papiers vélins qui prouvent que sa fabrication s'est singulièrement perfectionnée. »

Le même.—*Papeterie.*—Exposition 1819.

« A la dernière exposition, il obtint une médaille d'or. Les papiers qu'il a exposés cette année peuvent être cités avec ce que l'art de la papeterie a jamais produit de plus parfait, soit pour la beauté de la pâte, soit pour le soin de la fabrication et de l'apprêt, soit pour le collage. »

« Les papiers, format tellière, qui ont été présentés comme des chefs-d'œuvre et non comme le produit d'une fabrication courante, ont été remarqués avec le plus grand intérêt; ce sont des échantillons de ce que d'habiles ouvriers peuvent faire avec de la belle matière. »

« Le jury s'empresserait de décerner à M. Johannot la médaille d'or s'il ne l'avait déjà obtenue. »

M. JOLIET. — Exposition 1819. — *Voyez* GUYBERT et JOLIET.

MM. JOLIVET, COCHET et JOURDAN. Lyon (Rhône). — *Tulle et crêpe.* — Mention honorable, exposition 1806.

« Pour du beau tulle à double nœud. »

M. JOLY. — Exposition 1806. — *Voyez* SAMUEL et JOLY.

M. JOLY, lampiste. Paris, rue de l'Arbre-Sec, 35. — *Éclairage.* — Médaille de bronze, exposition an x (1802).

« A ajouté aux lampes à double courant d'air un perfectionnement qui a le mérite d'être simple et de produire beaucoup d'effet. »

Le même. — Exposition 1806.

« Il a trouvé depuis une construction au moyen de laquelle une seule mèche peut projeter la lumière de tous côtés : cette construction exige à la vérité qu'on rétablisse le niveau de l'huile après quelques heures de service, mais cela est très-facile, et c'est un inconvénient léger qui est compensé par le bas prix de cette lampe.

« Le jury voit avec satisfaction que la distinction accordée à M. Joly a été pour lui un nouveau motif de perfectionner son industrie. »

M. JOUANNE DE LA ROTHIÈRE. Troyes (Aube). — —*Bonneterie de coton.*—Citation au rapport du jury, exposition 1819.

« Qui a exposé de la bonneterie de coton. »

Madame JOUBERT et M. MASQUELIER , graveur, entrepreneurs de la *Galerie de Florence.* Paris. — *Chalcographie.* — Médaille d'or en commun , exposition an x (1802).

« Ont exposé les 23 premières livraisons de la *Galerie de Florence ;* la beauté de cet ouvrage , l'un des plus considérables de la librairie , et le plus parfait de ceux du même genre, a déterminé le jury a donner aux chefs de cette entreprise une médaille d'or. »

Les mêmes.—Exposition 1806.

« Le jury voit avec satisfaction que cette entreprise se continue avec succès, et qu'elle se maintient au niveau de la distinction qui leur a été décernée. »

JOUBERT (les enfans et héritiers de feu M. de), ancien trésorier général des états du Languedoc.— *Chalcographie.*—Exposition 1819.

« A l'exposition de l'an x (1802), ils présentèrent 23 livraisons de la *Galerie de Florence ;* à celle de 1806, ils en présentèrent 34. Frappé de la beauté de ces livraisons, le jury lui décerna une médaille d'or. Dans un prospectus imprimé , ils ont annoncé que leur entreprise est terminée par la quarante-huitième livraison qui a été publiée avec succès. »

« C'est dans cette belle entreprise, commencée et terminée par les soins et aux frais de la famille de feu M. de Joubert, sous la direction de M. Masquelier, que se sont formés un grand nombre de nos plus célèbres graveurs. »

MM. JOUBERT et BONNAIRE. Angers (Maine-et-Loire). —*Toiles à voiles.*—Médaille d'argent, 2ᵉ classe, exposition 1806.

« Ont présenté des toiles à voile, de différens échantillons qui auraient concouru pour les médailles, si le jury en avait décerné pour cette partie. »

MM. JOUBERT et BONNAIRE père et fils.—*Toiles à voiles.*—Exposition 1819.

« Fabricans de toiles à voiles qui ont déjà paru avec distinction à l'exposition de 1806, et qui soutiennent bien leur réputation. »

MM. JOUFFREY frères, charpentiers. Vienne (Isère). —*Mécanique.*— Mention honorable, exposition 1819.

« Pour avoir été très-utile à l'industrie du département de l'Isère et des départemens voisins, en établissant des usines et des machines de tous les genres qui ont répandu la prospérité dans toutes les fabriques de la ville de Vienne, et pour avoir formé d'excellens élèves qui se sont répandus et ont porté partout les améliorations exécutées à Vienne. »

M. JOURDAN. Lyon (Rhône).—*Tulle et crêpe.*— *Voyez* JOLIVET, COCHET et JOURDAN.

M. JOURDAN. Ganges (Hérault). —*Soies grèges.*— Mention honorable, exposition 1806.

« Cet artiste a préparé avec beaucoup d'intelligence la soie qui a servi à M. Bonnard pour fabriquer le tulle pour lequel ce dernier a obtenu une médaille d'argent. »

M. JOURDAN.—Exposition 1806.—*Voyez* DUPORT et JOURDAN.

MM. JOURDAN et VILLARD. Paris, rue des Fossés-St.-Germain-des-Prés , 14.— *Papiers peints.* — Mention honorable, exposition 1806.

« Pour une pièce de tenture représentant une draperie, et pour des papiers ordinaires peints avec des ocres de diverses couleurs qu'ils fabriquent eux-mêmes. »

M. JOURJON. Saint-Etienne (Loire).—*Scies.*—Mention honorable, exposition 1819.

« Scies et lames de scies d'acier fondu d'une belle exécution. »

M. JOURNÉE. Rouen (Seine-Inférieure). — *Instrumens de tissage.*—Mention honorable, exposition 1819.

« Pour des rots faits en un alliage qui lui est particulier. »

M. JOUVET. Paris, rotonde du Temple, arcade 26.— *Marqueterie en métaux sur bois.*—Une des médailles d'argent de l'exposition an IX (1801).

« Pour avoir imaginé une nouvelle marqueterie en métaux sur bois, et pour avoir présenté des échantillons de meubles décorés d'une manière très-agréable par cette nouvelle industrie. »

Le même.—Exposition an X (1802).

« La manufacture de M. Jouvet s'est perfectionnée; il a présenté des modèles de chaises que le jury a trouvés parfaits sous le rapport du choix des ornemens et de leur disposition. »

MM. Jubie frères. La Sône (Isère).—*Soies grèges.*—Médaille d'or, exposition an x (1802).

« Ont envoyé des échantillons de quatre qualités de soie fine et superfine, grège et moulinée, et en organsins à deux et trois bouts; ces soies sont filées et ouvrées avec les machines de Vaucanson; leur perfection les fait rechercher pour la fabrication des étoffes les plus fines; elles sont constamment payées dix ou douze pour cent de plus que les soies de Piémont les plus parfaites à titre égal. On doit de la reconnaissance aux frères Jubie à raison des efforts qu'ils ont faits pour vaincre les préjugés qui repoussaient l'usage de ces précieuses machines, et pour avoir formé beaucoup d'élèves capables de les manœuvrer. »

Les mêmes.—Exposition 1806.

« Ont envoyé à l'exposition des soies moulinées et des organsins d'une beauté remarquable; leurs produits sont au moins aussi beaux que ceux de l'an x, et le jury voterait pour eux une médaille d'or s'ils n'avaient déjà obtenu cette distinction. »

« Le jury croit devoir rappeler aux tireurs et moulineurs de soie que la fabrique de la Sône doit sa supériorité à l'emploi des machines de Vaucanson. »

M. Jude de la Judie. Champagne (Haute-Vienne).—*Acier.*—Mention honorable, exposition 1819.

« Acier corroyé d'une bonne fabrication et d'une bonne qualité. »

M. Julien-Delarue. Rouen (Seine-Inférieure).—*Étoffes de coton.*—Exposition 1819.

« A présenté des nankins, des calicots et des mouchoirs auxquels il a donné l'apprêt avec un grand talent.

« M. Delarue a rendu, comme apprêteur, des services multipliés au commerce de la ville de Rouen; ces services sont assez importans pour que, sur la proposition du jury du département de la Seine-Inférieure, le jury central ait présenté, en exécution de l'ordonnance du roi du 9 avril 1819, M. Julien Delarue au nombre des artistes qui ont été utiles à l'industrie.»

M. JULLIEN (Denis) fils. Luat-près-S.-Brice (Seine-et-Oise). — *Filature de coton.* — Distinction du premier ordre équivalant à une médaille d'or, exposition an VI (1798).

« Pour un assortiment de cotons de Cayenne, filés à la mécanique. »

« Echantillons portés progressivement jusqu'au n.º 110. »

Le même. — Médaille d'or, exposition an IX (1801).

« Pour échantillons de fil de tous les n.ᶜˢ jusqu'à 232. »

M. JULLIEN. Paris, rue S.-Sauveur, 18. — *Poudre pour clarifier les vins.* — Médaille de bronze, exposition 1819.

« A exposé une poudre employée en remplacement de la colle de poisson pour la clarification des vins. »

M. JULLIEN. Bourges (Cher). — *Coutellerie.* — Mention honorable, exposition 1819.

« Pour coutellerie fine et coutellerie commune. »

MM. JUMEL et DENIERE. Exposition 1819. — *Voyez* MATELIN, JUMEL et DENIERE.

M. Juvanon. Mâcon (Saône-et-Loire). — *Couvertures de coton.* — Mention honorable, exposition 1806.

« Couvertures de coton d'une très-bonne fabrication. »

K.

M. Keller. Lunéville. (Meurthe) — *Terre de pipe.* — Mention honorable, exposition 1806.

« Pour ses poteries. »

Kempff. Expositions 1801, 1802, 1806. — *Voyez* Fausler, Knempff et Mentzer.

MM. Kettinguer et fils. Bolbec (Seine-Inférieure). — *Impression sur toile de coton.* — Médaille de bronze, exposition 1819.

« Ont exposé des impressions faites au cylindre, et des toiles pour meubles à la planche. Tous ces objets sont d'une exécution soignée. »

M. Koechlin (Daniel), associé de la maison Nicolas Kœchlin frères. Mulhausen (Haut-Rhin). — Médaille d'or, exposition 1819.

« Pour avoir non seulement fait fleurir la manufacture de MM. Kœchlin frères, mais pour avoir rendu les plus grands services à toutes les fabriques de toiles peintes de la ville de Mulhausen ; tous les fabricans, dont la prospérité des manufactures est prouvée par l'exposition , se sont réunis pour rendre justice à M. Daniel Kœchlin , et attester les obligations qu'ils lui ont pour les améliorations auxquelles il les a fait participer, tant en teinture qu'en mécanique ; de sorte qu'on peut dire que M. Daniel Kœchlin a beaucoup contribué à l'existence de la brillante fabrication de toiles peintes qui fleurit dans la Haute-Alsace. »

Par ordonnance du 17 novembre 1819, S. M. a conféré la décoration de la Légion-d'Honneur à M. Daniel Kœchlin.

MM. KOECHLIN (Nicolas) et frères. Mulhausen (Haut-Rhin).—*Impression sur toile de coton.*—Médaille d'or , exposition 1819.

« Leur fabrique joint à l'impression la filature et le tissage. Elle a envoyé à l'exposition des toiles fond rouge d'Andrinople , des châles en dessins de cachemires fond noir , et lilas unis avec palmes sur fond rouge d'Andrinople.

« Le jury a remarqué avec un vif intérêt la beauté des rouges d'Andrinople, et l'heureux emploi du procédé d'enlevage de M. Daniel Kœchlin , l'un des chefs de cet établissement.

«L'art d'imprimer les toiles de coton doit beaucoup de progrès à cette maison ; la première manufacture de ce genre, qui fut établie à Mulhausen , eut pour fondateur l'aïeul de MM. Nicolas Kœchlin et frères. »

MM. KOHLER et MANTZ. Mulhausen (Haut-Rhin).— *Impression sur toile de coton.*—Médaille d'argent, exposition 1819.

«Ont présenté divers genres de châles d'un bon goût et bien exécutés. »

M. KREUTZER.—Exposition an IX (1801).—*Voyez* DEMOUGÉ et KREUTZER.

M. KRUINESS. Quai de l'Horloge.—*Instrumens.*— Mention honorable, exposition 1806.

« Pour une lunette achromatique. »

M. Kutsch. Paris, rue de la Tixeranderie, 60.—*Instrumens de précision.*—Mention honorable, exposition an vi (1798).

« Machine d'une très-grande précision pour diviser et vérifier très-promptement les mesures de longueur. »

Le même.—Mention honorable, exposition 1806.

« Machines propres à étalonner et à diviser en même temps, avec la plus grande précision, le mètre et le double centimètre. »

L.

M. Labate.—Exposition 1806.—*Voyez* Chalons, École des arts et métiers.

M. Labbé.—Exposition 1819.—*Voyez* Paillot père et fils et Labbé.

MM. Labranche (Pierre) et l'association des fabricans de Lodève. Hérault.—*Draperie moyenne.*—Mention honorable, exposition an ix (1802).

« Le premier a exposé deux pièces de draps propres à l'habillement des troupes; l'association représentée par Martin Tison en a exposé quatre. Le jury en a trouvé les qualités fort bonnes. »

MM. Lacépède (le comte de).—*Littérature, Histoire naturelle, ichthyologie.*—Mention très-honorable, distribution des prix décennaux, 1810.—*Histoire des poissons.*

« Le jury a vu dans cet ouvrage un recueil très-complet, en grande partie rempli de faits nouveaux découverts et

observés par l'auteur, et comme formant un ensemble satisfaisant sur une branche importante des sciences naturelles.»

M. LACHAUME (Simon). S.-Maixent (Deux-Sèvres).—
Draperie commune.—Mention honorable, exposition 1819.

M. LACOSTE. Nîmes (Gard). — *Étoffes de soie*.—
Mention honorable, exposition 1806.

« Pour ses nankinettes et ses petites étoffes. »

MM. LACOURADE et GEORGEON. Moulin-de-la-Cou-
rade-à-Angoulême (Charente). — *Papeterie*. —
Médaille de bronze, exposition 1819.

« Les fabriques d'Angoulême sont très-recommandables,
parce qu'elles fournissent à la consommation des papiers dont
on fait le plus d'usage.

« MM. Lacourade et Georgeon ont envoyé des papiers
d'une très-belle pâte, bien fabriqués et bien apprêtés. »

M. LACROIX. Angoulême (Charente).—*Papeterie*.—
Mention honorable, exposition 1806.

« Les papiers envoyés par ce fabricant sont faits avec soin
et de bonne qualité. »

M. LACROIX jeune. Angoulême (Charente).—*Papeterie*.—Mention honorable, exposition 1819.

« Pour la bonne qualité du papier qu'il a exposé. »

M. LADOUÈPE. Expositions 1802, 1806. — *Voyez*
CREUZOT (manufacture du).

M. LAFFINEUR. Savignies (Oise). — *Faïence*. —
Mention honorable, exposition an x (1802).

« Pour avoir fait des vases d'une grande dimension et d'une bonne fabrication. »

M. LAFORÊT.—Exposition (1802).—*Voyez* FAURE et LAFORÊT.

LAFORGE DE CREUTZWALD (Moselle).—*Fonte de fer.* —Médaille de bronze, exposition 1819.

« A été jugée digne d'une médaille de bronze pour des fourneaux, des braisières et d'autres objets en fonte de fer, moulés avec beaucoup de netteté et d'une bonne forme. Les épaisseurs ont été réglées à la fonte de manière à être réduites à ce qui est nécessaire pour la solidité. »

M. LAGORCE. Paris, rue des Fossés-Montmartre, 16. —*Châles de cachemire.*—Médaille d'argent, exposition 1819.

« A exposé des châles fabriqués au lancé : le tissu en est très-beau ; les bordures sont d'un bon goût de dessin ; les châles de M. Lagorce présentent toute l'apparence des châles de l'Inde. Ils sont estimés dans le commerce. »

M. LAGRAVÈRE et compagnie. Montauban (Tarn-et-Garonne).—*Cadisserie.*—Médaille de bronze, exposition 1819.

« Le cadis qu'ils ont exposé est très-bien fabriqué. Cette maison a imprimé, par son exemple, du mouvement à l'industrie. »

MM. LAGRENÉE et NOIR. Paris. *Mosaïque, incrustation, reliefs.* — Mention honorable, exposition 1806.

« Qui ont imaginé un procédé pour teindre les marbres et en faire des incrustations imitant la mosaïque. »

M. LAGRIVE. Lyon (Rhône).—*Étoffes de soie.*—Médaille d'argent, 1.re classe, exposition 1806.

« Pour la beauté de son satin et de ses étoffes unies. »

M. LAHAYE-PISSON. Amiens (Somme).—*Velours d'U-trecht, pannes.*—Mention honorable, exposition an x (1802.)

« Pour ses pannes et velours de laine fabriqués avec soin.»

Le même.—Mention honorable, exposition 1806.

« A reparu avec des produits de son industrie, toujours dignes des suffrages du jury. »

M. LALLEMAND (Denis), fabricant. Rouen (Seine-Inférieure).—*Châles de coton et rouenneries.*—Citation au rapport du jury, exposition 1819.

M. LAMARQUE. Oloron (Basses-Pyrénées). — *Bonneterie.*—Mention honorable, an x (1802).

« A envoyé à l'exposition des tricots de laine à différens usages, comme bas, gants, pantalons. Ces objets ont paru bons dans leur genre. »

M. LAMBERT. Lille (Nord).—*Filature de coton.*—Médaille d'argent, exposition 1819.

«Ce filateur a présenté des échantillons de filature en fin, depuis le n.º 172 jusqu'au n.º 184. Le jury les a trouvés très-beaux. La filature en fin de M. Lambert commence à prendre de l'étendue. »

M. LAMBERT.—Exposition an ix (1801). — *Voyez* CESBRON frères, MARTIN, etc.

M. LAMBERT. Sèvres (Seine-et-Oise).—*Poterie grès.*
—Mention honorable, exposition 1806.

« A présenté des théières, des tasses et des soucoupes en poterie grès jaune ; cette poterie est légère, bien cuite. Les vases sont de formes agréables, et ont bien résisté aux épreuves que leur usage comporte. »

M. LAMBERT. Exposition an 1819. — *Voyez* BADIN frères et LAMBERT.

M. LAMI (François). Rouen (Seine-Inférieure).— *Mécanicien.* — Médaille de bronze, exposition 1819.

« Cet artiste a inventé ou perfectionné plusieurs machines qu'on s'accorde à regarder comme ayant été d'une grande utilité. »

LAMOIGNON (Madame de).—Exposition 1819.—*Voyez* VANNES (la fabrique de Charité établie à).

M. LANÇON. Paris, rue du Faubourg-du-Temple. — *Instrumens.*—Mention honorable, exposition 1806.

« Fabricant de *flint-glass* très-propre à la composition des lunettes achromatiques. »

M. LANDON. Paris, quai Bonaparte, 1, et M. FIL-HOL, rue des Francs-Bourgeois-S.-Michel, 785.— *Chalcographie.* — Médaille d'argent, 2.ᵉ classe, exposition 1806.

« Ont entrepris la gravure du Musée, mais dans un format et avec un genre de travail qui mettent l'acquisition

17

de leur ouvrage à la portée des fortunes moyennes, et permettent d'en tenir le prix au niveau des livres ordinaires.

« L'ouvrage de M. Landon est intitulé, *Annales du Musée*; quoique la gravure n'y soit qu'au trait, elle rend parfaitement l'esprit des tableaux.

« M. Landon a en outre exposé son ouvrage des *Vies des peintres*, qui mérite les mêmes éloges.

« L'ouvrage de M. Filhol est connu sous le nom de *Gravures du Musée-Napoléon*, il est d'une très-bonne exécution.

« Nous avons, en France, une grande classe de manufactures qui doivent tout leur succès au goût du dessin.

« Les ouvrages de MM. Landon et Filhol, en répandant la connaissance des bons modèles, contribuent à perfectionner ce goût et à le rendre plus général. »

M. LANGLÈS, membre de l'académie des inscriptions et belles lettres. — Décoration de la Légion-d'Honneur à l'occasion de l'exposition publique des produits de l'industrie, 1819.

« L'étude des langues de l'Orient a eu, sur notre littérature, nos arts et notre commerce, une influence salutaire et qui s'accroît chaque jour; les avantages qu'en retire la France sont, avec justice, attribués en partie au sieur Langlès, administrateur perpétuel, professeur, et l'un des fondateurs de l'école établie près la bibliothèque du roi; voulant donner à ce savant auteur et traducteur d'un grand nombre d'ouvrages utiles et estimés une récompense digne de ses travaux et de ses longs services, etc. » (*Extrait de l'Ordonnance du Roi.*)

M. LANGLET. Valenciennes (Nord). — *Batiste.* — Mention honorable, exposition an x (1802).

M. LANGLOIS (Joachim) Bayeux (Calvados).—*Porcelaine.*—Médaille de bronze, exposition 1819.

« La porcelaine qu'il a envoyée est faite avec des matériaux du pays où sa fabrique est établie ; ce fabricant se fait remarquer par le bas prix de ses produits et par les usages nombreux et nouveaux auxquels il a appliqué la porcelaine. »

M. Langlois. Paris, rue de Seine, 12.—*Instrumens de géométrie.*—Mention honorable, exposition 1819.

« A présenté des globes célestes et terrestres fort bien exécutés. »

Langres (la fabrique de coutellerie de).—Haute-Marne).—Mention honorable, exposition 1806.

La même.—Mention honorable, exposition 1819.

« Comme ayant de plus en plus mérité cette distinction par ses ouvrages de coutellerie. »

M. Languille. Catillon (Nord).—*Dentelles.*—Mention honorable, exposition 1806.
« Fil de dentelle écru simple de la première qualité. »

M. Lanjorois. Montel, près Charolles (Saône-et-Loire). — *Poterie.*—Mention honorable, exposition 1819.

« Pour ses poteries-grès perfectionnés à couverte terreuse, et la bonne fabrication de ses briques réfractaires destinées à la construction des fourneaux. »

Lannoy (fabrique de) (Nord).—*Nankins.*—Mention honorable, exposition 1806.

« Les nankins exposés par les fabricans de Lannoy. »

M. Lansot (François). Coutances (Manche).—*Parcheminerie.*—Citation au rapport du jury, exposition 1806.

« Pour des parchemins. »

17 *

Le même.—Mégisserie.—Mention honorable, exposition 1819.

« Il a présenté des parchemins parfaitement préparés pour
lesquels il mérite d'être honorablement mentionné. »

M. LAPAINE. Annonay (Ardèche).—*Mégisserie.*—
Citation au rapport du jury, exposition 1819.

« Pour ses peaux mégissées. »

M. LAPIE. Charleville (Ardennes).—*Acier poli.*—
Mention honorable, exposition 1819.

« Fourchettes en fer et acier poli, d'une belle exécution. »

M. LAPLACE ( ). Valenciennes (Nord). — *Batistes et
linons.*—Mention honorable, exposition 1806.

« Mentionné en l'an x pour ses batistes et linons ; il a reparu
en 1806 avec de nouveaux titres à cette distinction. »

M. LARGUÈZE cadet. Montpellier (Hérault).—*Corroyage.*—Citation au rapport du jury, exposition
1819.

« Pour des peaux de veau bien corroyées. »

M. LAROCHE aîné. Angoulême (Charente).—*Papeterie.*—Médaille d'argent, 1.re classe, exposition
1819.

« Il a exposé de très-beaux papiers. »

M. LAROCHE puîné. Angoulême (Charente).—*Papeterie.*—Mention honorable, exposition 1806.

« Pour la bonne qualité du papier qu'il a exposé. »

M. LARONDE. — Exposition an ix (1801). — *Voyez*
(Beauvais, manufacture de).

M. LASTEYRIE (le comte de). Paris, rue de Seine. —

Lithographie. — Mention honorable , exposition 1819.

« Pour le service qu'il a rendu en introduisant en France l'art lithographique , et pour la belle exécution des estampes lithographiques qu'il a exposées. »

M. LAURENT. Paris , machiniste au théâtre Feydeau. — *Mécanique.* — Mention honorable , exposition 1819.

« Pour un lit utile pour les blessés et les autres malades, au moyen duquel on peut leur faire prendre toutes les positions que l'on veut, par l'effet seul du mécanisme du lit. »

M. LAURENT. Paris (Seine). — *Instrumens à vent.* — Médaille d'argent, 2.ᵉ classe, exposition 1806.

« A présenté une flûte dont le ton ne change point malgré les variations de la température, de la sécheresse ou de l'humidité de l'air : cette flûte est en cristal : son exécution est soignée. »

M. LAURENT. — Exposition 1806. — *Voyez* ROBILLARD et LAURENT.

M. LAURENT (Henri). Paris , graveur du cabinet du Roi , rue Neuve-des-Mathurins , 20. — *Chalcographie.* — Exposition 1819.

« Continue l'entreprise de la collection gravée des tableaux du Musée-Royal qu'il avait commencée avec feu M. Robillard-Pernoville; il fut accordé une médaille d'or pour les livraisons qu'ils présentèrent à l'exposition de 1806.

« M. Laurent soutient la réputation de cette entreprise ; les livraisons qu'il a présentées à l'exposition de 1819 sont exécutées avec une perfection qui ne laisse rien à désirer. Le jury lui aurait décerné une médaille d'or s'il ne l'avait déjà obtenue lorsqu'il était en société avec M. Robillard. »

M. Laurent (Henri). Amiens (Somme). — *Velours d'Utrecht.* — Médaille de bronze, exposition 1819.

« Qui a exposé de très-beaux velours d'Utrecht. »

M. Laurent-Morand. Amiens (Somme). — *Velours d'Utrecht.* — Mention honorable, exposition 1806.

« Pour ses velours d'Utrecht. »

Laval (la fabrique de) (Mayenne). — *Toiles de corps et de ménage.* — Citation au rapport du jury, exposition 1806.

« Des pièces de toile de cette fabrique, envoyées à l'exposition, avaient tous les caractères d'une fabrication soignée. »

MM. Lavallée et Réville. Paris, rue de la Harpe, 80. — *Chalcographie.* — Mention honorable, exposition 1806.

« Ont présenté un ouvrage intitulé : *Vues pittoresques et perspectives du Musée des monumens français.* »

MM. Laveille frères. Alençon (Orne). — *Toiles de corps et de ménage.* — Mention honorable, exposition 1819.

« Pour la bonne qualité de leurs toiles d'Alençon. »

M. Lavocat. — Exposition 1819. — *Voyez* Soulin et Lavocat.

M. Leauret. Ganges (Hérault). — *Bonneterie de soie.* — Mention honorable, exposition 1819.

« Pour la bonneterie de soie qu'il a mise à l'exposition, dont le travail ne laisse rien à désirer. »

M. LEBAILLY fils. Falaise (Calvados).—*Filature de coton.*—Mention honorable, exposition 1819.

« Bonne filature de coton. »

M. LEBEAU. Exposition an VI (1798).—*Voyez* PA-TOULET, AUDRY et LEBEAU.

MM. LEBEL et compagnie. Lamperhloch (Bas-Rhin). —*Asphalte.*—Citation au rapport du jury, exposition 1806.

« Qui ont formé des établissemens où ils travaillent l'asphalte pour en extraire du brai, de l'huile grasse d'asphalte et de l'huile de pétrole. »

MM. LEBLANC, maîtres de forges. Marnaval, près S.-Dizier (Haute-Marne). — *Fers.*—Mention honorable, exposition 1806.

« Fer ayant beaucoup de corps et de nerf, tendre à la lime, se pliant très-bien à chaud et à froid sans présenter ni fentes ni gerçures. »

M. LEBLANC-PAROISSIEN. Reims (Marne).—*Machines pour les étoffes de laine.* — Médaille d'argent, 2.ᵉ classe, exposition 1806.

« A exposé une machine à tondre les draps par le moyen des forces ordinaires, qu'un simple mouvement de manivelle fait agir de la même manière que si elles étaient conduites immédiatement par la main d'un tondeur : on obtient de cette machine une tonte très-régulière ; sa conduite n'exige aucun apprentissage. On en compte déjà quatre-vingt-six en activité, tant à Reims qu'à Elbœuf, Abbeville, Duren, Verviers, etc. »

M. LEBLANC.—Médaille d'argent, exposition 1819.

« Ouvrages sur les instrumens agricoles. »

M. LEBOUCHER-VILLEGAUDIN. Rennes (Ille-et-Vilaine).
— *Toiles à voiles.*—Médaille d'argent, exposition
1819.

« Ce fabricant a présenté des toiles à voiles d'un tissu uni,
parfaitement serré de manière à ne pas craindre qu'elles se
creusent par l'usage.

« Le jury a vu avec satisfaction que cette fabrication a fait
des progrès dans les ateliers de M. Leboucher-Villegaudin. »

M. LEBRETON. Paris, à la Monnaie.—*Papiers peints.*
— Médaille d'argent à tirer au sort avec trois, exposition an x (1802).

« Il a présenté des cuirs vernissés, qui sont imprimés en or
et en argent, et propres à couvrir les meubles. Il a aussi présenté des papiers sur lesquels son vernis a bien réussi. »

M. LEBOULANGER. Bayeux (Calvados).—*Dentelles.*—
Mention honorable, exposition 1819.

« Qui a exposé des dentelles composées avec goût et fabriquées avec soin. »

MM. LECAMUS (François), et Pierre-Mathieu FRON-
TIN. Dépôt à Paris, rue S.-Honoré, 321. Louviers
(Eure).—*Draps fins.*—Médaille d'argent à tirer
au sort avec la maison RECICOURT, JOBERT, LUCAS
et compagnie.—Exposition an x (1802).

« Ont exposé des draps d'une belle fabrication et très-bien
apprêtés ; les laines dont ils ont fait usage ont été peignées et
filées à la mécanique. »

M. LECAMUS.—Exposition 1806.

« M. Lecamus a exposé des draps parfaitement fabriqués et qui
prouvent que ce manufacturier ne cesse de faire des efforts
pour se surpasser lui-même et continuer de mériter la distinction qui lui a été accordée. »

M. LECHARTIER. Sourdeval-Labarre (Manche).—
Papeterie.—Mention honorable, exposition 1806.

« Les papiers envoyés par ce fabricant sont faits avec soin
et de bonne qualité. »

M. LECHEVREL. Lande-Patry (Orne). — *Coutils*. —
Mention honorable, exposition 1819.

« Coutil d'un tissu uni et serré et jouissant de beaucoup de
souplesse. »

M. LECLERE père et fils. Brive-la-Gaillarde (Corrèze).
—*Filature de coton*.—Médaille d'argent, 2.ᵉ classe,
exposition 1806.

« Les fils envoyés par ces entrepreneurs ont été trouvés
très-bons.»

M. LECOMTE. Evreux (Eure).—*Corroyage*.—Mention
honorable, exposition 1806.

« Pour l'habileté avec laquelle sont corroyés les cuirs présentés par lui. »

M. LECOMTE. Caen (Calvados).—*Dentelles*.—Médaille de bronze, exposition 1819.

« Il a exposé des robes, des voiles, des mantelets en blonde
et un voile de soie noire d'une très-grande dimension ; le tout
est d'un beau travail. Ces dessins sont aussi d'un bon choix. »

M. LECORDIER. Aulnay (Calvados). — *Calicots*. —
Citation au rapport du jury, exposition 1819.

M. Lecourt.—Exposition an ix (1801).—*Voyez* Amfrye, Lecourt el Guérin frères.

M. Ledure. Paris, rue Vivienne, 16.—*Bronzes.*—
Médaille d'argent, exposition 1819.

« A exposé plusieurs garnitures de cheminées, deux candelabres et cinq pendules dorées et non dorées.

« Les ouvrages de M. Ledure sont très-distingués sous le
rapport de la composition du bronze, de l'ajustement des
pièces et de la bonté des dorures. »

M. Lefay. Rouen (Seine-Inférieure).—*Teinture sur
coton.*—Médaille d'argent, 2e. classe, exposition
1806.

« A présenté des cotons teints en rouge des Indes, dans les
nuances rouge, rose et paliacat : les nuances sont belles et ont
soutenu les épreuves d'une manière satisfaisante. »

Le même.—Teinture sur coton.—Exposition 1819.

« Obtint à l'exposition de 1806 une médaille d'argent de
seconde classe, équivalante à la médaille de bronze.

« Il a présenté en 1819 vingt-sept échantillons qui com-
prennent presque toutes les nuances de couleur qu'on peut
donner au coton par la garance : les rouges et les lilas sont
principalement distingués. Le jury se plaît à déclarer que cet
habile teinturier n'a pas cessé d'être digne de la distinction
qu'il a obtenue en 1806. »

M. Lefebvre. S.-Omer (Pas-de-Calais)—*Draperie
moyenne.*—Mention honorable, exposition 1819.

« Ce fabricant a exposé des draperies d'une fabrication
louable. »

M. LEFEBVRE (Jean-Nicolas-Félix). Elbœuf (Seine-Inférieure).—*Draperie fine.*—Médaille de bronze à tirer au sort avec la maison Louis-Robert FLAVIGNY et fils, d'Elbœuf, exposition an x (1802).

« A présenté des draps qui égalent en qualité et en beauté ceux de MM. Louis-Robert Flavigny et fils. *Voyez* Flavigny. »

M. LEFEBVRE. Paris, rue S.-Bernard, 21.—*Ébénisterie.*—Médaille d'argent, exposition 1819.

« A présenté des bois refendus pour placage. Il est parvenu à refendre les bois de toutes qualités jusqu'au nombre de dix-huit feuillets dans un pouce d'épaisseur, sur vingt-deux pouces de largeur, qui est la plus grande à l'usage de l'ébénisterie ; il conserve aux feuillets la même épaisseur que celle qu'on leur donne par les autres procédés en ne retirant que douze feuillets au plus dans un pouce.

« Les moyens de M. Lefebvre exigent moins de force que les moyens ordinaires et font le double d'ouvrages ; son établissement est monté en grand, et il a une machine à feu pour moteur. »

M. LEFÈVRE, miroitier. Paris, quai S.-Paul, 6. — *Étamage des glaces.*—Médaille de bronze, exposition 1819.

« A présenté à l'exposition des glaces étamées de plusieurs feuilles, et d'autres dans le tain desquelles on a fait exprès des traces qui ont été réparées par les procédés de M. Lefèvre; dans l'un et dans l'autre cas, il était impossible de reconnaître les sutures du côté de la réflexion. »

M. LEFÈVRE. Paris.—*Draperie moyenne.*—Une des vingt médailles d'argent de l'exposition an IX (1801).

« Pour avoir fait fabriquer du bon drap par les aveugles des Quinze-Vingts ; pour avoir fait filer par les mêmes de la laine au n.º 25 ; filature qni a été trouvée très-bonne et très-égale.»

M. LEFÈVRE.—Exposition 1806.—*Voyez* CARON et LEFÈVRE.

M. LEFÈVRE-MILLET. Renwez (Ardennes).—*Bonneterie de laine.*—Médaille de bronze, exposition 1819.

« Les bas de laine qu'il a envoyés sont d'un prix extrêmement modique et à l'usage de la classe peu riche : ils sont fabriqués dans les campagnes; le travail en est bon. »

M. LEFORT. Laboissière (Oise).—*Tabletterie et objets divers.*—Mention honorable, exposition 1819.

« A présenté des cornes transparentes pour les lanternes très-bien préparées. »

M. LEFRANC-THIRION. Bar-le-Duc (Meuse).—*Teinture sur coton.*—Mention honorable, exposition 1819.

« A produit de très-belles couleurs en rouge et en rose. »

M. LÉGER. Paris, place de l'Estrapade.—*Typographie.*—Médaille de bronze, exposition 1819.

« A exposé différens tableaux de vignettes et de lettres ornées des caractères nouveaux, et une machine pour la fonte des caractères, perfectionnée par lui et par M. *Didot Saint-Léger* ; tous ces objets annoncent un talent véritable et un grand zèle pour les progrès de l'art typographique. »

M. LEGOUPIL.—Exposition 1802.—*Voyez* DAUPHIN, CHANTELOU, MESNIL et LEGOUPIL.

M. Legoux (Charles). Bayeux (Calvados).—*Mécanique à piquer les cartes à dentelles.*—Médaille de bronze, exposition 1819.

« Il est inventeur d'une machine au moyen de laquelle on pique les cartes à dentelles. Il a mis à l'exposition de ces cartes et différens échantillons de dentelles qu'elles ont servi à fabriquer. Le jury a trouvé le travail de ces échantillons régulier et correct. »

M. Legrand.—Exposition an ix (1801).—*Voyez* David et Legrand.

Madame veuve Legrand. S.-Just-en-Chaussée (Oise). —*Bonneterie de fil.*—Médaille de bronze, exposition an x (1802).

« Les bas de fil qu'elle a présentés sont faits avec soin ; le prix en est peu élevé. »

La même.—Exposition 1806.

« A présenté des bas faits avec autant de soin que ceux qui lui méritèrent la distinction en l'an x. »

M. Legrand - Lemor. — Exposition 1819.—*Voyez* Fournival et Legrand-Lemor.

M. Legros-Danisy. Paris (Seine).—*Tuiles.*—Mention honorable, exposition 1819.

« A présenté des tuiles faites au moyen d'une machine ; elles sont dures, bien faites sous le rapport de l'homogénéité de la pâte, de la densité, l'égalité d'épaisseur, de grandeur et de forme. »

Le même.—Rue du Faubourg-Montmartre, 11.— *Impression sur porcelaine.*—Médaille d'argent, exposition 1819.

« Ce fabricant est le premier, en France, qui ait fait usage en grand des procédés d'impression pour décorer la porcelaine, la faïence, le verre, etc.

« Il a appliqué la lithographie à la dorure large sur porcelaine.

M. Lehoult. Versailles (Seine-et-Oise). — Dépôt à Paris, rue des Filles-S.-Thomas, 13. *Basins et piqués*.—Médaille d'argent, 1re. classe, exposition 1806.

« A présenté des basins et piqués très-beaux, avec des perkales et des calicots fabriqués avec soin.

« M. Lehoult est également distingué comme fileur. »

M. Lehoult. S.-Quentin (Aisne). — *Étoffes de coton.* —Médaille d'argent, exposition 1819.

« A exposé des perkales fines, faites avec des cotons filés par lui, des basins d'une grande finesse et divers autres tissus.

« Le jury a reconnu, dans tous les objets présentés par M. Lehoult, une fabrication très-soignée et des qualités excellentes. »

M. Lelièvre.—Exposition 1802.—*Voyez* Guéroult et Lelièvre.

M. Lemaire. Paris, rue S.-Martin, 3.—*Horlogerie.*— Mention honorable, exposition an ix (1801).

« Pour une pendule à jeu de flûte et une tabatière à montre et à carillon très-bien travaillées. »

M. Lemaire, *Fabricant de nécessaires.* — *Voyez* Maire.

M. Lemaitre (Jacques) et fils. Bolbec (Seine-Inférieure).—*Filature de coton.*—Médaille d'argent à tirer au sort avec MM. Guéroult et Lelièvre de Rouen, exposition an x (1802).

« Ils sont entrepreneurs de filature continue et de filature au mull jenny ; ils ont produit des échantillons filés par les deux systèmes. Le jury a trouvé leur filature bonne et régulière. »

Les mêmes.—Exposition 1806.

« Ont présenté des cotons filés dignes de la réputation que ces fabricans ont acquise à l'exposition de l'an x.

Les mêmes. Bolbec (Seine-Inférieure).—*Filature de coton.*—Mention honorable, exposition 1819.

« Bonne filature de coton. »

Les mêmes.—Exposition 1819.—Citation au rapport du jury.

« Pour des calicots qu'ils ont exposés. »

M. Lemaitre. Mans (Sarte).—*Cadisserie.*—Mention honorable , exposition 1819.

« Qui a présenté de très-belles étamines. »

Madame veuve Lemaitre. Louviers (Eure).—*Draperie fine.*—Médaille d'argent , exposition 1819.

« Elle a exposé des draps superfins, fort beaux et d'excellente qualité. »

M. Lemeneur. Vimoutiers (Orne).—*Toiles de lin.*—Citation au rapport du jury, exposition 1819.

« Bonne qualité des toiles mises à l'exposition. »

M. Lemercier-Paillette. S.-Quentin (Aisne).—

Mousselines, perkales, calicots.—Mention honorable, exposition 1806.

« Pour ses belles mousselines. »

M. LEMIRE. Moret (Jura). — *Faux.* — Exposition an IX (1801).

« Le jury regrette de n'avoir pas reçu assez à temps des faux marquées Lemire, et fabriquées à Moret, pour leur accorder la distinction que mérite cette fabrication intéressante. »

M. LEMIRE, maître de forges. Clairvaux (Jura).—*Fers.* —Mention honorable, exposition 1806.

« Fer bien forgé très-doux à la lime. »

Le même.—Clouterie.—Mention honorable, exposition 1819.

« Ont présenté un assortiment complet de clous découpés et dont la tête a été frappée à froid par machine. »

Le même.—Fers.—Mention honorable, exposition 1819.

« Fers affinés par un procédé perfectionné. »

M. LEMOINE. Condé-sur-Noireau (Calvados). — *Étoffes de coton.*—Citation au rapport du jury, exposition 1819.

« Pour ses étoffes de coton dites retors. »

M. LEMOINE-DESMARRES. Sédan (Ardennes).—*Casimirs.*—Mention honorable, exposition 1819.

« Casimir noir bien drapé et d'excellente fabrication. »

M. LEMPEREUR (Joseph). Tenay (Ain). — *Toiles de corps et de ménage.* — Citation au rapport du jury, exposition 1806.

« Pour les toiles de Saint-Rambert qu'il a exposées. »

M. LENFUMAY-CAMUSAT. Troyes (Aube). — *Bonneterie de coton.* — Médaille de bronze, exposition an IX (1801).

« Pour avoir présenté de la très-belle bonneterie en coton. »

Le même. — Médaille d'argent à partager avec la manufacture de Grillon. — Exposition an x (1802).

« M. Lenfumay-Camusat a parfaitement soutenu et même amélioré sa fabrication. Le jury a surtout remarqué des bas de couleur mêlée, fabriqués avec des cotons de filature nouvellement établie à Troyes par M. Ferrand, lequel a trouvé le moyen, en mélangeant les cotons à la carde, de donner aux nuances un moelleux et un fondu qu'on n'avait pas atteint jusqu'ici. »

Le même. — Exposition 1806.

« Soutient à des prix modérés la concurrence avec ce qui se fait de plus beau en bas de coton. Le jury lui aurait décerné la médaille d'argent cette année, s'il ne s'était pas fait la règle de ne point la donner deux fois à un manufacturier sur le même objet. »

M. LENOIR. Paris. — *Instrumens de mathématiques.* — Distinction du premier ordre, équivalant à la médaille d'or, exposition an VI (1798).

« Pour une balance d'essai d'une précision rigoureuse, une échelle comparative de la pesanteur des métaux, un cercle astronomique d'un petit diamètre, qui supplée les grands quarts de cercle et donne plus de précision; un bel instrument des passages; un instrument d'observation, appelé

18

cercle, destiné à remplacer *l'octant* dont se servent les marins,
une boussole marine, une très-belle boussole d'inclinaison,
et un baromètre perfectionné.

« Le jury met les ateliers de M. Lenoir au nombre des ateliers français qui offrent des objets dont rien n'approche chez
nos voisins. »

Le même.—Médaille d'or, exposition an ix (1801).

« Pour la construction de cercles répétiteurs très-portatifs,
que la modicité de leur prix met à la portée du commun des
arpenteurs. Il a perfectionné l'instrument à étalonner qu'il
avait construit pour la détermination du mètre définitif. Il a
construit un thermomètre métallique et un baromètre d'une
grande précision.

« M. Lenoir est un artiste de la plus haute distinction ; c'est
principalement depuis lui que les instrumens astronomiques de
construction française ont eu de la réputation chez l'étranger.»

Le même.—Exposition an x (1802).

« Un équatorial le mieux combiné que le jury connaisse pour
la légèreté, pour l'équilibration des diverses parties, pour la
facilité de régler, vérifier et orienter l'instrument ; un quart
de cercle qui paraît ne laisser rien à désirer dans son genre ;
un cercle répétiteur, de grande dimension, bien exécuté.

« Le jury voit avec satisfaction que les nouvelles productions
de cet habile et ingénieux artiste sont propres à augmenter la
réputation dont il jouit dans toute l'Europe. »

Le même.—Exposition 1806.

« A exposé une collection de vingt-un instrumens nouveaux
ou perfectionnés, à l'usage des astronomes et des marins, ou
servant aux opérations de géodésie, de nivellement et de gno-
monique : parmi ces instrumens, précieux par leur solidité et
leur précision, le jury a remarqué le nouveau pied que M. Lenoir a donné au cercle astronomique de Borda. Ce cercle, tel
que l'avait conçu son savant auteur, exigeait indispensable-

ment la présence de deux observateurs : avec le nouveau pied imaginé par M. Lenoir, un seul pourra prendre, à peu près dans le même temps, le même nombre d'angles avec la même exactitude.

« M. Lenoir a été trouvé digne de la distinction du premier ordre de l'exposition de l'an VI; le jury est persuadé qu'il suffit de connaître ses travaux pour porter de lui ce jugement qui serait au surplus suffisamment motivé par l'inspection des seuls instrumens qu'il a exposés en 1806.

« M. Lenoir père a reçu de S. M. la décoration de la Légion-d'Honneur, par ordonnance du 17 novembre 1819. »

M. LENOIR fils. Paris, rue S.-Honoré, 340. —*Instrumens astronomiques.*—Médaille d'argent, exposition 1819.

« Successeur de M. Lenoir père, a exposé :

« Trois cercles répétiteurs astronomiques, dont le plus grand a un mètre de diamètre; deux cercles géodésiques, un miroir parabolique de sa construction destiné à un phare; deux boussoles, l'une d'inclinaison et l'autre de déclinaison, dont l'aiguille est à retournement, et plusieurs autres instrumens à mesurer les angles et à niveler.

« Les ateliers de M. Lenoir sont connus depuis long-temps; ils produisent un grand nombre d'instrumens d'astronomie, de mathématiques et de physique. »

M. LENOIR-RAVRIO. Paris, rue des Filles-S.-Thomas, 15. — *Bronzes.* — Médaille d'argent, exposition 1819.

« A présenté un grand surtout de sept pieds de diamètre, pour une table ronde, une pendule, un vase, un candelabre avec figure, et une statue en bronze, copie moulée sur le faune du Capitole.

« Tous ces objets sont faits avec goût; la statue prouve que l'art du fondeur est bien connu et pratiqué avec succès dans les ateliers de M. Lenoir-Ravrio. »

18 *

M. Leorier-Delille. Buges (Loiret). — *Papeterie.*
— Médaille d'argent, 2.ᵉ classe, exposition 1806.

« Il a présenté des papiers de bonne qualité et bien fabriqués. »

M. Lepage. Paris, rue Richelieu, 13. — *Armes
à feu.* — Mention honorable, exposition 1819.

« Fusils à quatre coups et à deux coups, garnis en platine;
fusils à percussion, d'une construction particulière; ces armes
sont très-soignées et d'une belle exécution. La fabrique de
M. Lepage jouit d'une grande réputation. »

MM. Lepaute. Paris, rue S.-Thomas-du-Louvre, 42.
— *Horlogerie.* — Médaille d'argent, 1.ʳᵉ classe, exposition 1806.

« Ont présenté plusieurs ouvrages d'horlogerie parmi lesquels on distingue, à raison de son importance, une grande
horloge publique à équation, sonnant les heures et les quarts,
et n'ayant besoin d'être remontée que tous les dix jours : elle
est également remarquable par sa bonne composition, la
smplicité et l'élégance de ses formes, et la belle exécution de
toutes ses parties.

« Le nom de MM. Lepauté est depuis long-temps célèbre
dans l'histoire de l'horlogerie; ceux qui le portent aujourd'hui
ne déchoient point de la réputation acquise par leurs prédécesseurs. »

M. Lepaute fils. Paris, rue S.-Thomas-du-Louvre,
42. — *Horlogerie.* — Médaille d'argent, exposition 1819.

« A présenté plusieurs pièces d'horlogerie, parmi lesquelles
le jury a remarqué un régulateur bien conçu et d'une exécution belle et solide. Ce régulateur est semblable à celui que

M. Lepaute a fourni il y a plusieurs années à l'Observatoire, et dont la marche s'est très-bien maintenue jusqu'à ce jour. »

Le même.—Horloges publiques.— Exposition 1819.

« A aussi exposé une grande horloge qu'il a faite pour le palais de Compiégne. Cette machine est parfaitement traitée; elle a un remontoir dont l'action est concentrique à l'axe qu'il sollicite; elle est à équation.

« Elle aurait suffi elle seule pour classer M. Lepaute au nombre des horlogers les plus distingués. »

M. Lepaysan. S.-Lô (Manche).—*Cadis, serges, étamines.*—Mention honorable , exposition 1806.

«Echantillons de serges très-bien fabriqués. »

M. Lepelletier. Paris, rue de Reuilly, 39.—*Filature de coton.*—Mention honorable, exposition 1819.

« Bonne filature de coton. »

M. Lepers (Constantin). Valenciennes (Nord).— *Dentelles et blondes.*—Mention honorable, exposition 1806.

« Qui a présenté du fil à dentelle d'une grande finesse. »

M. Lepers. Valenciennes (Nord). —*Fil de lin.*— Mention honorable, exposition 1819.

« A exposé des fils de lin d'une finesse prodigieuse et d'une grande égalité; ces fils sont l'ouvrage des fileuses du département du Nord, que M. Lepers fait travailler. »

MM. Le Pésant et Meteil, propriétaires de la verrerie de Montmirail (Loir-et-Cher). — *Instrumens de chimie.*—Mention honorable, exposition 1806.

« La verrerie de Montmirail fournit en grande partie les laboratoires de chimie et les cabinets de physique de la capitale; les instrumens qu'elle fabrique sont estimés par la qualité du verre, par le bon recuit et par les formes les mieux appropriées aux opérations. »

M. LEPETIT-WALLE. — *Voyez* PETIT-WALLE.

M. LEPETON. Bayeux (Calvados). — *Dentelles.* — Mention honorable, exposition 1819.

« Qui a exposé des dentelles composées avec goût et fabriquées avec soin. »

M. LEPLEY. — Exposition 1806. — *Voyez* BOURGES (dépôt de mendicité de).

MM. LEPRINCE et MASSIAS. Amiens (Somme). — *Velours d'Utrecht.* — Mention honorable, exposition 1819.

« Ont exposé des velours d'Utrecht avec ornemens gaufrés en couleur. »

M. LEQUEUX-FOURDRIN. Douai (Nord). — *Dentelles.* — Mention honorable, exposition 1819.

« Qui a exposé des dentelles composées avec goût et fabriquées avec soin. »

M. LERAY de Chaumont. Chaumont-sur-Loire (Loir-et-Cher). — *Sucre de betterave.* — Médaille d'argent, exposition 1819.

« A exposé des pains de sucre de betterave provenant de sa fabrique. Ce sucre est très beau. »

M. LEREBOURS, opticien sur le Pont-Neuf. Paris.—*Instrumens de mathématiques et de physique.*—Mention honorable, exposition an x (1802).

« A présenté un télescope et plusieurs autres objets d'optique d'une belle exécution. Cet artiste est, dans ce genre, un des plus recommandables de Paris. »

Le même.—Mention honorable, exposition 1806.

« A exposé deux lunettes trouvées supérieures à celles de *Dollond*, pour les objets célestes, et au moins égales pour les objets terrestres.

« Le jury reconnaît avec satisfaction que M. Lerebours acquiert tous les jours de nouveaux titres à la confiance publique, ce qui le place au premier rang, pour la construction des grandes lunettes. »

Le même.—Décoration de la Légion d'Honneur.— A l'occasion de l'exposition de 1819.

« Pour les services nombreux et importans qu'il a rendus aux sciences et aux arts par ses découvertes, et les perfectionnemens qu'il a apportés dans la construction des instrumens d'optique et de mathématiques. »

Le même.—Médaille d'or, exposition 1819.

« A présenté plusieurs lunettes achromatiques qui ont environ quatre pouces d'ouverture, et des distances focales comprises entre trois pieds et cinq pieds et demi; trois objectifs de six pouces également achromatiques, de huit pieds de distance focale; une lunette de sept pouces et demi d'ouverture et de dix-huit pieds de foyer; un instrument nouveau qu'il désigne par le nom de microtélescope; une lentille de crownglass de quatorze pouces de diamètre, des verres plans et une grande variété d'instrumens de moindre dimension.

« La plupart des instrumens de M. Lerebours ayant été récemment soumis à l'examen de l'Institut, on ne saurait mieux les faire connaître qu'en transcrivant ici quelques passages des rapports auxquels ils ont donné lieu.

« En nous servant des lunettes de quatorze pouces, disent les commissaires de l'Académie, nous avons observé plusieurs fois assez distinctement la raie obscure et presque imperceptible qui prouve que l'anneau de Saturne est double, et cependant la planète était alors peu élevée sur l'horizon...... Les observations que nous avons faites sur Jupiter ont prouvé qu'à l'égard de l'achromatisme, l'artiste a obtenu toute la perfection qu'on est en droit d'espérer. Parmi ces objectifs, il s'en est même trouvé qui ont supporté sur Jupiter, sans la moindre trace d'iris ou de couleurs, un grossissement de quatre cents fois, ce qui leur assure une supériorité marquée sur la plupart des lunettes de cette dimension qui ont été construites jusqu'à présent.... Après les travaux dont nous avons rendu compte, nous demeurons persuadés qu'aucun astronome français n'éprouvera ni le besoin ni le désir de recourir à des artistes étrangers. Une bonne lunette, si elle était essayée, ne prouverait peut-être que l'excellence de la matière ou le bonheur de l'artiste qui aurait par hasard réussi à la bien employer; mais quand on voit ce nombre d'objectifs tous façonnés de la même main, il est impossible de ne pas convenir que c'est à ses soins, à son adresse, à ses procédés et à son expérience, que l'artiste a pu devoir des succès aussi éclatans et aussi soutenus..... Quant aux verres destinés aux miroirs de sextance et à la construction des horizons artificiels, il est indispensable que les deux surfaces soient bien planes et exactement parallèles. En soumettant ces miroirs aux épreuves les plus décisives, nous avons eu la satisfaction de voir que l'artiste avait rempli les deux conditions dont nous venons de parler avec une précision vraiment remarquable..... Une circonstance que nous ne devons pas omettre , parce qu'elle ajoutait beaucoup à la difficulté du travail , c'est que tous ces verres sont très-minces et n'avaient que quatre millimètres environ dans leur plus grande épaisseur.

« Dans le rapport fait , en 1819, sur la lunette de deux décimètres (sept pouces quatre lignes d'ouverture réelle), les commissaires annoncent que les images ont de la netteté, ne présentent pas d'iris, même sur les bords de l'objectif, et que la grande quantité de lumière permet d'apercevoir , sur la surface des planètes, beaucoup de détails que l'on peut à peine soupçonner avec d'autres instrumens. »

M. LEROI. Orléans (Loiret).—*Cordages.*—Mention honorable , exposition 1806.

« Qui a présenté de beaux cordages fabriqués par des mécaniques qu'il annonce lui être particulières. »

MM. LEROY et ROUY. Sedan (Ardennes). — *Casimir.* — Mention honorable , exposition an IX (1801).

« Pour la belle fabrication d'une pièce de casimir et d'une pièce de drap superfin faites avec de la laine des mérinos de Rambouillet. »

« *Nota.* MM. Huzard et Tessier avaient ordonné que la laine serait laissée, pendant deux ans , sur quelques animaux. Au bout de ces deux ans, la toison pesait deux fois celle que les animaux avaient donnée lorsqu'on les tondait chaque année. C'est avec cette laine qu'a été fabriquée la pièce de casimir exposée par MM. Leroy et Rouy. »

LESCURE (fabrique de) (Seine-Inférieure).—*Filature de coton.*—Mention honorable, exposition 1806.

« Pour les cotons filés de cette fabrique. »

M. Lescureux.—Exposition 1802.—*Voyez* Acloque
l'aîné, etc.

M. Lesegretain. Laval (Mayenne).—*Toiles de corps
et de ménage.*—Mention honorable, exposition
1806.

« Pour la bonne qualité de ses toiles dites de *Laval.* »

M. Letixerand. Sierck (Haut-Rhin).—*Outils divers.*
— Médaille de bronze, exposition an x (1802).

« Pour avoir présenté des alènes et des poinçons de sa fabrication ; objets qu'on a tirés jusqu'ici de l'étranger. »

Les mêmes. Badouville (Meurthe). — Exposition
1806.

«Obtinrent, à l'exposition de l'an IX, une médaille de bronze
équivalant à une médaille d'argent de 2.ᵉ classe pour avoir
fabriqué des poinçons et des alènes. Ils ont présenté cette
année des alènes communes et des alènes de première qualité
qui auraient fait décerner à MM. Letixerant une médaille
d'argent de 2.ᵉ classe s'ils n'avaient déjà obtenu une distinction. »

MM. Letixerand et compagnie. Marseille (Bouches-
du-Rhône.) — *Outils divers.*—Médaille d'argent,
exposition 1819.

« Assortiment d'alènes, qui prouve que cette fabrication
importante a fait des progrès en France. »

M. Leutner.—Exposition 1819.—*Voyez* Chatonay,
Leutner et compagnie.

M. Levavasseur. Le Mans (Sarte).— *Couvertures*

de laine.—Mention honorable , exposition an x (1802).

« Le jury a vu avec satisfaction ses couvertures blanches de laine ; il y a reconnu un bon choix de matière et une bonne fabrication. »

MM. LEVRAT et compagnie. Paris , rue de Popincourt, 66.—*Plaqué d'or et d'argent.*—Médaille d'argent, exposition 1819.

« Les objets exposés par ces fabricans sont de la vaisselle de table , casseroles , plats , soupières , flambeaux , réchauds , etc. Tous ces objets sont exécutés avec un grand soin. Bien qu'ils soient plaqués au 20.ᵉ , ils ne sont pas vendus plus cher que lorsqu'ils ne l'étaient qu'au 40.ᵉ. Cette diminution de prix a été rendue possible , parce que MM. Levrat et compagnie ont introduit dans leurs ateliers des moyens d'économie sur la main-d'œuvre. »

M. LEVRAULT, imprimeur. Strasbourg (Bas-Rhin).— *Typographie.* — Mention honorable , exposition 1806.

« Pour la belle exécution de l'ouvrage intitulé : *Relation des fêtes données par la ville de Strasbourg, à leurs majestés impériales à leur retour d'Allemagne.* »

M. LEVRAULT (Hercule), fabricant. Mende (Lozère). —*Cadis, serges, étamines.*—Mention honorable , exposition 1806.

« Des échantillons de cadisserie très-bien fabriqués. »

M. L'HÉRITIER TEXIER. Château-Renaud (Indre-et-Loire).—*Draperie commune.*—Citation au rapport du jury, exposition 1819.

LIANCOURT (filature d') (Oise).—*Filature de coton.*—Mention honorable, exposition 1806.

« Les cotons fournis à l'exposition par les filatures de Liancourt. »

La même fabrique.—*Bonneterie de coton.*—Mention honorable, exposition 1806.

« Cette manufacture a présenté des bas de diverses qualités, tous très-bien faits.

« Son dépôt est place du Chevalier-du-Guet, chez MM. Coutan et Couture, associés de la fabrique.

« *Nota.* La bonneterie n'est pas le seul genre de fabrication établi à Liancourt ; il s'y est formé, par les soins de M. de la Rochefoucault, une filature, une manufacture de calicots et une fabrique de cardes. Tous les objets qui en sortent sont d'excellente qualité ; et, sous tous les rapports et dans tous les genres, les établissemens de Liancourt méritent la confiance et l'estime publiques. »

La même fabrique.—*Cardes.*—Exposition 1819.

« A présenté des cardes pour coton et pour laine. Cet établissement, l'un des plus anciens qui existent en France pour la fabrication des cardes, a paru avec distinction aux expositions de l'an x (1802) et de 1806, où elle fut jugée digne de la médaille de bronze.

« En examinant les produits qu'elle a exposés en 1819, le jury a reconnu qu'elle soutient parfaitement sa réputation, et qu'elle mérite toujours les distinctions qu'elle a précédemment obtenues. »

LIBAUDE (les dames). Romilly (Eure). — *Verre à vitre.*—Mention honorable, exposition an x (1802).

« Pour la belle fabrication de leur verre à vitre. »

MM. Liégrois et Valentin. Paris, rue de Grenelle-
S.-Germain, 113.—*Cuir verni.*—Médaille d'argent
à tirer au sort entre trois, exposition an x (1802).

« Ils ont fait voir un assortiment de cuirs, de harnois et de
baudriers, des chapeaux de soie et des pièces de drap recou-
verts de vernis et imprimés ou brodés en or ou argent. »

M. Liégrois.—Exposition 1806.

« M. Liegrois a exposé des cuirs vernissés. Le jury les a
trouvés brillans, très-souples et dignes de la médaille d'argent de première classe qu'il aurait décernée à M. Liégrois,
s'il ne l'avait pas déjà obtenue.

« Le même fabricant a présenté des tissus en laine fort
bien vernissés par son procédé. »

———

M. Lignereux. Paris, rue Vivienne.—*Ebénisterie.*
—Une des douze médailles d'or de l'exposition à
tirer au sort avec M. Jacob, exposition an ix
(1801).

« Les meubles de cet artiste ont paru au jury remarquables
par l'élégance et la richesse, par l'accord de toutes les parties,
par le choix de formes appropriées à leurs usages, enfin par
la perfection du travail extérieur et intérieur. Comme M. Jacob, cet artiste excelle dans un genre d'industrie portée aujourd'hui à un point de perfection dont il n'y a jamais eu
d'exemple. Le jury, embarrassé de choisir entre deux genres de
talens si distingués, a laissé le sort maître de déterminer celui
des deux à qui la médaille sera remise. »

Le même.—Exposition an x (1802).

« Le jury se plaît à déclarer que toutes les productions de
M. Lignereux marquent des talens du premier ordre dans
leur genre. »

———

M. Lignières et compagnie. Toulouse (Haute-Garonne). —*Tannage.*—Citation au rapport du jury, exposition 1819.

« Pour leurs cuirs tannés à la garouille. »

Lillebonne (filature de) (Seine-Inférieure). —*Filature de coton.*—Mention honorable, exposition 1806.

« Pour les cotons filés de cette fabrique. »

M. Limage Pinson. Paris, rue du Faubourg-du-Temple, 88. *Châles de cachemire.*—Mention honorable, exposition 1819.

« Châles fabriqués avec soin. »

Limoux (fabrique de) (Aude). —*Cadis, serges, étamines.*—Mention honorable, exposition 1806.

« Les castorines de Limoux ont été trouvées très-bien fabriquées. »

M. Linard, fabricant. Lescar (Basses-Pyrénées). — *Filature de coton.*—Médaille de bronze à tirer au sort avec Deladerrière-Dubois, à Arras, exposition an x (1802).

« Les échantillons produits par M. Linard sont bien filés; il a formé son établissement dans un pays où l'industrie étant peu avancée, il lui a fallu vaincre de grandes difficultés; c'est un titre de plus à l'intérêt du gouvernement. »

Lisieux (fabrique de) (Calvados).—Citation au rapport du jury, exposition 1806.

« Les toiles de Lisieux et cretonnes continuent d'être bien

abriquées et de mériter le succès qu'elles obtiennent dans le commerce. »

M. Locard. La-Ferté-sur-Grosne (Saône-et-Loire). —*Fil de coton.*—Mention honorable, exposition 1819.

« Pour ses fils retors et à coudre et à broder. »

Lodève (fabrique de) Hérault).—*Draperie moyenne.* —Mention honorable, exposition 1806.

« La fabrique de ce nom qui fait des draps propres à l'habillement des troupes , qui sont fabriqués avec soin. »

Lodève (fabricans de).—Exposition 1802.—*Voyez* Labranche.

M. Loffet, Paris.—*Impression sur étoffes de laine.* —Médaille de bronze , exposition 1819.

« A exposé un châle mérinos à fond blanc, ayant pour bordure une guirlande de fleurs dont les couleurs ont le plus grand éclat, et qui a été appliquée par impression. »

M. Lory, horloger. Paris, rue de Jouy , 19.—*Horlogerie.*—Mention honorable, exposition 1806.

« A présenté une pendule à secondes dont l'exécution est soignée et prouve du talent. »

Le même.—Médaille de bronze , exposition 1819.

« A présenté, comme à la précédente exposition, des ouvrages bien exécutés en horlogerie, et dans lesquels on remarque des efforts soutenus, des recherches heureuses et des améliorations utiles. »

M. Loup (J.-F.). Forge-S.-Denis (Aude).—*Acier.*— Médaille d'or, exposition 1806.

« Acier poule semblable à celui d'Angleterre ; il est sans gerçures, se forgeant et se soudant bien, très-dur à la trempe, prenant un grain très-fin et se comportant en tout comme un échantillon d'acier anglais essayé comparativement »

« Les pièces envoyées par M. le préfet de l'Aude annoncent que les minérais qui donnent cet acier de qualité supérieure viennent de Villerouge, dans les Corbières. »

MM. Lousteau et compagnie. Paris, rue Geoffroi-l'Angevin, 4. — *Chapeaux feutrés.* — Mention honorable, exposition 1819.

« Ont présenté des chapeaux fabriqués sur de nouveaux principes qui ont l'avantage d'être imperméables et sont d'une belle apparence ; leurs prix est de cinquante pour cent au-dessous de sa chapellerie ordinaire. Des essais qui ont été faits semblent annoncer qu'ils seront d'un bon usage. Si ces essais avaient été plus nombreux et faits pendant plus de temps, la fabrication de M. Loustau aurait été susceptible de recevoir des distinctions d'un ordre supérieur. »

Louviers (fabrique de) (Eure).—*Draps fins.*—Citation au rapport du jury, exposition 1806.

« Louviers a présenté une grande variété de draps de la plus belle qualité capables de soutenir la comparaison avec ce que cette ville a fourni de plus parfait aux époques antérieures à 1789 ; le jury a même reconnu que ces draps, si estimés pour la souplesse et l'agrément, ont encore acquis sous ce rapport ; il attribue cette amélioration au perfectionnement des filatures et de la préparation. »

La même.—*Casimirs.*—Mention honorable, exposition 1806.

« Ses casimirs ont paru de bonne qualité et propres à écarter pour toujours les casimirs étrangers de la consommation nationale. »

La même.—*Nankin.*—Mention honorable, exposition 1806.

La même.—*Filature de coton.*—Mention honorable, exposition 1806.

La même fabrique. — *Draps fins.* — Exposition 1806.

« Plusieurs fabricans ont présenté des draps qui auraient concouru pour les médailles, si le jury n'avait pris la résolution de n'en plus accorder à ceux qui en auraient obtenu précédemment pour le même sujet. »

Lozère (le département de la).—*Cadisserie.*—Mention honorable, exposition 1806.

« Pour ses cadisseries. »

M. Lucas.—Expositions (1802, 1806).—*Voyez* veuve Récicourt, Jobert, Lucas et compagnie.

Le même.—Exposition 1819.—*Voyez* Jobert.

MM. Luton-Perdu et Pétoin, rue du Petit-Carreau, 34.—*Dorure sur cristaux.*—Médaille de bronze, exposition an IX (1801).

« Pour avoir perfectionné l'art de la dorure sur cristaux. »

Le même. M. Luton.—Exposition an X (1802).

« Le jury s'est assuré, par l'examen des productions que M. Luton a exposées cette année, que son art n'est point déchu. »

19

Le même.—Exposition 1806.

« A donné cette année de nouvelles preuves de son application à faire valoir ce genre d'industrie. Il a imaginé un moyen
pour placer sur verre des inscriptions très-lisibles, et que les
acides les plus puissans ne peuvent effacer. Ce procédé est
utile pour étiqueter les vases qui contiennent des acides. Le
jury déclare que M. Luton n'a pas cessé d'être digne de la distinction qu'il a obtenue en l'an ix. »

Le même. Paris, rue du Marché-Neuf, 22.—*Peinture sur verre.*—Exposition 1819.

« S'est occupé depuis long-temps de la recherche des
moyens pour placer, sur les vases de verre destinés à contenir les acides, des inscriptions que les acides les plus puissans ne pussent faire disparaître. Ses succès dans ce genre
lui méritèrent une médaille de bronze à l'exposition de
1806.

« M. Luton a encore amélioré les procédés qui lui valurent cette distinction ; il en a même imaginé de nouveaux. »

LYON (la fabrique de). Rhône.—*Productions en général.*—Citation au rapport du jury, exposition
an ix (1801).

« Le jury regrette infiniment que Lyon n'ait rien envoyé ;
cependant il a vu des ouvrages du plus grand prix sortis de
cette fabrique, exposés par M. Levacher, négociant à Paris,
distingué par le bon goût qui préside à ses commandes. »

M.

MM. MACQUENHEIM (Pierre), MACQUENHEIM (Samson). Escarbotin (Somme). — *Serrurerie.* — Médaille de bronze à partager entre plusieurs, exposition an IX (1801).

« Pour avoir fait en commun des serrures très-bien travaillées. »

M. MACQUENHEIM. Escarbotin (Somme).—*Machines à filer le coton.*—Mention honorable , exposition 1806.

« Cylindres cannelés pour filature et carderie construits sur d'excellens modèles : ce mécanicien distingué a monté des ateliers pour fabriquer ces objets en manufacture et au meilleur marché possible ; c'est un véritable service qu'il rend aux filatures. »

M. MAGNAN. Marseille (Bouches-du-Rhône).—*Sulfate de fer.*—Mention honorable, exposition 1806.

« Ce manufacturier fabrique du sulfate de fer d'excellente qualité. »

M. MAGUIN. Pont-à-Mousson (Meurthe).—*Sucre de betterave.*—Mention honorable, exposition 1819.

« Pour du sucre de betterave bien fabriqué et de bonne qualité. »

M. MAHIEUX. A Rue-Saint-Pierre (Oise).—*Toiles de lin.*—Médaille de bronze à tirer au sort avec deux autres , exposition an X (1802).

« Ses toiles à chemise en blanc et en écru sont bien fabriquées : le tissu en est fin et régulier, et la consommation considérable. »

Le même.—Exposition 1806.

« A exposé des toiles de Bulles dites *demi-hollande* , d'une très-belle qualité, et se montre toujours digne de la médaille. »

19*

Le même.—Exposition 1819.

« Ce fabricant s'est montré avec distinction aux expositions précédentes et à celle de 1819.

« Les toiles demi-hollande qu'il présenta à l'exposition de 1802 (an x) lui méritèrent une médaille de bronze. Il fut jugé digne de la même médaille à l'exposition de 1806.

« Les toiles demi-hollande qu'il a exposées en 1819 prouvent que M. Mabieux soutient la bonté de sa fabrication ; le jury déclare avec satisfaction qu'il est toujours digne des distinctions qui lui ont été décernées aux expositions précédentes. »

MM. Main frères. Niort (Deux-Sèvres).—*Chamoïserie, ganterie.*—Mention honorable, exposition an x (1802).

« Pour différentes espèces de peaux de daims et de moutons bien apprêtées. »

Les mêmes.—Mention honorable, exposition 1806.

« Le jury a vu avec satisfaction la bonne préparation des peaux de daims et de moutons, le travail soigné des culottes de peau et des gants provenant de la fabrique de Niort. »

Les mêmes.—Exposition 1819. — *Voyez* Brière, Cristin l'aîné, Main frères, etc.

M. Main. Niort (Deux-Sèvres).—*Chamoiserie, ganterie.*—Médaille de bronze, exposition 1819.

« A exposé des peaux parfaitement chamoisées, et des gants de chamois très-bien faits. »

M. Maire. Paris, rue Saint-Honoré, 45.—*Tabletterie.*—Médaille d'argent, exposition an x (1802).

« A exposé de beaux nécessaires, genre d'industrie où nous avions des rivaux difficiles à surpasser. »

Le même.—Exposition 1806.

« A exposé des nécessaires composés avec intelligence. Est toujours digne de la distinction qu'il a obtenue. »

Le même.—Rue Saint-Honoré , 154.—Exposition 1819.

« Avait déjà paru aux expositions de l'an x et de 1806, où il lui fut accordé une médaille d'argent. Les objets qu'il a mis à celle de 1819 consistent en nécessaires de plusieurs sortes ; tous sont exécutés avec une rare perfection. Le jury en a remarqué particulièrement un qui, au mérite d'une excellente fabrication, réunit celui d'un ajustement si bien ordonné qu'il fait de ce nécessaire une espèce de chef-d'œuvre. Il juge M. Maire toujours digne de la distinction qu'il a obtenue. »

MALAUNAY (la fabrique de). (Seine-Inférieure). — *Filature de coton.*—Mention honorable , exposition 1806.

« Cotons filés de cette fabrique. »

M. MALÉZIEUX. Templeux (Somme).—*Mousselines.* —Médaille de bronze , exposition 1819.

« Mousselines d'espèces variées très-bien fabriquées et de bonne qualité. »

MM. MALGONTIER et PÉRIER. Annonay (Ardèche). —*Mégisserie.*—Citation au rapport du jury , exposition 1806.

« Pour des ouvrages de mégisserie. »

M. MALLET, propriétaire du domaine de la Varenne, près de St.-Maur (Seine).—Citation au rapport du jury, distribution des prix décennaux , 1810.

« Ce vaste domaine , situé dans une des parties les plus

arides des environs de Paris, était en partie inculte. M. Mallet
a su ; par l'introduction des prairies artificielles et la culture
en grand des racines, améliorer ce sol ingrat et le rendre
propre à la production du blé; il a introduit plus de 2,000 bêtes
à laine de race pure ou métisse ; un des premiers il a eu des
taureaux sans cornes de race pure, a perfectionné les instrumens d'agriculture et introduit des modèles jusqu'alors in-
connus en France. »

M. Mallié (Joseph). Lyon (Rhône).—*Étoffes de
soie.*—Médaille d'or, exposition 1806.

« Ce fabricant a exposé : 1.° du satin remarquable par son
éclat et sa souplesse ; c'est le satin le plus parfait qu'on ait
fabriqué jusqu'ici à Lyon ; il est sensiblement supérieur aux
qualités anglaises ;

« 2.° Du taffetas également de qualité supérieure ;

« 3.° Du velours trois poils, et des velours légers très-bons
et très-beaux : les velours légers dont la fabrication offre le
plus de difficulté méritent particulièrement d'être remarqués.»

MM. Mallié et fils. Lyon (Rhône).—*Étoffes de
soie.*—Exposition 1819.

« Ils ont paru à l'exposition de 1806, où ils obtinrent une
médaille d'or.

« Les produits qu'ils ont exposés en 1819 se font remarquer
par le choix des matières, la perfection des tissus et des apprêts, et par le grand éclat des couleurs; les satins et les velours
sont de la plus grande beauté et d'une exécution parfaite.

« Le jury leur aurait décerné une médaille d'or s'ils ne l'a-
vaient déjà obtenue.

« Par ordonnance du 17 novembre 1819, Sa Majesté a
conféré la décoration de la Légion-d'Honneur à M. Mallié.»

M. MALMENAIDE aîné. Ambert (Puy-de-Dôme).—
—*Papeterie*.—Médaille d'argent, 2.ᵉ classe, exposition 1806.

« Il a présenté des papiers de bonne qualité et bien fabriqués. »

Mademoiselle MANCEAU et compagnie.—Paris, rue
Sainte-Avoye, 57.—*Chapeaux tissus en soie*.—
Médaille de bronze, exposition 1819.

« Ont exposé des chapeaux tissus en soie, et imitant la
paille, qui sont légers, d'un effet très-agréable et de prix
modérés. On peut espérer que cette nouvelle branche d'industrie aura du succès, et parviendra à remplacer, au moins
en partie, les chapeaux de paille de Toscane dans la consommation intérieure, et même dans le commerce étranger. »

M. MANOURY D'HECTOT, inventeur de machines. —
Mention honorable, exposition 1819.

« Pour avoir fait et inventé beaucoup de machines différentes
qui ont été utiles dans une foule de circonstances, ce qui est
à la connaissance de l'Académie des sciences et de toutes les
sociétés savantes. »

M. MANTEL. Avignon (Vaucluse).—*Soies grèges*.—
Mention honorable, exposition 1806.

« Pour les soies en poil, les soies ouvrées et organsinées qu'il
a produites. »

M. MANTZ. — Exposition 1819.—*Voyez* KOHLER et
MANTZ.

M. MARCEL.—Exposition 1806.—*Voyez* IMPRIME-
RIE ROYALE.

M. Mariez-Bigard. Tarare (Rhône). — *Mousselines.*
— Médaille d'argent, exposition 1806.

« Ses mousselines ont été trouvées belles, de bonne qualité
et soigneusement fabriquées. »

M. Marion. — Exposition 1819. — *Voyez* Aynard,
Fiard et Marion.

M. Marlin. Paris, rue St-Victor, 143. — *Couver-*
tures, molletons de coton et de laine.— Mention
honorable, exposition an x (1802).

« Couvertures de laine et de coton faites avec soin. »

Le même.— Mention honorable, exposition 1816.

« Mérite d'obtenir de nouveau cette distinction. »

M. Marmod. Nancy (Meurthe). — *Mousselines, per-*
kales, calicots.— Mention honorable, exposition
1806.

« Pour ses calicots. »

MM. Marmod frères. Domèvre (Meurthe). — *Cotons*
filés.— Mention honorable, exposition 1819.

« Bonne filature de coton. »

M. Marmod.— Exposition 1819.— *Voyez* André et
Marmod.

M. Marquet. Paris, rue de la Roquette, 70. —
Coton filé.— Mention honorable, exposition 1819.

« Bonne filature de coton. »

MM. Martel et fils. Bédarieux (Hérault). — *Dra-*
perie moyenne.— Mention honorable, exposition
an ix (1801).

« Ont exposé des échantillons de draps bien fabriqués et propres à l'habillement des troupes. »

Les mêmes.—Médaille de bronze, exposition an x (1802).

« Leurs draps sont dans les moyennes qualités. Ils sont bien fabriqués. »

Les mêmes.—Exposition 1806.

« Le jury voit avec plaisir qu'il ne laisse pas dégénérer sa fabrication, et qu'elle est toujours digne de la médaille qu'elle a obtenue. »

M. MARTELIN.—Exposition 1819.—*Voyez* DESNIERE et MARTELIN.

M. MARTIN (Jean). Clermont (Hérault).—*Londrins.*—Médaille de bronze, exposition 1819.

« Qui a exposé des londrins bien fabriqués.

M. MARTIN. — Exposition 1806. — *Voyez* GAJON, MARTIN, etc.

M. MARTIN.—Exposition an IX (1801,1806).—*Voyez* CESBRON frères, MARTIN, etc.

M. MARTINIÈRE (Martin).—Coutances (Manche).—*Coutils.*—Citation au rapport du jury, exposition 1819.

M. MARTOREY. Tournus (Saône-et-Loire). — *Couvertures de coton.*—Mention honorable, exposition 1819.

« Qui a exposé des couvertures de coton de bonne et belle qualité. »

M. MASQUELIER, graveur. Paris, rue de la Harpe.—

Chalcographie.—Médaille d'or, exposition an x (1802).

« A exposé avec Mad. Joubert les vingt-trois premières livraisons de la *Galerie de Florence.* La beauté de cet ouvrage, l'un des plus considérables de la librairie et le plus parfait de ceux du même genre, ont déterminé le jury à donner aux chefs de cette entreprise une médaille d'or. »

Le même. — Exposition 1806. — *Voyez* JOUBERT et MASQUELIER.

M. MASSEL. Paris, rue du Petit-Pont, 22.—*Couvertures de coton.*—Mention honorable, exposition 1806.

« Couvertures de coton et de laine d'une très-bonne fabrication. »

MM. MASSEY-FLEURY, PATTE et FATON. Amiens (Somme). — *Calicots.* — Médaille d'argent, première classe, exposition 1806.

« Ont envoyé des calicots de très-bonne qualité pour l'impression. »

M. MASSIAS.—Exposition 1819.—*Voyez* LEPRINCE et MASSIAS.

M. MASSON (André). Pont-à-Mousson (Meurthe).— *Sucre de betterave.*—Mention honorable, exposition 1819.

« A présenté du sucre de betterave bien fabriqué et de bonne qualité. »

M. MASSU cadet. Grenoble (Isère).—*Chamoiserie, ganterie.*—Mention honorable, exposition 1806.

« Pour des échantillons de ganterie parfaitement bien travaillés. »

MM. MATAGRIN aîné et compagnie. Tarare (Rhône). —*Mousselines, perkales, calicots.*—Médaille d'or, exposition 1806.

« Ils ont envoyé des mousselines d'une finesse et d'une beauté de tissu remarquables. La fabrique de Tarare est ancienne : le jury aura encore occasion de signaler ses succès. Il voit avec une véritable satisfaction qu'elle s'est mise au niveau des fabriques de mousseline les plus renommées en Europe. »

M. MATAGRIN aîné. Tarare (Rhône). — *Mousselines, perkales, calicots.*—Médaille d'or, exposition 1819.

« Obtint une médaille d'or à l'exposition de 1806.

« Il a exposé en 1819 des mousselines claires, unies, superfines et un échantillon de mousseline brodée. L'exécution de tous ces objets est excellente, et ils sont de la plus belle qualité.

« M. Matagrin se montre toujours digne de la médaille d'or qui lui a été décernée à l'exposition précédente. »

MM. MATELIN, JUMEL et **DENIERS.** Nibelle, près Orléans (Loiret). — *Carreaux de terre cuite.*— Mention honorable, exposition 1819.

« Ont présenté des carreaux de terre cuite faits à la presse et suivant les formes propres à faire divers compartimens et diversement colorés. Ces carreaux sont très-plans, très-réguliers dans leurs dimensions et corrects dans leurs angles. La pâte est d'une bonne texture. »

M. MATHEY-DORÉ. Besançon (Doubs).—*Horlogerie de fabrique.*—Médaille d'argent, exposition 1819.

« A présenté à l'exposition dix montres en or et dix montres en argent faites par les ouvriers de la fabrique de Besançon

« Tous ces ouvrages sont bons dans leur genre et sont
établis à des prix modérés, eu égard à leur qualité et à la
valeur des matières dont la boîte est formée.

« M. Mathey-Doré est un des fabricans en grand de l'horlogerie de Besançon. »

MM. MATHIEU, ROMANET et ALAFORT. Limoges
(Haute - Vienne). — *Cuir-laine*, *flanelles.*—Médaille d'argent, exposition 1819.

« Ont produit un cuir-laine, remarquable par une bonne
fabrication.

« Ces fabricans ont aussi exposé de la très-belle flanelle et
du patent-coat très-bien fabriqué.

« Ces divers produits annoncent des manufacturiers intelli-
gens et familiers avec l'art de la fabrication. »

M. MATHIEUX. — Exposition 1806.--*Voyez* ROBIN-
MATHIEUX et PUICHARD.

M. MATILLOT (Bernard).—Exposition 1819.—*Voyez*
BERNARD MATILLOT.

M. MATLER. Paris.—*Maroquin.*—Médaille d'argent,
première classe, exposition 1806.

« Il a présenté des maroquins de couleurs différentes que le
jury a jugés dignes de grands éloges; les peaux sont bien
apprêtées, les couleurs belles et solides. »

Le même.—Rue Censier, 13.—Médaille d'or, expo-
tion 1819.

« Parut pour la première fois à l'exposition de 1806; ses
maroquins lui méritèrent une médaille d'argent. Ceux qu'il
a exposés cette année sont ce qu'on a vu de plus parfait dans
ce genre sous le rapport des couleurs et sous celui de l'apprêt.

« La beauté de ces produits est due aux excellens procédés de teinture employés par M. Matler, et à la perfection des machines dont il se sert pour donner de la régularité au grain de ses peaux.

« Les maroquins de M. Matler sont préférés par les artistes et les ouvriers qui les emploient à ce que le commerce étranger fournit de plus beau ; cependant ils sont vendus à des prix inférieurs. »

M. MATTHIEU (Joseph). Brignolles (Var). — *Soies grèges.*—Médaille d'argent, 2e classe, exposition 1806.

« Les soies et les organsins envoyés par ce fabricant ont paru au jury d'une bonne préparation et d'une bonne qualité. »

M. MAUBON-RUPIED. Nancy (Meurthe).— *Draperie commune.*—Citation au rapport du jury, exposition 1819.

M. MAUPASSANT DE RANCY. Paris, rue St.-Jacques, 24 ou 241.—*Bouchonnerie.*—Médaille de bronze, exposition 1819.

« A exposé des bouchons de liége fabriqués par machine. Le liége est coupé bien franchement dans des formes très-correctes et des dimensions uniformes, pour une même sorte de bouchons.

« Cette nouvelle fabrication sera utile au commerce des vins et autres liquides, et à l'économie domestique. »

M. MAURICE LOIGNON. Beauvais (Oise) --*Draperie fine.*—Médaille de bronze, exposition 1819.

« Pour du drap fabriqué avec soin. »

M. MAURY jeune. Sainte-Croix (Ariége). — *Draps communs.*—Citation au rapport du jury, exposition 1819.

———————

MAYENNE (fab. de). Mayenne.—*Toiles de corps et de ménage.*—Citation honorable au rapport du jury, exposition 1806.

« Les pièces de toile de cette fabrique envoyées à l'exposition avaient tous les caractères d'une fabrication soignée. »

———————

MM. MAZARD-CLAVEL père et fils. Lyon (Rhône). —*Chapellerie.*—Mention honorable, exposition 1806.

« Ont exposé des chapeaux de très-bonne qualité et dignes de la réputation dont jouit depuis long-temps la chapellerie de Lyon. »

———————

MM. MAZARIN père et fils. Toulouse (Haute-Garonne). — *Cuivre laminé.* —Mention honorable, exposition 1819.

« Sont mentionnés honorablement pour des planches de cuivre bien exécutées. »

———————

M. MAZELINE (François). Louviers (Eure).—*Machines pour lainer.*—Médaille d'argent, seconde classe, exposition 1806.

« A présenté le modèle d'une machine propre à lainer les draps par un mouvement continu de rotation ; il est parvenu à imiter le mouvement des bras, et les chardons opèrent à peu près de la même manière que s'ils étaient conduits à la main. »

———————

M. Méantis (de).—Exposition 1806.—*Voyez* De-
MÉANTIS.

M. Médard. Montebourg (Manche).— *Coutils.*—
Citation au rapport du jury, exposition 1819.

MM. Meiner et Bornèque. Bellefontaine (Haut-
Rhin).—*Fers.*— Mention honorable, exposition
1806.

« Fer bien forgé, se soudant et se perçant bien, dur à la
lime. »

M. Méjean, fabricant à Tourneirolles (Gard). —
Bonneterie de soie.—Mention honorable, exposition an x (1802).

« Des bas de soie exposés par ce fabricant sont d'une qualité
supérieure, et dignes de la réputation dont le département du
Gard jouit depuis long-temps pour cette partie. »

M. Mellier-Ribaucourt. Abbeville (Somme). —
Perkales.—Mention honorable, exposition 1819.

« Pour des perkales mises à l'exposition. »

I. Melun (la maison centrale de) (Seine-et-Marne).
—*Produits du travail.*—Mention honorable, exposition 1819.

« Flanelles, siamoises, droguets, serges, cachemires et
calicots. »

M. Mély (Pierre). Mende (Lozère). — *Serges.* —
Médaille de bronze, exposition 1819.

« A mérité une médaille de bronze par une pièce de serge

parfaitement fabriquée, et par diverses autres étoffes où l'on reconnaît du soin. »

M. MÉNARD. Paris.—*Poterie.*—Médaille de bronze, exposition an IX (1801).

« Pour le bon choix des formes de ses vases de terre cuite. »

M. MÉNARD cadet. Nîmes (Gard).—*Tricot velouté de soie.*—Médaille d'argent, exposition 1819.

« Ce fabricant a inventé un nouveau tissu en soie qui porte le nom de tricot velouté fabriqué avec beaucoup d'intelligence, et d'un effet très-agréable.

« Le jury a vu avec satisfaction les produits de cette maison, depuis long-temps distinguée par son industrie. »

M. MÉNARD.—Exposition 1806.—*Voyez* SAINT-JAMES.

M. MENTZER. Paris, rue de Lourcine, 90.—*Fonte de fer.*—Mention honorable, exposition 1819.

« Mortiers en fonte de fer douce, bien traitée au tour et d'un beau poli. »

M. MERAT (Benoît).—Expositions 1802 et 1819.—*Voyez* BENOIT MÉRAT.

M. MERCIER fils. Alençon (Orne).—*Dentelles et blondes.*—Médaille d'argent, 1.re classe, exposition 1806.

« A fabriqué et mis à l'exposition de grandes pièces en point d'Alençon d'une très-belle exécution. »

Le même.—Exposition 1819.

« Ce fabricant a déjà paru à l'exposition de 1806, où il obtint une médaille d'argent. Il a mis à celle de cette année un voile, point d'Alençon, d'une exécution et d'une correction qui ne laissent rien à désirer.

« Le jury reconnaît avec une satisfaction véritable que M. Mercier est toujours très-digne de la médaille d'argent qu'il a obtenue en 1806. »

MM. MERLE, PASCAL fils et PASCAL. Vienne (Isère). —*Draperie fine.*—Médaille d'argent, exposition 1819.

« Cette manufacture a exposé des draps forts, qui sont travaillés avec soin, et qui présentent tous les caractères d'une bonne fabrication. »

M. MERLIN-HALL. Montereau (Seine-et-Marne). — *Terre de pipe.*—Médaille d'or, exposition an ix (1801).

« Poterie de la plus grande légèreté, brillante et d'une nuance recherchée dans le commerce ; elle a résisté aux épreuves qu'on lui a fait subir ; néanmoins elle est moins cuite que celle de M. Utzschneider ; la couverte paraît plus tendre et plus facilement attaquable par les agens destructeurs ; mais elle compense le désavantage par d'autres qualités ; quelques-unes des pièces présentées en platine et en creux sont du plus grand échantillon, et peuvent passer pour des chefs-d'œuvre.»

Le même.—Exposition an x (1802).

« Ce fabricant s'est perfectionné dans le cours de l'année pour la solidité de la pâte, pour l'éclat et la dureté de la couverte et pour l'élégance des formes.

« La couverte de M. Merlin-Hall est beaucoup plus blanche que l'année passée, elle ne se laisse pas entamer par l'acier ; ses formes sont très-belles, et sa pâte très-légère ; enfin cette poterie laisse peu à désirer. »

20

Le même.—Exposition 1806.

« A présenté de la belle poterie bien propre à rappeler au public la distinction honorable décernée précédemment à cette manufacture. »

MM. MERTIAN frères. Montataire (Oise). — *Fer-blanc.*—Médaille d'or , exposition 1819.

«Les manufactures de MM. Mertian, dont l'établissement est assez récent, ont déja reçu un grand développement. Ils ont envoyé à l'exposition des fers-blancs , unis, planés, exécutés au laminoir qui sout de la plus belle fabrication et présentent un aspect d'un beau brillant. La ductilité de ces fers-blancs a été constatée par les épreuves les plus exactes; on les a soumis à l'emboutissage. Des feuilles ont été amenées à la forme de calottes hémisphériques où de pavillons de trompettes; elles ont reçu cette forme sans se gercer ni se fendre. »

M. MESNIL.—Expositions an x (1802) , 1806. — *Voyez* DAUPHIN , CHANTELOU , MESNIL et LE-GOUPIL.

M. MESSIAT fils (Hubert). Nantua (Ain).—*Nankins.* —Mention honorable an IX (1801).

« Pour ses nankins et nankinets. »

Le même.—Exposition 1806.

« Les nankins exposés par lui ont été vus avec intérêt et satisfaction par le jury. »

MM. MESTIVIER et HAMOIR. Valenciennes (Nord). —*Batistes et linons.*—Mention honorable, exposition an x (1802).

«Pour avoir fabriqué une batiste qui ne le cède pas en mérite à celle de M. Langlet. »

Les mêmes.—Exposition 1806.

« Ont reparu en 1806 avec de nouveaux titres à cette distinction. »

M. METEIL.—Exposition 1806.—*Voyez* LEPÉSANT
et MÉTEIL.

MM. METTON frères et compagnie. A l'Aigle (Orne).
—*Epingles.*—Médaille d'argent , 2.ᵉ classe, exposition 1806.

« Ont présenté au concours des épingles raffinées, drapières
et ordinaires d'une très-bonne proportion , dont la tête ,
quoique frappée à l'ordinaire, est très-ronde et bien adhé-
rente ; les prix en sont modérés. »

M. MEYNIER.—Exposition 1806.—*Voyez* NAPOLY,
MEYNIER et compagnie.

M. MICHAUD , fabricant de poteries. Chantilly (Oise).
—*Terre de pipe.*—Médaille d'argent, exposition
an x (1802).

« La poterie de ce fabricant est parfaite pour les formes ;
le jury a remarqué avec intérêt des pièces de terre noire
qui ont très-bien réussi. »

La même fabrique.—Exposition 1806.

« A présenté de la belle poterie bien propre à rappeler au
public les distinctions honorables décernées précédemment à
cette manufacture. »

MM. MICHAUD-LABONTÉ. Paris, rue Neuve-Saint-
Eustache, 4.—*Plaqué en platine.*—Médaille de
de bronze, exposition 1819.

20 *

« À présenté des capsules, des casseroles et d'autres vases plaqués en platine. Ce fabricant est le premier qui ait exécuté des vases de cuivre d'une grande dimension doublés en platine. »

M. Michaud (C.). Lyon (Rhône.—*Mécanique pour les soies.*—Mention honorable, exposition 1819.

« Pour avoir contribué au perfectionnement du travail des soies. »

M. Michel (Étienne). Paris, rue des Francs-Bourgeois, 6.—*Chalcographie.*—Mention honorable, exposition 1806.

« Nouvel éditeur du Traité des arbres et arbustes de Duhamel, d'après les dessins coloriés de M. Redouté. Cet ouvrage est utile à l'agriculture; les manufactures qui emploient le dessin pourront y trouver des modèles. »

MM. Michel et Chassebau. Marseille (Bouches-du-Rhône). — *Objets divers, soufre raffiné.*— Citation au rapport du jury, exposition 1806.

« Pour du soufre raffiné avec des appareils plus parfaits que les appareils ordinaires. »

M. Michelez.—Exposition 1819.—*Voyez* Gombert père et fils, et Gombert fils aîné.

M. Mieg.—Exposition 1806,1819.—*Voyez* Dolffus, Mieg et compagnie.

MM. Migeon et Dominé, maîtres de forges. Morvillars (Haut-Rhin).—*Tréfilerie.*—Médaille d'argent, exposition 1819.

« Ont envoyé à l'exposition un assortiment complet de fils de fer fabriqués avec beaucoup de soin, sans morsure et d'une bonne qualité. »

M. MIGNARD-BILLINGE. Belleville, près Paris (Seine). —*Arts servant à l'horlogerie.*—Mention honorable, exposition 1806.

« Qui prépare pour l'horlogerie de l'acier à pignon, bien choisi dans sa qualité et travaillé dans les formes les plus convenables. »

M. MIGNOT. Pont-Audemer (Eure).—*Colle forte.*— Mention honorable, exposition 1819.

« Pour des colles bien nettes et bien clarifiées. »

M. MILLE (Auguste). Lille (Nord).—*Cotons filés.*— Médaille d'or, exposition 1819.

« A exposé des échantillons de coton filé, depuis le n.° 180 jusqu'au n.° 200 (les numéros des fils exprimés dans ce rapport sont ceux que le jury a reconnus par l'essai des fils. Il est possible qu'ils ne soient pas toujours conformes à ceux que les fabricans avaient déclarés). Son établissement est composé de quarante-une muljennies, filant en fin, mues par une machine à vapeur. Le jury s'est assuré que M. Auguste Mille fournit aux fabriques de mousseline de Tarare et St.-Quentin, et aux fabriques d'étoffes de fantaisie de Paris. Le fil de M. Auguste Mille est beau, égal et fort. Le jury regarde ce fabricant comme remplissant toutes les conditions de la belle et bonne filature en fin. »

M. MILLE (Joseph). Lille (Nord).—*Cotons filés.*— Médaille d'argent, exposition 1819.

« A présenté des produits de sa filature en fin, dans les

finesses des numéros 190 à 200. Il fournit aux manufactures de
Tarare, de St.-Quentin et de Lyon. Son fil est beau, égal et
fort, et peut en tout point être mis en parrallèle avec celui de
M. Auguste Mille, son frère; il aurait eu comme lui droit à la
médaille d'or, si son établissement de filature en fin avait eu la
même étendue. »

M. MILLERET. La Bérardière (Loire). — *Aciers.* —
   Médaille d'or, exposition 1819.

« L'aciérie de la Bérardière fabrique toutes les espèces d'a-
ciers connus dans le commerce, et des aciers qui lui sont propres;
elle a envoyé à l'exposition un assortiment complet qui présente
tous les aciers nécessaires aux arts, depuis l'acier naturel jusqu'à l'acier fondu et à l'acier fondu propre à faire des burins,
des limes et la coutellerie superfine.

« Tous ces aciers ont été examinés avec soin et reconnus éminemment propres aux usages pour lesquels ils sont destinés.
L'établissement de la Bérardière fabrique en grand; ses aciers
sont recherchés, il les livre à des prix modérés, et il a fait
baisser les prix de quelques aciers précieux de l'étranger.

« Par ordonnance du roi, M. Milleret a été nommé membre
de la Légion-d'Honneur. »

M. MILLING.—Exposition 1806.—*Voyez* TREUTTEL,
   WURTZ, MILLING et NÉE.

MINES (Conseil des). Paris.—*Produits industriels de
   la France en général.*—Citation au rapport du
   jury, exposition an x (1802).

« Le jury a remarqué avec un vif intérêt un portique où le
conseil des mines avait réuni des produits fabriqués avec des
substances minérales extraites du sol de la France; les matières
premières se trouvaient placées à côté des objets qu'elles ont servi
à fabriquer. »

MM. MINGRE-BAGUENEAU.—Exposition 1802.—*Voyez* BENOIT, MÉRAT, etc.

Madame MIQUE et compagnie. S.-Clément (Meurte). —*Terre de pipe*.—Mention honorable, exposition 1819.

« Pour ses poteries. »

M. MIRBEL. Paris.—*Histoire naturelle*.—Citation au rapport du jury, distribution des prix décennaux 1810.

« Pour ses travaux sur l'anatomie des plantes. »

MIREPOIX (la manufacture de) (Ariége). — *Draperie moyenne*.—Mention honorable, exposition 1806.

« Les gros draps, pinchinats, ratines et les autres étoffes de laine de cette manufacture ont paru d'une bonne fabrication. »

M. MISTRAL (Jean-Louis), chaudronnier mécanicien. — *Chaudronnerie*. — Mention honorable, exposition 1819.

« A été extrêmement utile aux arts en exécutant avec la plus grande précision les machines qui concernent son état, et pour avoir rendu de grands services à l'industrie sous ce rapport. »

MM. MITTENHOFF et MOUROT. Val-sous-Meudon (Seine-et-Oise). — *Terre de pipe*.—Mention honorable, exposition 1806.

« Comme ayant formé leur établissement de terre de pipe depuis la dernière exposition et allant de pair avec les établissemens les plus anciens. »

Les mêmes.—Poterie de grès.—Mention honorable, exposition 1806.

« Ont aussi présenté des vases en poterie grès jaune agréablement travaillés et soutenant bien les épreuves.

« On désirait depuis long-temps une composition qui pût remplacer les pierres de touche, qu'il est si important d'avoir de bonne qualité pour le commerce des matières d'or et d'argent, et qu'il est si difficile de se procurer : MM. Mittenhoff et Mourot ont présenté des essais en poterie qui paraissent remplir cet objet. Ces poteries sont d'un beau noir, d'une dureté et d'une finesse de pâte suffisantes pour donner une ligne métallique continue. »

M. Moinet (J.-B.). Pont-de-Metz (Somme).—*Piqués et basins.*—Citation au rapport du jury, exposition 1819.

« Fabricant de Velventine. »

M. Molard (F.-E.) jeune, sous-directeur du Conservatoire des arts et métiers. Paris.—*Instrumens agricoles.*—Médaille d'argent, exposition 1819.

« A exposé des charrues de quatre constructions différentes et une araire. Ces instrumens, faits à l'imitation des charrues employées dans les pays où l'agriculture a eu le plus de succès, sont combinées de manière à répondre à tous les cas que peut présenter l'opération du labourage. Leur construction varie suivant l'espèce de travail qu'on veut leur faire exécuter, et suivant la nature des terres auxquelles elles sont destinées. Les moyens pour régler l'entrure, pour maintenir le soc de niveau, pour tirer le plus grand parti du tirage, sont simples et bien conçus; l'ensemble présente beaucoup de solidité; les versoirs et les ceps sont en fer fondu; il y a des socs en fonte avec le bout en acier. La fabrication est soignée dans toutes ses parties.

« M. Molard avait aussi exposé une machine à couper, pour trancher les racines servant à la nourriture des troupeaux.

« C'est par l'influence et d'après la direction de M. Molard jeune, sous-directeur du Conservatoire des arts et métiers, que l'établissement pour la construction des instrumens agricoles perfectionnés a été formé. »

M. MOLÉ. Paris, rue de la Harpe, 78.—*Fonderie en lettres.*—Médaille de bronze, exposition 1819.

« Les articles qu'il a mis à l'exposition sont nombreux; parmi ceux qui ont attiré particulièrement l'attention du jury, se trouvent de grands cadres contenant une collection de deux cent six variétés de caractères, soit français, soit étrangers, depuis le caractère qu'on nomme la parisienne jusques et y compris la grosse-sanspareille, des tableaux de vignettes et des filets en lames, et enfin des garnitures à jour dont les imprimeurs font cas. »

M. MOLLERAT. Pouilly (Côte-d'Or).—*Vinaigre de bois.*—Médaille d'or, exposition 1819.

« M. Mollerat a perfectionné l'art de retirer l'acide acétique du bois, en carbonisant celui-ci; il le concentre tellement qu'il se cristallise à une température peu élevée; il lui donne le plus grand état de pureté, à tel point que ses cristaux sont blancs et transparens comme la glace d'eau pure; il a rendu par là un grand service aux arts qui font usage de l'acide acétique.

« M. Mollerat a exposé des échantillons de cet acide de sa fabrication, et plusieurs produits résultant de ses combinaisons avec d'autres substances, et qui sont d'une excellente préparation. »

Le même.—*Briques réfractaires.*—Mention honorable, exposition 1819.

« Pour des briques à fourneaux fabriquées dans de grandes

dimensions, par le moyen de la presse, avec de l'argile séchée et en poudre. »

M. Monier (F.-F.) Sirod (Jura). — *Papeterie*. — Mention honorable, exposition 1806.

« Les papiers envoyés par ce fabricant sont faits avec soin et de bonne qualité. »

Montcenis.—*Voyez* Creuzot (manufacture de).

Montebourg (l'hospice de) (Manche).—*Produits du travail*.—Mention honorable, exposition 1819.

« Pour des étoffes communes et des échantillons de dentelles. »

M. Monteloux-la-Ville-Neuve. Paris, rue Martel, 10. — *Tôles vernies*.—Médaille d'or, exposition 1806.

« Cette manufacture a présenté à l'exposition de 1806 des rampes en cuivre étamé et doré, des vases de cartons vernis, de grands panneaux de cartons peints en marbre et vernis, et un grand vase égyptien.

« M. Monteloux a succédé à MM. Deharme et Dubaux, qui obtinrent, à l'exposition de l'an VI, la distinction du premier ordre, équivalant à la médaille d'or; il soutient la réputation que cette manufacture a acquise sous ses prédécesseurs. »

MM. Monterrat et fils. Lyon (Rhône).—*Étoffes de soie*.—Mention honorable, exposition 1806.

« Pour leurs satins et leurs étoffes façonnées. »

Madame veuve Monterrat et fils. Lyon (Rhône).

—*Étoffes de soie.*—Médaille de bronze, exposition 1819.

« Ces fabricans furent mentionnés honorablement à l'exposition de 1806; ils soutiennent parfaitement leur réputation. Les étoffes pour meubles, en soie, filoselle et laine, avec ornement de couleur qu'ils ont exposés, forment un genre intéressant. »

M. MONTFORT.—Exposition an IX (1801). — *Voyez* CUCHET et MONTFORT.

M. MONTGOLFIER fils. Paris, rue des Juifs, 18.— *Bélier hydraulique.* — Médaille d'or, exposition an x (1802).

« A exposé le bélier hydraulique.

« Les commissaires nommés en l'an VII par l'Institut pour examiner cette machine ont reconnu qu'elle était neuve, très-simple et très-ingénieuse, qu'elle était préférable aux roues hydrauliques pour élever à des hauteurs médiocres les eaux des sources et des ruisseaux qui ont quelques pieds de pente, principalement lorsque ces eaux, par leur peu d'abondance, ne comporteraient pas l'usage et l'embarras d'une roue à pot.

« L'auteur a trouvé les moyens sûrs et très-simples pour éviter les secousses produites par l'ouverture et la fermeture successive de la soupape d'issue.

« Le jury a considéré qu'il y a une multitude de cas où l'élévation des petits filets d'eau peut devenir de la plus grande utilité à l'agriculture et aux manufactures; or le bélier hydraulique a, exclusivement aux autres machines connues, l'avantage de mettre les petits courans à profit. »

Le même. Paris (Seine).—Grand prix décennal et de 1.re classe, comme étant l'auteur de la machine la plus importante pour les arts et les manufactures, au 1810.

« Pour son *bélier hydraulique*, machine qui offre une idée
extrêmement ingénieuse, d'une exécution facile, d'un entretien
peu dispendieux, et dont on a fait en France, en Europe et
en Amérique des applications très-variées et très-utiles; c'est
à M. Mongolfier que l'on doit l'invention la plus singulière,
la plus inespérée, celle des ascensions aérostatiques. »

M. Montgolfier. Annonay (Ardèche).—*Papeterie*. —Médaille d'or, exposition an ix (1801).

« Ce fabricant, dont la réputation est établie depuis long-
temps en France et dans les autres états de l'Europe, a présenté des papiers vélins de diverses grandeurs, et notamment
des échantillons de celui employé par Didot dans les éditions
de Racine, Virgile et Horace. Ces papiers sont de la plus
grande beauté. »

MM. Montgolfier et Canson.—Exposition 1806.

« N'ont pas concouru à l'exposition de l'an x, mais ils ont
reparu à celle de 1806 avec de nouveaux titres aux éloges du
jury; ils ont exposé des papiers vélins de la plus grande beauté,
supérieurs de toute manière à ceux qui leur méritèrent la médaille d'or en l'an ix (1801). »

M. Montgolfier. Annonay (Ardèche). — Médaille d'or, exposition 1819.

« Obtint, en l'an ix, une médaille d'or, et reparut
à la dernière exposition avec de nouveaux titres à la même
distinction.

« Il a présenté, en 1819, une grande variété de papier, et
s'est montré supérieur dans toutes.

« Le jury a surtout remarqué les papiers qui ont servi pour
les belles éditions qui font tant d'honneur aux presses françaises;
il est demeuré convaincu que ces échantillons ne sont point

les produits d'une fabrication extraordinaire, mais qu'ils représentent fidèlement la fabrication courante de sa papeterie.

« Le jury regarde M. Montgolfier comme méritant plus que jamais la médaille d'or qui lui a été décernée. »

MONTHERMÉ (la verrerie de) (Ardennes).—*Verre à vitre*.—Mention honorable, exposition 1806.

« Le verre à vitre préparé par cette manufacture a très-bien soutenu les épreuves les plus fortes et les plus décisives.

« La même verrerie a présenté un grand cylindre et une calotte sphérique en verre qui, par la beauté de la matière, les difficultés et la réussite de la fabrication, lui font le plus grand honneur. »

La même manufacture. — Exposition 1819. — *Voyez* S. QUIRIN (manufacture de).

MM. MONTMOUCEAU et DEQUENNE. Orléans (Loiret). —*Aciers*.—Médaille d'or, exposition 1819.

« Cette maison a exposé des aciers cémentés qui ont été éprouvés par les ordres du jury, et qui ont été reconnus de très-bonne qualité. »

MM. MONTMOUCEAU et DEQUENNE. Orléans (Loiret). — *Limes à râper*. — Exposition 1819.

« Ont présenté des limes sur étoffes d'acier fondu, qui sont de première qualité. »

MONTPELLIER (la maison de détention de) (Hérault). — *Produits du travail.* — Mention honorable, exposition 1819.

« Couvertures de laine et coton, légères et néanmoins bien fourrées ; étoffes grossières et bourre de laine à l'usage des habitans de la campagne, fabriquées d'une manière louable. »

M. Morand (Laurent). Amiens (Somme).—*Velours d'Utrecht.*—Mention honorable, exposition 1806.

M. Morand. Amiens (Somme).—*Velours d'Utrecht.* — Médaille de bronze, exposition 1819.

« Ce fabricant entretient un grand nombre d'ouvriers. Les produits qu'il a envoyés, en velours d'Utrecht, sont très-soignés et d'une bonne qualité. »

M. Moreau. Chantilly (Oise).—*Dentelles et blondes.* —Médaille d'argent, exposition 1806.

« A présenté des ouvrages en blondes et dentelles noires, dans l'exécution desquelles il y a beaucoup de mérite. »

MM. Moreau et fils. Chantilly (Oise).—*Dentelles et blondes.*—Médaille d'or, exposition 1819.

« Ces fabricans ont déjà paru à la dernière exposition, où ils obtinrent une médaille d'argent. Ils ont envoyé cette année, 1.° quatre robes blanches et un mantelet noir non moins remarquables par la pureté des dessins que par l'élégance des formes; 2.° une pelote contenant les divers points de dentelles que depuis cent cinquante ans, jusqu'à ce jour, leur maison a fait exécuter de père en fils. Tous ces objets prouvent qu'ils continuent de mériter la confiance du public, et que leurs succès sont dû autant à leur zèle pour perfectionner leur industrie, et pour former de bonnes ouvrières, qu'à l'émulation qu'ils ont su entretenir parmi elles. Ils en occupent quinze à seize cents. »

MM. Moreau frères. Angers (Maine-et-Loire).— *Mouchoirs façon des Indes.*—Mention honorable, exposition 1806.

« Pour avoir fabriqué des mouchoirs façon des Indes de la

plus grande finesse et de belle couleur, pouvant rivaliser avec ce que l'Angleterre et l'Inde ont fourni de plus beau. »

M. Morel. Besançon (Doubs).—*Papeterie.*—Mention honorable, exposition 1806.

« Les papiers envoyés par ce fabricant sont faits avec soin et de bonne qualité. »

M. Morez (Joseph). France (Pyrénées-Orientales). —*Draperie moyenne.*—Médaille de bronze, exposition an x (1802).

« La fabrication de ce manufacturier est bonne, le prix de ces draps est modéré. »

MM. Morgan et Delahaye. Amiens (Somme).— *Velours.*—Une des douze médailles d'or de l'exposition an ix (1801).

« Ces fabricans ont présenté diverses sortes de velours en coton très-bien fabriqués ; dans les temps les plus difficiles pour le commerce, ils n'ont pas cessé de faire travailler leurs ouvriers. »

Les mêmes.—Exposition an x (1802).

« La fabrication de MM. Morgan et Delahaye s'est beaucoup perfectionnée depuis l'année dernière ; leurs prix sont assez modérés pour ne point redouter la concurrence des fabriques étrangères. »

Les mêmes.—*Velours.*—Exposition 1806.

« Qui obtinrent une médaille d'or pour la bonne fabrication de leurs velours, en ont exposé cette année qui ne sont pas moins bien fabriqués. »

M. Mortelèque. Paris, rue du Faubourg-Saint-

Martin, 132. —*Couleurs.*—Médaille de bronze, exposition 1819.

« A perfectionné la fabrication des couleurs sur porcelaine.

« Il a exposé une tête de vieillard peinte avec des couleurs préparées par lui, et une palette réunissant toutes les couleurs à l'usage des peintres sur porcelaine ; on y remarquait un pourpre, deux gris et deux bruns qu'il fait avec une perfection particulière.

« Cet artiste est en outre en état de fournir un assortiment complet de couleurs pour la peinture sur verre. »

MOSELLE (le département de la).—*Productions en général.*—Citation honorable, exposition an ix (1801).

« Est un des huit qui se sont particulièrement distingués par la beauté des productions qu'ils ont montrées au public. »

MM. MOUCHEL (J.-B.) père et fils. Bois-Thorel, près l'Aigle (Orne).—*Tréfilerie.*—Médaille d'argent, 1.re classe, exposition 1806.

« Ont présenté au concours des fils de fer et d'acier de différentes grosseurs et applicables à divers usages. Plusieurs espèces sont préparées et dressées pour la fabrication des cardes à coton.

« Ces différens fils sont gradués avec intelligence, de la manière la plus favorable, pour satisfaire à tous les besoins des arts et pour obtenir une grande finesse. La matière en est de bonne qualité. »

M. MOUCHEL fils. L'Aigle (Orne). *Tréfilerie.*—Médaille d'or, exposition 1819.

M. MOUCHEL fils. L'Aigle (Orne). — *Tréfilerie.* — Médaille d'or, exposition 1819.

« A envoyé à l'exposition des fils de fer, d'acier, de cuivre, des aiguilles et des cordes de piano. Le tout de la plus belle exécution.

« La fabrication de M. Mouchel fils est considérable ; elle entretient en activité plus de trois cents ouvriers, ses produits sont vendus en France et à l'étranger. L'accroissement que cet établissement a pris prouve qu'il travaille à la satisfaction du commerce. Ses prix sont modérés et ses qualités très-bonnes.

« M. Mouchel fils fut jugé digne d'une médaille d'argent à l'exposition de 1806 ; le jury a trouvé que son industrie a fait des progrès depuis cette époque. »

Le même. — Aiguilles. — Mention honorable, exposition 1819.

« A envoyé à l'exposition des aiguilles à coudre, d'une exécution louable. »

M. MOUGEOT. Bruyères (Vosges). — *Coutellerie.* — Citation au rapport du jury, exposition 1806.

« Coutellerie commune d'un prix modique ; lames d'une bonne trempe. »

M. MOULIN. Vimoutiers (Orne). — *Toiles de lin.* — Citation au rapport du jury, exposition 1819.

« Bonne qualité des toiles mises à l'exposition. »

MOULINS (Allier) (la fabrique de coutellerie de). — Mention honorable, exposition 1806.

M. MOURET (Édouard), propriétaire de forges. Châtillon (Doubs). — *Tréfilerie.* — Médaille d'argent, en commun avec quatre autres, exposition an x (1802).

21

« Il a exposé des fils de fer dans lesquels le jury a reconnu les qualités qui sont la suite d'un bon choix de matière et d'une fabrication bien entendue. Ces fils sont élastiques, tenaces, et propres à la fabrication des cardes. »

Le même.—Exposition 1806.

« A présenté des fils de fer de bonne qualité, élastiques et propres à la fabrication des cardes; l'examen de ses derniers produits a convaincu le jury qu'ils n'ont pas cessé d'être dignes de cette honorable distinction. »

M. MOURGUES (Scipion). Rouval (Somme).—*Cotons filés.*—Médaille d'argent, exposition 1819.

« A exposé des cotons filés dans les numéros 28 à 56; ces produits sont beaux. Le fil pour chaîne est rond, égal, bien nourri, très-fort et de première qualité. Le même filateur a présenté de beaux fils très-fins, comme preuve du degré auquel son industrie peut parvenir; mais il déclare que son intention n'est pas dans ce moment de se livrer à la filature en fin. »

Le même. — *Instrumens agricoles.* — Mention honorable, exposition 1819.

« Qui a exposé un semoir à graines rondes, perfectionné. »

M. MOUROT.—Expositions 1806, 1819.—*Voyez* MITTENHOFF *et* MOUROT.

M. MOUSSÉ, tonnelier à Chézy-l'Abbaye (Aisne).— *Moulins à vanner et à cribler.*—Mention honorable, exposition 1819.

« Pour un moulin à vanner et cribler le blé, muni d'un assortiment complet de grilles et de cribles pour séparer toutes sortes de graines. »

M. Mozer-Oudin. Arcis-sur-Aube (Aube).—*Bonneterie de coton.*—Citation au rapport du jury, exposition 1819.

« Pour de la bonneterie de coton qu'il a exposée. »

M. Muret.—Exposition 1819.—*Voyez* Thedenat et Muret.

M. Muret. Châteauroux (Indre). — *Draperie moyenne.*—Médaille de bronze, exposition 1819.

« Ses draps sont très-bien fabriqués. »

M. Muntzer. — Expositions ans 1801,1802,1806. — *Voyez* Fauler, Kemph et compagnie.

N.

Nantua (les fabriques de) (Ain).—*Nankins.*—Mention honorable, exposition 1806.

« Les nankins exposés par les fabricans de Nantua. »

MM. Napoly, Meynier et compagnie. Lyon (Rhône). —*Rubannerie.* — Mention honorable, exposition 1806.

« Les rubans fabriqués par cette maison sont très-beaux , et propres à soutenir la concurrence des rubans étrangers les plus estimés. »

M. Nasse-Dubois. Lisieux (Calvados).—*Fabrique de*

21 *

draperie commune.—Citation au rapport du jury, exposition 1819.

M. Nast. Paris, rue des Amandiers, 8.—*Porcelaine.* —Médaille d'argent, 1.re classe, exposition 1806.

« La manufacture de M. Nast se distingue par le choix et le bon goût des formes. Le jury regarde ce mérite comme essentiel et fondamental. »

MM. Nast frères. Paris, rue des Amandiers-Popincourt, 28. — *Porcelaine.* — Médaille d'or, exposition 1819.

« Les porcelaines qu'ils ont exposées sont remarquables par la qualité de la pâte, la pureté des formes, la netteté des ornemens, tant dans les petites pièces que dans les grandes, par la beauté et la solidité des dorures, et enfin par une fabrication extrêmement soignée.

« MM. Nast ont appliqué en grand et avec succès la molette à la décoration de la porcelaine.

« Parmi les objets qu'ils ont exposés se trouvaient des colonnes de quatre pieds, d'une seule pièce et très-bien réussies, qui ont particulièrement fixé l'attention des hommes qui savent combien l'exécution en porcelaine des pièces de ce genre présente de difficultés. »

M. Naugues. Rohan (Morbihan).—*Toiles.*—Citation au rapport du jury, exposition 1819.

« Bonne qualité des toiles mises à l'exposition. »

M. Née. — Exposition 1806.—*Voyez* Treuttel, Wurtz, Milling et Née.

M. Néel. S.-Lô (Manche).—*Coutellerie.*—Mention
honorable, exposition 1819.

« Comme ayant été cité par le jury de 1806, et ayant de plus
en plus mérité cette distinction par ses ouvrages de coutellerie. »

M. Neppel. Paris, rue Crussol, 8.—*Porcelaine.*—
Mention honorable, exposition 1806.

« A présenté des porcelaines en blanc et des porcelaines décorées qui méritent d'être distinguées ; il a aussi présenté un
essai de cheminée en porcelaine que le jury a vu avec intérêt,
comme pouvant être utile au progrès de l'art. »

M. Nicod fils. Maison-Dubois (Doubs). —*Faux.*—
Mention honorable, exposition 1806.

« Faux de bonne qualité. »

M. Nicod.—Exposition 1819.—*Voyez* Bobillier et
Nicod.

M. Nicolle. Rouen (Seine-Inférieure).—*Nankins.*
—Mention honorable, exposition an x. (1802).

« Il a présenté de belles nankinettes. »

Le même.—Exposition 1806.

« Ses nankins ont été vus avec intérêt et satisfaction par
le jury. »

Nismes (la fabrique de) (Gard).—*Bonneterie soie.*—
Mention honorable, exposition 1806.

« Pour les bas de soie de cette fabrique. »

M. NOAILLES (Jean-Joseph) fils, S.-Remi (Bouches-du-Rhône).—*Soies grèges.*—Médaille de bronze, exposition 1819.

« A exposé des échantillons de soie sina filée à trois cocons et d'un beau blanc ; il en a joint de soie ouvrée avec beaucoup de perfection et de propreté. »

M. NOEL (Jean). Nîmes (Gard).—*Châles en tricot,*—Mention honorable, exposition 1819.

« Pour des châles chinés en tricot, fort recherchés. »

M. NOEL.—Exposition ans 1801, 1802, 1806.-*Voyez* DELAITRE, NOEL et compagnie.

M. NOEL-CHAMPOISEAU.—Tours (Indre-et-Loire).—*Soies grèges.* — Mention honorable, exposition 1819.

« Le jury a vu avec une satisfaction particulière les soies grèges, ouvrées et organsinées, exposées par ce fabricant. »

NOGENT-LE-ROTROU (les fabricans de) (Eure-et-Loir). —*Cadis, serges, étamines.*—Mention honorable, exposition 1806.

« Ces étoffes, produits de la fabrication de ces fabricans, sont bonnes, chacune dans son espèce, et méritent la confiance des consommateurs. »

M. NOIR.—Exposition 1819. — *Voyez* LAGRENÉE et NOIR.

M. NOIR-DUFRÊNE.—Exposition an 9 (1801).—*Voyez* RICHARD et NOIR-DUFRÊNE.

Nord (département du).—*Productions en général.*
—Citation au rapport du jury, exposition an 1x
(1801).

« Les linons, les batistes, les dentelles, les gazes de ce départment, soutiennent parfaitement leur réputation. »

———————

M. Oberkampf. Jouy (Seine-et-Oise). — *Toiles peintes*—Médaille d'or, exposition 1806.

« La manufacture de toiles peintes formée à Jouy par M. Oberkampf, a été en France le berceau de ce genre d'industrie qui satisfait à une consommation si étendue, et forme aujourd'hui une branche de commerce si importante. M. Oberkampf doit en être considéré comme le fondateur parmi nous. »

« La manufacture de Jouy tient le premier rang par le choix des tissus, par la beauté et la solidité des couleurs, par la variété et le bon goût des dessins. C'est l'établissement qui a le plus servi à l'avancement de l'art d'imprimer les toiles. »

Le même.—Grand prix de 1.re classe, distribution des prix décennaux, 1810.

« Comme fondateur de l'établissement d'industrie nationale le plus considérable et le plus utile qui devait en même temps une grande partie de ses succès à l'invention d'une nouvelle machine à imprimer, ainsi qu'à l'heureux emploi d'un procédé chimique dont la découverte avait été cherchée long-temps par les savans de France et d'Angleterre. »

« En l'an 7, le commerce des toiles peintes avait été presque absolument découragé par l'effet des grandes importations qui se faisaient en France des produits des fabriques étrangères. A cette époque, M. Oberkampf avait imaginé et fait exécuter par MM. Périer une machine à imprimer avec des rouleaux gravés. Dans les années 1804 et 1806, elle fut presque constamment en activité, et servait à imprimer de 4000 à 6000 mètres par jour : bientôt il s'en construisit dans toute la France. Une presse à imprimer deux ou trois couleurs à la fois a été mise en usage et a réussi d'une manière satisfaisante. On doit à M. Oberkampf la découverte du vert solide fait d'une seule application. Avant cette précieuse conquête de la chimie appliquée aux manufactures, le vert n'avait pu être obtenu solide que par deux applications successives du bleu d'indigo sur le jaune et du jaune sur le bleu d'indigo. La manufacture d'Essone, soumise à la même administration, suit les mêmes procédés. »

M. OBERKAMPF et compagnie. Jouy (Seine-et-Oise). *Toiles peintes.*—Médaille d'or, exposition 1819.

« La célèbre manufacture de Jouy, dont feu M. Oberkampf fut le fondateur, n'a point dégénéré dans les mains de ses enfans ; elle a même pris des accroissemens importans. Le coton entre brut dans les établissemens et en sort façonné en toiles peintes. On a vu à l'exposition des toiles pour meubles, qui, mises en place, produisaient à la vue l'effet des étoffes les plus riches. Cette idée a été heureusement exécutée ; il n'y a que des éloges à donner au bon goût du dessin et au bon choix des nuances.

« Les cotonnades blanches et le linge de table damassé fabriqué en coton, par la même compagnie, dans ses établissemens d'Essone, sont d'une belle exécution et d'un beau blanc.

« Par ordonnance du 17 novembre, S. M. a conféré le titre de baron à M. Oberkampf. »

M. OBERLIN, pasteur depuis cinquante - trois ans, dans le village de Waldersbech (Vosges).—Décoration de la Légion-d'Honneur, an 1819.

« L'ordonnance du roi s'exprime ainsi :

« D'après le compte qui nous a été rendu par notre ministère de l'intérieur, que le sieur Oberlin emploie de constans efforts pour améliorer l'état de ses paroissiens, que l'on doit à

son zèle et à ses lumières les établissemens d'instruction pri-
maire formés dans cette commune, ceux de plusieurs branches
d'industrie, de meilleurs procédés agricoles et des travaux
utiles sur les routes, qu'enfin c'est à ses soins éclairés que cette
contrée, jadis peu féconde, doit son aspect heureux et flo-
rissant.

« Voulant honorer une conduite si éminemment pasto-
rale, etc. »

M. ODENT. Courtalin (Seine-et-Marne). —*Papiers.*
—Médaille de bronze, exposition an ix (1801).

« Pour avoir fabriqué des papiers propres à faire des
effets de commerce, qui rendent la contrefaçon de ces effets
très-difficile. »

Le même.—*Papeterie.*—Médaille de bronze, exposition 1819.

« Cette fabrique obtint, en l'an 9, une médaille de bronze
pour des papiers destinés à des billets de commerce, dont la
contrefaçon était très-difficile ; depuis cette époque elle s'est
plus particulièrement adonnée à la fabrication courante; elle a
contribué aux progrès de la papeterie ; elle est une des premières qui aient reconnu la possibilité d'opérer le collage à la
cuve et qui l'aient tenté avec succès. »

« Le jury juge M. Odent toujours digne de la distinction qui
lui a été accordée.

M. ODIOT, orfèvre. Paris, rue Saint-Honoré. —*Or-
fèvrerie.*—Médaille d'or, exposition an x (1802).

« Cet artiste a excité l'attention du jury ; l'élégance, la variété des formes, leur ensemble, le choix et la variété des
ornemens; tout dans les vases de M. Odiot a été dirigé et
exécuté dans le goût le plus pur et le plus délicat. »

Le même.—Exposition 1806.

« Il se montre cette année encore avec plus d'avantage; plusieurs de ses ouvrages sont de la plus grande magnificence, et
parfaits d'exécution et de goût. »

Le même. Paris, rue de l'Évêque, 1.—*Orfévrerie.*
—Exposition 1819.

« A paru aux dernières expositions avec un ensemble d'objets qui lui méritèrent la distinction du premier ordre. Il a présenté cette année un grand service en vermeil, un déjeûner et un encrier. Ces objets sont conçus dans le meilleur goût et exécutés avec une rare perfection. »

« M. Odiot avait aussi exposé des pièces modèles en bronze dont il a donné la collection au gouvernement, pour servir à l'instruction des fabricans de bronze et d'orfévrerie. Ces pièces, dont quelques-unes servirent de modèle pour les ouvrages que M. Odiot avait exposés en 1806, ont fixé l'attention du public et mérité son suffrage. »

« Le jury s'empresse de déclarer que M Odiot est toujours très-digne de la médaille d'or. »

M. Olive (Joseph). Escarbotin (Somme).—*Serrurerie.*—Médaille de bronze à partager avec plusieurs, exposition an ix (1801).

« Pour avoir fait récemment des serrures très-bien travaillées. »

Le même.—Médaille d'argent, 1.re classe, exposition 1806.

« La fabrique de serrurerie d'Escarbotin, qui occupe à peu près deux mille ouvriers, approvisionne presque toute la ville de Paris ; elle soutient avec succès la concurrence des fabriques étrangères ; ses prix sont inférieurs à ceux des manufactures d'Allemagne, et ses ouvrages sont beaucoup plus parfaits. »

« M. Joseph Olive est un des entrepreneurs les plus distingués de cette manufacture ; il donne de grands soins à sa fabrique ; des améliorations successives se font remarquer dans ses produits. »

« M. Olive a fait exécuter des serrures d'après des modèles

imaginés par **M.** Edgeworth et perfectionnés par M. Koch, modèles qui lui avaient été envoyés par la société d'encouragement. »

Le même, Dépôt à Paris, rue de la Tixeranderie, 15. —*Serrurerie.*—Exposition 1819.

« Ce fabricant a déjà paru aux expositions de 1801 et 1806, et toujours avec distinction; à la dernière il mérita une médaille d'argent. »

« Le jury de 1806 remarqua que la fabrique d'Escarbotin soutenait avec avantage la concurrence des fabriques étrangères, que ses prix étaient inférieurs à ceux de l'Allemagne, et ses ouvrages plus parfaits, »

« Cette fabrique compte un nombre considérable d'ouvriers disséminés dans les habitations rurales ; elle approvisionne la ville de Paris et une grande partie de la France. »

« Le jury a vu avec une satisfaction véritable la bonté toujours soutenue des ouvrages de cette fabrique, et il s'empresse de déclarer que M. Olive lui paraît toujours digne de la médaille d'argent qu'il a obtenue en 1806. ».

M. OLLIVIER. Paris, rue Thibault-aux-Dez.—*Typographie, gravures.*—Médaille de bronze, exposition an IX (1801).

« Inventeur d'un procédé pour graver la musique en caractères mobiles. »

Le même.—Exposition an x (1802).

« L'art de M. Ollivier s'améliore tous les jours entre ses mains. »

M. OLOMBEL. Mazamet (Tarn).—*Londrins et mahouts.*—Médaille d'argent, exposition 1819.

« A exposé des londrins et des mahouts agréables et bien fabriqués, »

M. Omouton. Yvetot (Seine-Inférieure).—*Machines à tisser.*—Mention honorable, exposition 1819.

« Pour des rots perfectionnés. »

Madame Onfroy. L'Aigle (Orne). — *Dentelles.* — Médaille de bronze, exposition an x (1802).

« Pour des échantillons de dentelles fabriquées à l'Aigle, où cette industrie est nouvelle.

« Les dessins sont d'un excellent goût. »

Orne (les fabriques d'Alençon).—*Toiles de corps et de ménage.* — Citation au rapport du jury, exposition 1806.

« Les toiles, dites *d'Alençon* et *cretonnes*, continuent d'être bien fabriquées et de mériter le succès qu'elles obtiennent dans le commerce. »

M. Oudin. Paris, Palais-Royal, 65.—*Horlogerie.*— Mention honorable, exposition 1806.

« A présenté deux montres : la première se remonte par l'effet seul de l'agitation du *porter ;* la seconde représente le mois synodique et les phases de la lune.

« Cet artiste paraît très-intelligent, et ses montres sont exécutées avec beaucoup de perfection. »

M. Oudin. Paris, Palais-Royal, 52.—*Horlogerie.*— Citation au rapport du jury, exposition 1819.

« Est auteur d'une montre à équation dont la disposition est ingénieuse. »

MM. Oursin-Caze frères. Caen (Calvados). — *Corroyage.* — Mention honorable, exp. 1806.

Pour l'habileté avec laquelle sont corroyés les cuirs présentés par lui. »

M. Oury (Jacques). Toulouse (Haute-Garonne). — *Maroquins.* — Mention honorable , exposition 1819.

« A cause des maroquins qu'il a exposés et que le jury a vus avec satisfaction. »

P.

MM. Paillot père et fils et l'**Abbé**. Aux-Forges-de-Grossouvre (Cher). — *Fers.* — Médaille d'or, exposition 1819.

« Ont exposé un assortiment de fers en barres, et des lames à canons de fusil ; les barres de fer sont bien exécutées, la qualité du métal est très-bonne ; il y a une parfaite homogénéité dans la matière. Ces fers ont été fabriqués par un procédé qui consiste à étirer la loupe entre des cylindres de laminoir ; ils ont été soumis par le jury à des épreuves variées ; on a toujours trouvé qu'ils avaient les mêmes qualités que les fers de la même usine, fabriqués au martinet.

« Les lames de canons ont été fabriquées au moyen d'une machine ; elles sont plus régulières que celles qui sont faites par la méthode usitée. La machine peut en fabriquer mille par jour. »

M. Palfrène. Gentilly (Seine). — *Teinture sur fil de lin.* — Médaille de bronze, exposition 1819.

« A présenté une carte d'échantillons et des mouchoirs de fil dont les couleurs, surtout le bleu, sont belles ; les nuances de violet qu'il a portées sur le fil de lin ont paru pouvoir remplacer les violets sur fil de coton qu'on a employés jusqu'ici dans la fabrication des mouchoirs de fil. »

M. Palot et compagnie.—Exposition 1819.—*Voyez*
Boixot, Palot et compagnie.

M. Pamard, fabricant. Desvres (Pas-de-Calais).—
Draperie moyenne.—Mention honorable, exposition an x (1802).

« Pour ses gros draps en demi-largeur d'une bonne fabrication. »

Le même.—Exposition 1806.

« Le jury a vu avec satisfaction les produits mis à l'exposition
par ce fabricant. »

M. Pannier-Darche. Paris, rue du Bac, 13.—*Bonneterie de soie.*— Mention honorable, exposition
1819.

«Pour la bonneterie de soie qu'il a mise à l'exposition, dont
le travail ne laisse rien à désirer. »

M. Papst, fabricant de meubles. Paris, rue de Charonne, 7. — *Ébénisterie.* — Mention honorable,
exposition 1806.

« Il a présenté des meubles enrichis d'ornemens fabriqués
avec soin et goût. »

MM. Parent (Pierre). Roubaix (Nord).—*Étoffes
de fantaisie.*—Citation au rapport du jury, exposition 1819.

« Pour étoffes pour gilet. »

Paris (les arquebusiers de).—*Armes à feu.*—Mention
honorable, 1806.

« Les fusils qu'ils ont exposés sont parfaitement traités. »

Paris (les filatures de coton de).—Mention honorable,
exposition 1806.

« Les cotons fournis à l'exposition par les filatures de Paris. »

PARIS (fabrique du faubourg S.-Marcel). — *Couvertures*, *molletons*. — Mention honorable, exposition 1806.

« Est digne d'attention par la beauté de sa fabrication. »

PARIS (la fabrique de). — *Coutellerie fine.* — Mention honorable, exposition 1806.

La même fabrique. — Mention honorable, exposition 1819.

« Comme ayant de plus en plus mérité cette distinction par ses ouvrages de coutellerie. »

PARIS (la manufacture de glaces de). — Médaille d'or, exposition 1806.

« Cette manufacture, connue de toute l'Europe, n'y a point de rivale. »

PARIS (l'atelier de charité du dixième arrondissement de). — *Productions industrielles en général.* — Citation au rapport du jury, exposition an x (1802).

« Le jury a vu avec intérêt les ouvrages provenant de l'atelier de charité formé par les soins de la mairie du dixième arrondissement de Paris. »

M. PARIS. Paris, passage Montesquieu, 13. — *Incrustation dans le verre.* — Mention honorable, exposition 1819.

« Pour les objets incrustés dans des cristaux qu'il a exposés. »

MM. PASCAL, THORON (Jacques) et compagnie. Montolieu, près Carcassonne (Aude). — *Cadis, serges, étamines.* Médaille d'argent, exposition an x (1802).

« Ces manufacturiers ont présenté trois pièces de draps, fabriquées pour le commerce du levant; la fabrication en est très bonne, et aussi soignée que dans les temps les plus florissans. Le jury regarde ces marchandises comme propres à justifier la confiance que les orientaux accordent depuis long-temps aux draperies françaises. »

M. PASCAL.—Exposition 1819. —*Voyez* MERLE, etc.

M. PASCAL fils.—Exposit. 1819.—*Voyez* MERLE, etc.

M. PATTO. Chalabre (Aube).—*Draperie.*—Médaille de bronze, exposition 1819.

« Les draps exposés par ce manufacturier sont remarquables par la bonne fabrication. »

MM. PATOULET, AUDRY et LEBEAU. Champlan, près Longjumeau (Seine-et-Oise). — *Placage d'or et d'argent sur acier.*—Mention honorable, exposition an VI (1798).

« Couverts plaqués d'or et d'argent sur acier. »

M. PATTE.—Exposition 1806. — *Voyez* MASSEY, FLEURY, etc.

M. PATUREAU. Troyes (Aube).—*Basins et piqués.*—Une des vingt médailles d'argent de l'exposition an IX (1801).

« A présenté des piqués et basins bien fabriqués. »

PATUREAU et COSSARD.—Exposition an x (1802).

« Ont présenté différens articles en basins, piqués, qui ne le cèdent point à ceux qui firent distinguer M. Patureau en l'an IX. Le jury a remarqué, entre autres, une pièce de piqué à 26 échantillons qui prouve que ces fabricans connaissent leur art dans toute son étendue; il a aussi été frappé de la grande perfection d'une pièce de basin mousselinette ; le prix en est modéré, eu égard à la qualité. Ces associés sont assortis depuis le commun jusqu'au plus fin. Le jury juge leurs travaux dignes des plus grands éloges. »

Le même.—Exposition 1806.

« A envoyé des coupons de basin qui prouvent que ce fabricant n'a pas cessé d'être digne de la médaille d'argent qui lui fut décernée en l'an 9, et qu'il mérite les éloges que lui donna le jury de l'an x, sur ses connaissances dans l'art de fabriquer le basin. »

M. PAULET. Saint-Quentin (Aisne).—*Batistes, linons.* —Mention honorable, exposition an x (1802).

« A présenté une pièce de linon façonné, à l'imitation de ceux de soie, également tissu à la navette volante.

« C'est la première fois que la navette volante a été employée à ce genre de fabrication. »

M. PAVIE, teinturier. Rouen (Seine-Inférieure).— *Teinture.* — Médaille d'argent, exposition an IX (1801).

« Pour la beauté de son rouge incarnat sur coton. »

M. PAVIE (Benjamin), teinturier. Rouen (Seine-Inférieure).—*Teinture.*—Médaille de bronze, exposition 1819.

« Pour avoir un des premiers perfectionné l'art de la teinture de coton dans le département de la Seine-Inférieure, et n'avoir pas cessé de rendre des services à l'industrie si importante de ce département. »

M. PAVY (Pierre). Lyon (Rhône).—*Étoffes de soie.* —Mention honorable, exposition 1806.

22

« Pour ses damas et ses étoffes brochées or et argent. »

PAYAN.—Exposition 1819.—*Voyez* ROYER, PAYAN
et THÉRIAT.

MM. PAYEN et compagnie. Marseille (Bouches-du-
Rhône).—*Savons.*—Mention honorable, exposi-
tion 1819.
« A présenté du savon en table très-bien fabriqué. »

MM PAYEN et BOURLIER. Paris.—*Produits chimiques.*
—Médaille de bronze, exposition an IX (1801).
« Pour leur belle fabrique de produits chimiques. »

MM. PAYEN et PLUVINET. Paris, rue des Jeûneurs, 4.
—*Produits chimiques.*—Médaille d'argent, exposition 1819.
« Ont exposé du sel ammoniac de leur fabrique, lequel
remplace celui que l'on tirait de l'étranger. »

MM. PAYEN fils et CARTIER.—*Produits chimiques.*
—Citation au rapport du jury, exposition 1819.
« Pour du borax de leur fabrication. »

M. PAYN fils. Troyes (Aube).—*Bonneterie en coton.*
—Une des douze distinctions de première classe,
équivalant à une médaille d'or, exposition an VI
(1798).
« Pour bonneterie en coton; basins d'un beau blanc et bien
fabriqués. »
Le même.—Médaille d'or, exposition an X (1802).
« M. Payn est un des plus habiles fabricans de bas de coton
que nous ayons en France. Les articles qu'il présente cette
année sont de la première beauté. La manufacture de M. Payn

est importante par son étendue ; ce fabricant obtint la distinction du premier ordre à la première exposition ; le jury lui décerne une médaille d'or. »

M. Pécard. Tours (Indre-et-Loire). — *Plomb de
chasse.*—Mention honorable, exposition 1819.

« Plomb de chasse bien fabriqué. »

MM. Pecard fils. Tours (Indre-et-Loire).—*Minium.*
—Mention honorable, exposition 1806.

« Le minium présenté par ce fabricant réunit les propriétés
qui annoncent une belle fabrication ; savoir, une très-grande
finesse, une belle couleur rouge, et un coup d'œil cristallin. »

Le même.—Médaille de bronze, exposition 1819.

« A exposé du beau minium de sa fabrication. »

M. Pecqueur, chef d'atelier du Conservatoire des
arts et métiers.—Médaille d'argent, exposition
1819.

« A présenté une pendule de son invention qui marque à la
fois, sur deux cadrans différens, le temps moyen et le temps
sidéral. Le régulateur du temps moyen est un pendule dans
lequel la compensation est produite d'une manière particulière
avec du mercure. Le temps sidéral est réglé par un échappement libre avec un balancier circulaire qui bat les demi-se-
condes ; ces deux mouvemens communiquent entre eux à l'aide
d'un rouage qui les maintient dans les rapports de vitesse convenables. Par cet artifice, le nombre des secondes, dont la
pendule sidérale avance ou retarde sur le temps sidéral, est
exactement égal au nombre de secondes qui exprime au même
instant l'avance ou le retard de la pendule moyenne sur le
temps moyen.

« Le calcul de l'heure sidérale est extrêmement simple, quand
on a observé le passage d'une étoile au méridien ; la pendule
de M. Pecqueur dispenserait donc du calcul de l'heure

22 *

moyenne, puisque, d'après les dispositions de son mécanisme, la correction est toujours là même pour les deux temps, pour les deux cadrans. »

M. PEIN. Châlons-sur-Marne (Marne). — *Coutellerie.*—Mention honorable, exposition 1819.

« Pour des ciseaux fabriqués au moyen du découpoir et du balancier. Ses prix sont inférieurs à ceux des autres fabricans. »

M. PELISSON fils. Poitiers (Vienne). — *Draperie moyenne.*—Mention honorable, exposition an x (1802).

« A présenté à l'exposition des étoffes dites *tricots*, pour l'habillement des troupes ; le jury les a trouvés bien fabriqués. »
Le même.—Mention honorable, exposition 1806.

« Le jury a vu avec satisfaction les produits mis à l'exposition cette année par ce fabricant. »

M. PELLETEAU. Rouen (Seine-Inférieure).—*Soude.* —Mention honorable, exposition 1806.

« A présenté de la soude et du carbonate de soude bien préparé et qu'on peut employer avec succès dans les arts. »

M. PELLETIER (H.-F.). Saint-Quentin (Aisne). — *Linge de table et mousselines.*—Médaille d'argent, exposition 1819.

« Ce fabricant a paru à l'exposition d'une manière distinguée ; il a présenté du linge de table damassé en coton unissant des dessins de bon goût à une belle qualité de tissu ; il a aussi présenté des mousselines brochées, en couleur pour robe, d'un très-bel effet. »

Le même.—*Linge damassé.*—Mention honorable, exposition 1819.

« Ce fabricant a exposé du linge damassé à figures d'une grande finesse et fait avec talent. »

M. PELLETREAU (Gratien). Château-Renaud (Indre-et-Loire).—*Corroierie.*—Mention honorable, exposition 1819.

« Pour le bon corroyage des cuirs qu'ils ont présentés. »

MM. PELLETREAU frères. Château-Renaud (Indre-et-Loire). — *Corroierie.* — Mention honorable, exposition 1819.

« Pour le bon corroyage des cuirs qu'ils ont présentés. »

Mad. veuve PELLIER-DUVERGER. Condé-sur-Noireau (Calvados). — *Étoffes de coton.* — Citation au rapport du jury, exposition 1819.

« Pour ses reps et retors en coton. »

MM. PELLUARD et compagnie. Liancourt (Oise). — *Machines à filer le coton.* — Médaille de bronze, exposition 1801.

« Ont exposé des cardes d'une fabrication régulière. Beaucoup de manufactures les emploient, et l'usage prouve leur bonté. »

Le même. — Médaille d'argent, 2.ᵉ classe, exposition 1806.

« A exposé des cardes que le jury a vues avec satisfaction : elles sont parfaitement fabriquées, et ne peuvent qu'accroître l'estime dont jouissent depuis long-temps les cardes de Liancourt. »

M. Péniet, arquebusier à Paris, rue de Rivoli, 14.
— *Armes à feu.* — Médaille d'argent, 2.ᵉ classe,
exposition 1806.

« A soumis à l'examen du jury un instrument de son invention propre à carabiner les pistolets : au moyen de cette
machine, un ouvrier peut faire dans une heure autant d'ouvrage qu'il en ferait dans un jour par les procédés ordinaires.
La rayure qu'on obtient avec cette machine est très-parfaite ;
l'auteur l'a nommée rayure à cheveux, à cause de la finesse des
cannelures.

« M. Péniet est d'ailleurs, sous tous les rapports, un arquebusier distingué. »

MM. Pérard et Vardel. A la Ferrière-sous-Jougues
(Doubs).—*Fers.*—Mention honorable, exposition
1816.

« Fer en petites tringles fort minces ; il est très-bien forgé
et très-nerveux. »

M. Percier. Paris. — *Architecture.* — Membre de
l'Académie royale des beaux-arts. — Décoration
de la Légion-d'Honneur, à l'occasion de l'exposition de 1819.

« Les études profondes du sieur Percier dans l'architecture,
dit l'ordonnance royale, la part qu'il a prise dans l'exécution
des monumens les plus importans, le grand nombre d'élèves
distingués qu'il a formés, l'heureuse influence que son goût
et son habileté dans le dessin ont opérée sur tous les produits
de l'industrie, qui ont les beaux-arts pour base, placent cet
artiste au rang de ceux qui ont le plus contribué à l'illustration
de l'école française. »

M. Perdu. — Exposition 1801. — *Voyez* Luton, Perdu et Pitouin.

Le même.—*Cristaux, dorure sur cristaux.*—Médaille de bronze, exposition an x (1802).

« Il obtint l'année dernière une médaille de bronze pour la perfection de ses dorures sur cristaux. Le jury s'est assuré, par l'examen des productions qu'il a exposées cette année, que son art n'est point déchu. »

M. Perducet. Annonay (Ardèche).—*Mégisserie.*— Mention honorable, exposition an ix (1802).

« Pour des peaux de chevreaux apprêtées au blanc avec beaucoup de soin. »

Le même.—Mention honorable, exposition 1806.

« Pour la même cause. »

M. Perducet. Annonay (Ardèche).—*Bonneterie de laine.*—Mention honorable, exposition 1819.

« Pour des bonnets de laine d'une bonne fabrication. »

M. Perdreau, Tours (Indre-et-Loire). — *Bleu-raymond.*—Mention honorable, exposition 1809.

« Il a présenté des échantillons de bleu-raymond et de vert sur soie, où le jury a reconnu beaucoup de mérite. M. Perdreau est un des artistes qui ont été proposés pour les récompenses publiques, en exécution de l'ordonnance du 9 avril 1819. »

Le même.—*Teinture.*—Médaille de bronze, exposition 1819.

« Pour avoir fait, dans la teinture des soieries de Tours, une révolution très-utile par l'introduction des procédés qu'il avait recueillis dans ses voyages. »

M. PÉRIER. Paris. — Mention honorable, distribution des prix décennaux, 1810.

« Pour ses *machines à feu perfectionnées* qui ont contribué au succès de plusieurs grands établissemens. »

M. PÉTOU.—Exposition 1819.—*Voyez* BOURDON (N.) et PETOU.

MM. PÉRIER (Augustin) et compagnie, propriétaires de la manufacture de Vizille (Isère).— *Toiles peintes.*—Mention honorable, exposition 1806.

« Grande variété de toiles peintes, de châles et de mouchoirs de coton imprimés avec goût. »

M. PERJEAUX, fabricant à Montebourg (Manche). —*Coutil.*—Citation au rapport du jury, exposition 1819.

M. PERNON (Camille) de Lyon (Rhône). Dépôt à Paris, rue Cléry, 98.—*Étoffes de soie.*—Médaille d'or, exposition an x (1802).

« Il a exposé des étoffes de la plus grande magnificence et dignes de la haute réputation de la ville de Lyon pour les soieries et les broderies.

« On y remarquait : 1.° une robe de mousseline française brodée soie et dorure, sans envers, imitant parfaitement les belles broderies des Indes, exécutée dans les ateliers de M. Rivet, brodeur à Lyon.

« 2.° Un velour soie, teint en écarlate, nuance qu'on n'avait pu obtenir jusqu'ici sur cette matière, et un damas apprêté eu un blanc qui ne coule jamais. Ces deux chefs-d'œuvre ont été exécutés par les procédés de M. Gonin fils, teinturier à Lyon.

« 3.° Des satins et des taffetas grande largeur sans envers.

« Le jury a remarqué dans les broderies et les brochés une grande variété et un bon choix de dessin. Les broderies brochées sont si bien exécutées, qu'elles imitent celles à l'aiguille. »

Le même.—Exposition 1806.

« A exposé plusieurs produits de sa fabrication, parmi lesquels on a remarqué des coussins en brocart or relevé, et des brocarts or et argent sans envers, faisant partie des présens destinés au grand-seigneur.

« M. Pernon est membre du jury de 1806. »

―――――――

PERPIGNAN (l'hospice de la Miséricorde, à).—*Draperie commune*. — Mention honorable, exposition 1819.

« Pour ses draps communs et d'un bon usage. »

―――――――

M. PERRIER fils. Paris, rue St.-Antoine, 159. — *Couvertures de coton*.—Mention honorable, exposition 1819.

« Qui a exposé des couvertures de coton de bonne et belle qualité. »

―――――――

M. PERRIN, fabricant à Paris. — *Toiles métalliques*. —Mention honorable, exposition an VI (1798).

« Toiles métalliques perfectionnées, et assortiment complet en ce genre, depuis celle qui est employée à la fabrication du papier vélin jusqu'à celle qui sert dans les tourailles des brasseries. »

Le même. — Médaille d'argent , exposition an IX (1801.)

« Pour les mêmes toiles métalliques. »

Le même.—Exposition an X (1802).

« A présenté des échantillons d'un papier fabriqué au moyen des toiles métalliques pour lesquelles il obtint, en l'an IX , une médaille d'argent ; ces papiers ne peuvent facilement être imités , et peuvent devenir très - utiles pour les lettres de change et les lettres de commerce. »

Le même.—Exposition 1806.

« Le jury a trouvé les toiles métalliques, exposées en 1806, propres à soutenir la réputation que M. Perrin s'est acquise. »

PETIT-COURONNE (fabrique de) (Seine-Inférieure).— *Filature de coton.*—Mention honorable , exposition 1806.

MM. PETITJEAN et compagnie. Montataire (Oise).— *Cachemires.* — Mention honorable , exposition 1819.

« Très-beaux tissus de cachemire. »

M. PETITJEAN. Tournus (Saône–et–Loire).—*Tissus de coton.*—Citation au rapport du jury, exposition 1819.

« Pour sa printanière de coton. »

M. M. PETIT-PIERRE. Nantes (Loire-Inférieure).— *Toiles peintes*. — Mention honorable , exposition 1806.

« Il a envoyé des échantillons de meubles exécutés avec soin. »

M. PETIT-WALLE. Paris.—*Coutellerie fine*.—Mention honorable an VI (1798).

« Nécessaire à barbe , rasoirs fins.

« Cet artiste instruit et emploie des enfans tirés des hospices. »

Le même. — Médaille d'argent, exposition an IX (1801).

« A exposé des rasoirs fins et des nécessaires à barbe parfaitement combinés et exécutés. »

Le même, — Citation au rapport du jury, exposition 1806.

M. PETOU , fabricant de draps à Louviers (Eure).— *Draps fins*.—Médaille d'argent, exposition an IX (1801).

« Pour avoir présenté une pièce de casimir de la plus grande beauté, et qui a concouru pour la médaille d'or. »

MM. PETOU frères et fils.—Exposition an X (1802).

« Leur manufacture a fait des progrès. Les pièces de draps qu'ils ont exposées sont de la plus belle fabrication et d'un apprêt superbe. Il y a dans ces pièces une uniformité de perfection qui prouve une excellente adresse de fabriquer. Leurs casimirs ne le cèdent point à ceux qui, l'année dernière, leur valurent une médaille d'argent. »

La même maison.—Exposition 1806.

« A exposé des draps parfaitement fabriqués et qui prouvent

que ce manufacturier ne cesse de faire des efforts pour se surpasser lui-même. »

Les mêmes.—*Casimirs.*—Médaille d'argent, exposition 1819.

« Sont toujours dignes de la médaille d'argent qu'ils ont obtenue aux précédentes expositions. Cette maison a aussi exposé de bons casimirs. »

———

M. PEUCHET.—Exposition 1819.—*Voyez* PREVÔT et PEUCHET.

———

MM. PEUGEOT frères. Hérimoncourt (Doubs). — *Acier.*—Médaille de bronze , exposition 1819.

« Fabriquent un acier excellent pour les ressorts de montres et de pendules. »

———

M. PEUJOL Besançon (Doubs).—*Machine à filer le coton.*—Mention honorable, exposition 1806.

« Cylindres cannelés pour filature fabriqués avec soin. »

———

MM. PEYRE et compagnie.—Marvejols (Lozère). — *Casimirs.*—Médaille de bronze , exposition an x (1802).

« Les casimirs qu'il a envoyés sont fabriqués avec des laines du Roussillon et d'Espagne. La filature en est belle , la fabrication bien entendue , et on doit espérer beaucoup de cette fabrique naissante. »

———

MM. PFEIFFER et compagnie. Paris. — *Instrumens à cordes.*—Mention honorable, exposition 1806.

« Ont présenté un piano dont les cordes sont verticales et qui donnent en général de beaux sons : une pédale sert à rendre des sons de harpe. »

M. PFEIFFER. Paris, rue du Mail, 19.—*Forté-piano.* —Médaille d'argent, exposition 1819.

« A perfectionné le piano carré qui jusqu'à lui était demeuré inférieur au piano à queue ; par sa construction, le piano carré était borné à une courte table d'harmonie. M. Pfeiffer, le premier, le fait à longue table avec une mécanique qui règne sur une seule ligne d'un bout à l'autre du clavier ; il a aussi introduit, dans les détails de la mécanique, des améliorations qui rendent le son plus net.

« Les pianos carrés de M. Pfeiffer sont recherchés dans des pays où, jusqu'à ce jour, on ne se servait que de pianos à queue. Les premiers professeurs de Paris donnent la préférence aux pianos de M. Pfeiffer. »

M. PHILIDOR. Paris, rue de Bondy, 10.—*Cristallerie.*—Mention honorable, exposition 1819.

« Pour les cristaux qu'il a exposés, et pour le soin et le goût avec lequel ils sont travaillés. »

M. PICOT. Abbeville (Somme).—*Pompe à incendie.*— Médaille de bronze, exposition an IX (1801).

« Inventeur d'une pompe à incendie très-portative et très-économique. »

M. PIHAN père. Lieuray (Eure).—*Sangles.*—Mention honorable, exposition an IX (1801).

« Pour la bonne fabrication de leurs sangles et surfaix. »

Le même.—Exposition 1806.

« N'a pas cessé de mériter cette distinction. »

M. PIHAN fils. Paris , rue du Faubourg-S.-Martin , passage du Désir. — *Sangles.* — Mention honorable , exposition an IX (1801).

« Pour la bonne fabrication de ses sangles et surfaix. »

Le même.—Exposition 1806.

« N'a pas cessé d'être digne de la distinction qu'il a obtenue en l'an IX. »

MM. PILLET aîné et PILLET (Frédéric). Tours (Indre-et-Loire).—*Étoffes de soie.*—Médaille de bronze ; exposition 1819.

« Ils ont exposé des étoffes pour meubles. Le tissage est bien exécuté ; les dessins qui ont servi de modèle pour fabriquer sont d'un choix excellent, ceux surtout qui ont été employés pour les canapés.

« Le jury a décerné une médaille à chacun de ces fabricans. »

M. PILLIOUD. Paris, rue des Juifs , 11.—*Plaqués d'or et d'argent.* — Médaille de bronze, exposition 1819.

« A exposé de la vaisselle d'argent et d'autres objets ; le tout est plaqué avec beaucoup de soin.

« Le jury a particulièrement remarqué que M. Pillioud est le premier qui ait employé, dans tous ses ouvrages et dans toutes leurs parties , la soudure en argent qui , sous le rapport de la solidité , a plus d'avantage que la soudure ancienne. »

M. PINARD. Bordeaux (Gironde).—*Typographie.*— Médaille d'argent, 2.ᶜ classe , exposition 1806.

« A formé un établissement pour la fonte des caractères

d'imprimerie. Il a envoyé à l'exposition des épreuves de ses
caractères qui ont été vues avec intérêt. Il s'occupe particulièrement de l'application de l'art typographique aux usages
du commerce. »

M. Pinocelli (François). Lyon (Rhône).—*Étoffes de
soie.*—Mention honorable , exposition 1806.

« Pour ses satins lisérés et ses taffetas façonnés. »

M. Piquefeu. Pontaudemer (Eure). — *Colles-fortes.*
—Mention honorable , exposition 1819.

« Pour des colles bien nettes et bien clarifiées. »

Piranesi (les frères). Paris.—*Chalcographie.*—Médaille d'argent, exposition an ix (1801).

« Pour avoir formé à Paris un établissement de chalcographie qui doit fournir de l'occupation à beaucoup d'artistes ,
et assure à la France une branche intéressante d'industrie. »

Les mêmes.—Exposition an x (1802).

« Ils ont joint à leur établissement un atelier où l'on exécute ,
sous la direction des frères Cardelli , des imitations de monumens antiques en marbres précieux. Parmi les produits de
cet atelier on distinguait un vase d'albâtre oriental de la plus
belle forme et d'un travail achevé. »

Les mêmes.—Exposition 1806.

« Ont exposé des gravures de monumens antiques et des
sculptures plastiques, fabriquées à leur établissement de Plailly
près Morfontaine.

« Soutiennent parfaitement leur réputation. »

M. Pitouin. — Exposition an ix (1801). — *Voyez*
Luton, Perdu et Pitouin.

MM. PLAICHARD-DUTERTRE frères. Laval (Mayenne).
—*Mouchoirs.*—Citation au rapport du jury, exposition 1810.

« Mouchoirs d'une fabrication très-soignée. »

M. PLANTIER (Vincent). Aux forges d'En-haut (Isère).
—*Acier.*—Médaille d'argent ; 1.ʳᵉ classe ; exposition 1806.

« A présenté trois échantillons d'acier de qualité excellente.
« Cet acier se forge et se soude bien, a beaucoup de corps et
de nerf et le grain fin ; il est très-dur. »

M. PLEY. Saint-Omer (Pas-de-Calais).—*Draperies.*
. —Mention honorable , exposition 1819.

« Ce fabricant a exposé des draperies d'une fabrication
louable. »

M. PLUARD aîné. Rouen (Seine-Inférieure). —*Châles
en coton.*—Médaille de bronze, exposition 1819.

« A présenté des châles en coton broché imitant les châles
en laine ; ils sont d'un joli effet , et les couleurs en sont
solides. »

MM. PLUMMER, DONNET et compagnie. Pontaudemer (Eure).—*Corroyage.*—Mention honorable ;
exposition an VI (1798).

« Cuirs corroyés, cuirs de porc apprêtés. »

Les mêmes et VANNIER.—Médaille d'argent, exposition an IX (1801).

« MM. Plummer , Donnet et Vannier ont exposé aux deux
époques des cuirs parfaitement tannés et corroyés pour souliers, pour tiges de bottes et pour la sellerie. Cette fabrique

jouit depuis long-temps d'une réputation méritée. Ses propriétaires travaillent sans cesse à l'accroître. »

Les mêmes.—Exposition 1806.

« Ces fabricans ont beaucoup contribué, par leurs travaux
et par leur exemple, aux progrès de la corroirie ; leurs produits sont soignés et dignes de la confiance du public. »

MM. PLUVINAGE et ARPIN de S.-Quentin (Aisne).—
Mousselines, perkales et calicots.—Médaille d'or,
exposition 1806.

« Ces fabricans ont envoyé des mousselines, des perkales
et des calicots d'une grande beauté ; l'attention du jury s'est
particulièrement fixée sur les mousselines dont la bonne fabrication présente plus de difficultés et suppose d'ailleurs l'art
de bien travailler la perkale et le calicot. Il n'a eu que des
éloges à donner aux mousselines de MM. Pluvinage et Arpin ;
il en a trouvé le tissu très-régulier, très-fin et le coup d'œil
agréable. »

PLUVINET et BREANT.—*Affinage du métal de cloche.*
—Mention honorable, exposition an IX (1801).

« Pour avoir présenté des lingots d'étain, retirés des scories
de l'affinage du métal des cloches. »

MM. PLUVINET.—Exposition 1806.—*Voyez* PAYEN et
PLUVINET.

MM. POBECHEIM. Essone (Seine-et-Oise).—*Filature
de coton.*—Mention avec estime, distribution des
prix décennaux, 1810.

MM. POIDEBARD. Lyon (Rhône). — *Soie sina, soie
grège.*—Médaille d'argent, exposition 1819.

« La soie qu'il a exposée est de la variété blanche native ou
soie sina ; elle est bien soignée et filée avec une extrême
propreté.

25

«M. Poidebart est un des propriétaires qui se sont occupés avec le plus de succès de la culture en grand de la soie sina. »

M. POIRSON. Paris , rue S.-Pierre-Montmartre , 15. —*Globes.*—Médaille de bronze, exposition 1819.

« A présenté des globes célestes et terrestres, qui ont paru des modèles en ce genre. »

POITIERS (dépôt de mendicité de) (Vienne).—*Draperie moyenne.* — Citation au rapport du jury, exposition 1806.

«Les différentes étoffes de laine fabriquées en ce dépôt ont paru dignes de l'attention du jury. »

M. POITTEVIN. Tracy-le-Mont (Oise). — *Fil de coton.*—Mention honorable, exposition 1819.

«Pour des chaînes en fil de coton ayant reçu un apprêt particulier qui en facilite le tissage. »

M. PONS. Paris.—*Horlogerie.*—Médaille d'argent de 1re. classe , exposition 1806.

« A présenté plusieurs horloges, dont le pendule composé fait des vibrations de demi-seconde avec des arcs constans, au moyen d'un mécanisme ajouté à l'échappement libre.

«Toutes les pendules présentées par M. Pons sont construites avec intelligence, et exécutées avec la plus grande perfection; la régularité de leur marche a été constatée par des observations astronomiques. »

Le même , directeur de la fabrique d'horlogerie d'Aliermont.—*Horlogerie de fabrique.*—Médaille d'argent , exposition 1806.

« A présenté des mouvemens de pendule brut et en blanc, pour être vendus aux horlogers finisseurs, et surtout à ceux de Paris. Le jury a reconnu qu'ils sont travaillés avec soin et d'après de bons principes.

« L'amélioration du produit de cette fabrique est due à M. Pons. »

Pont-Audemer (fabrique de) (Eure).—*Filature de coton.*—Mention honorable, exposition 1806.

« Cotons filés envoyés par cette fabrique. »

Pont-Audemer (les fabricans de) (Eure).—*Corroyage.*—Mention honorable, exposition 1806.

« Pour l'habileté avec laquelle sont corroyés les cuirs présentés par eux. »

Pont-en-Royans (la fabrique de). — *Draperie moyenne.*—Mention honorable, exposition 1806.

« La fabrique de Pont-en-Royans fait des draps propres pour l'habillement des troupes qui sont fabriqués avec soin. »

Pontorson (l'hospice de) (Manche).—*Dentelles.*— Mention honorable, exposition 1819.

« Pour des échantillons de dentelles, à l'aune régulièrement faites. »

MM. Pothier frères. S.-Mâlo (Ile-et-Vilaine). — *Outils divers.* — Mention honorable, exposition an x (1802).

« Ont présenté un assortiment d'hameçons pour la pêche d'un bon acier, bien fabriqués et d'un prix modéré. »

Les mêmes.—Mention honorable, exposition 1806.

« Le jury déclare que MM. Pothier sont toujours dignes de la distinction qu'ils ont obtenue. »

M. Potter. Chantilly (Oise).—*Faïencerie.*—Distinction du 1er. ordre, équivalant à une médaille d'or, exposition an vi (1798).

« Pour un assortiment de faïences blanches, dont la pâte,

23 *

le vernis et les formes peuvent être comparés à ce qu'on connaît de plus parfait en ce genre. »

Le même, fabricant à Montereau (Seine-et-Marne). —Médaille d'or, exposition an x (1802).

« Les poteries que ce fabricant a présentées cette année sont très-belles, la couverte est solide et brillante. M. Potter a été le fondateur en France des premiers établissemens de poteries où l'on a travaillé avec quelque perfection. »

M. POUCHET (Louis-E.). Rouen Seine-Inférieure).— *Filature de coton.* — Médaille d'or, exposition an x (1802).

« Il n'a cessé, depuis 1786, de s'occuper de l'établissement des filatures de coton. Il a imaginé récemment de diviser le système d'Arkwright en petites machines qui n'occupent pas plus de place qu'un rouet commun ; ces machines ont l'avantage de convenir aux plus petits emplacemens. Elles peuvent être manœuvrées par une personne isolée, et donnent la facilité d'allier les soins domestiques aux travaux d'une filature vingt-quatre fois plus productive que celle des rouets ordinaires ; elles n'exigent qu'un apprentissage de deux heures, tandis que les rouets ordinaires demandent trois mois ; circonstance qui en rend l'instruction extrêmement facile dans les maisons de détention ; aussi les a-t-il introduites dans les maisons de détention de Rouen. »

Le même.—*Machines à filer le coton.*—Exposition 1806.

« A présenté un filoir continu à double rang de broches de chaque côté, étagées et distribuées de manière à occuper la moitié moins de place que dans les continus ordinaires. »

M. POUCHET fils. Bolbec (Seine-Inférieure). — *Impressions sur toile de coton.*—Médaille d'argent, exposition 1819.

« A produit des impressions dans le genre lapis, qui sont remarquables par leur beauté. »

M. POULAIN. Boutancourt (Ardennes).—*Fer.*—Mention honorable, exposition 1819.

« Fer métis, fondu, platiné et laminé. »

M. POUPART-DE-NEUFLIZE. Sedan. (Ardennes).— *Casimirs.*—Médaille d'argent, 1.re classe, exposition 1806.

« Casimirs bien fabriqués, fins, beaux et capables de soutenir la comparaison avec les casimirs les plus estimés fabriqués à l'étranger. »

Le même.—*Filature de laine.*—Mention honorable, distribution des prix décennaux, 1810.

« Pour sa filature de laine. »

Le même et fils. Sédan (Ardennes).—*Draps fins.*— Médaille d'argent, exposition 1819.

« A présenté des pièces de drap bleu et de drap vert qui ont été trouvés fort beaux.

« M. de Neuflize a aussi présenté deux pièces de casimir noir, l'une teinte en laine, et l'autre teinte en pièce. Ces casimirs ont été jugés de première qualité. »

M. POUPART-DE-NEUFLIZE (le baron). Paris. — *La tondeuse.*—Médaille d'or, exposition 1819.

M. SEVENNE (Auguste), négociant à Paris.

M. COLLIER (John), ingénieur-mécanicien.

« Ont exposé une machine à tondre les draps, nommée *la tondeuse.* Cette machine est mise en action par un moteur appliqué à une manivelle ; elle peut être mue à bras, ou par un manége, ou par un cours d'eau, ou par une machine à vapeur. Le drap est tondu par une action continue et sans interruption. L'opération de la tonte est exécutée avec une célérité extraordinaire.

« Le jury a sous les yeux les déclarations délivrées par dix manufacturiers d'Elbœuf qui emploient la tondeuse dans leur fabrication. Depuis qu'ils connaissent cette machine, ils ont renoncé à tous les autres moyens de tonte; ils se louent de la célérité de son travail et de la beauté de l'ouvrage qu'elle exécute. »

M. Poupart-de-Neuflize (le baron J.-Alexandre), manufacturier.— Décoration de la Légion-d'Honneur, à l'occasion de l'exposition 1819.

« D'après le compte qui a été rendu à Sa Majesté, des nombreuses et utiles manufactures élevées ou soutenues avec succès par le sieur Poupart, baron de Neuflize, et du perfectionnement qu'il a apporté dans l'usage des machines destinées à ses fabriques.

« Pour encourager les progrès de l'industrie manufacturière, auxquels le sieur Poupart a concouru puissamment par son exemple et par son activité, et reconnaître les services qu'il a rendus depuis plusieurs années au département des Ardennes, dans les fonctions de membre du conseil général de ce département. »

M. Poupelet. Angoulême (Charente).—*Papeterie.*—Mention honorable, exposition 1806.

« Les papiers envoyés par ce fabricant sont faits avec soin et de bonne qualité. »

M. Poussin (P.). Vimoutiers (Orne). — *Toiles de corps et de ménage.*—Mention honorable, exposition 1806.

« Pour la bonne qualité de ses toiles cretonnes. »

MM. Pouyat et Russinger. Paris, rue Fontaine-Nationale.—*Porcelaine.*—Mention honorable, 1816.

« Ont présenté un groupe en biscuit d'une très-grande dimension, et d'une exécution difficile, dont la réussite est bonne. »

M. Pradier. Paris , rue Bourg-l'Abbé , 22.—*Ouvrages en nacre.* — Mention honorable , exposition 1819.

« Pour avoir exposé des nécessaires et des ouvrages en nacre de perle, provenant de sa fabrique de Dourdan , département de Seine-et-Loire , et très-agréablement travaillés. »

M. Pradier. Versailles (Seine-et-Oise). — *Coutellerie.* — Mention honorable , exposition 1819.

M. Prélat. Paris , rue de la Paix , 26. — *Armes à feu.*—Mention honorable , exposition 1819.

« A exposé plusieurs fusils , entre autres des fusils à percussion connus sous le nom de fusils à foudre , à raison de la rapidité du départ de la décharge , et de la figure que décrit le feu. Les armes de M. Prélat sont très-recherchées. »

MM. Prévôt et Peuchet. Ivetot (Seine-Inférieure). —*Calicots.*—Citation au rapport du jury, exposition 1819.

« Pour des calicots qu'ils ont exposés. »

M. Prieur (M.-C.-A.). Paris , rue S.-Dominique, 53. —*Couleurs.*—Médaille d'argent , 1.re classe 1806.

« A présenté des couleurs liquides à l'usage des manufactures de papiers peints ; parmi ces couleurs, il en est beaucoup qui n'avaient point été faites en France avant lui. Sa fabrique, dirigée par des connaissances chimiques étendues, contribue à la perfection de nos papiers peints.

« M. Prieur a aussi exposé des papiers unis très-beaux , peints avec ses couleurs. »

M. Privat. Nismes (Gard). — *Étoffes de soie.* —
Mention honorable , exposition 1806.
« Pour ses châles et ses petites étoffes. »

M. Prony (de). Paris. — *Littérature , hydraulique.* —
Mention honorable , distribution des prix décennaux , 1810.

« Pour son *architecture hydraulique.* »

MM. Prost frères (Jean et Antoine), mécaniciens.
S.-Symphorien (Loire). — *Régulateur de tissage.*
—Médaille de bronze , exposition 1819.

« Sont inventeurs d'une machine dite *régulateur* , avec laquelle on fait le double d'ouvrage dans le tissage de la
mousseline qui est beaucoup plus belle. Cette machine est très-
simple et à très-bon marché ; elle est répandue partout à
présent. »

M. Provent. Paris , rue Salle-au-Comte , 4 et 6. —
Bijouterie d'acier. —Mention honorable , exposition 1819.

« Qui a présenté une parure et d'autres bijoux en acier bien
exécutés. »

M. Prunet. Alby (Tarn). — *Couvertures et molletons de coton.* —Médaille de bronze , exposition
an x (1802).

« Ses molletons de coton sont bien fabriqués , le prix en est
peu élevé , eu égard à la qualité. »

M. Puichard.--Exposition 1806.--*Voyez* Robin, etc.

M. Puissant. Paris. Mention très-honorable , distribution des prix décennaux , 1810.

« 1.º Pour son *Traité de géodésie*; en recueillant en 1805 les méthodes de MM. Laplace, Legendre et Delambre, l'auteur a voulu réunir dans un même volume tout ce qui constitue la science de l'ingénieur géographe. 2.º Pour son *Traité de topographie d'arpentage et de nivellement*, publié en 1807, pour faire suite au premier ouvrage. »

M. PUJOL. S.-Dié (Loir-et-Cher).—*Couvertures de coton*. — Médaille de bronze, exposition an IX (1801).

« Pour avoir établi une manufacture de couvertures et molletons de coton d'une bonne fabrication. »

Le même.--Médaille d'argent, exposition an X (1802).

« Les objets que M. Pujol a envoyés cette année sont d'un travail soigné et supérieur à celui de l'année dernière. Ce fabricant a atteint, dans son genre, un degré remarquable de perfection. »

Le même.—Exposition 1806.

« Les produits que M. Pujol a exposés cette année prouvent qu'il maintient la fabrication au degré de perfection où elle était parvenue lorsqu'il obtint la médaille. »

Le même.—Exposition 1819.

« Les couvertures et les molletons de coton que ce fabricant a présentés à l'exposition de 1819, ont prouvé au jury qu'il soutient les qualités qui lui ont mérité la distinction qui lui a été accordée et qu'il est toujours digne de la médaille d'argent. »

M. PURGOLD. Paris, rue Cassette, 18.—*Reliure.*— Mention honorable, exposition 1819.

« Pour les reliures qu'il a mises à l'exposition, reliures qui se distinguent par leur solidité, par le fini des dorures et par la tranche-file qui est faite avec un soin extrême. »

M. Puteaux. Paris, grande rue Tarane, 10.—*Ébé-nisterie.*—Mention honorable , exposition 1819.

« Pour des meubles en bois indigènes, d'un bon goût et d'une fabrication soignée. »

Puy (hospice de) (Haute-Loire).—*Produits du travail.*—Citation au rapport du jury, exposition an IX (1801).

Q.

M. Quennechen. Paris, rue des Audriettes, 1,— *Corroyage.* — Mention honorable , exposition 1819.

« Qui a présenté un cuir corroyé, façon de Russie. »

Quenoy (la manufacture de) (Oise). — *Draperie moyenne.*—Mention honorable, exposition 1806.

« Les gros draps, pinchinats, ratines et autres étoffes de laine de cette manufacture ont paru d'une bonne fabrication.»

M. Quesnay. Lisieux (Calvados). —*Toiles de corps et de ménage.* — Mention honorable, exposition 1819.

« Pour la bonne qualité de ses toiles cretonnes. »

M. Quesné (Mathieu). Elbeuf (Seine-Inférieure).— *Draperie fine.*—Médaille de bronze, exposition 1819.

« Pour les draps bien fabriqués et de bonne qualité qu'il a exposés. »

M. Quettier fils. Corbeil (Seine-et-Oise). — *Tuyaux en toile de chanvre.* —Mention honorable, exposition 1819.

« Il a exposé des tuyaux en toiles de chanvres sans couture, pour le service des pompes à incendie. Ces tuyaux ont l'avantage d'être plus légers, plus flexibles et plus économiques que les tuyaux en cuir, et n'ont pas l'inconvénient de ceux-ci, dont la couture est sujette à manquer quelquefois pendant le service. »

MM. QUEVAL (Charles) et compagnie. Fécamp (Seine-Inférieure). — *Toiles à voiles.* — Médaille d'argent, 2.e classe, exposition 1806.

« Ont envoyé des échantillons de toile à voile et de toile commune de la largeur de trois à quatre mètres, tissées sur des métiers d'une composition simple et solide mis en mouvement par un manége. Ces métiers sont disposés de manière que le même fil de trame reçoit deux ou trois coups de chasse à volonté, suivant que le tissu doit être plus ou moins serré.

« Au moyen de ces machines, M. Quéval est parvenu à tisser par jour dix mètres de toile à voile au lieu de six qu'un bon ouvrier peut faire en même temps par le procédé ordinaire. »

QUINTIN (les fabriques) (Côtes-du-Nord). — *Toiles de corps et de ménage.* — Citation au rapport du jury, exposition 1806.

« Les toiles de ce lieu se soutiennent par une fabrication solide et agréable.. »

M. QUINTON. Bordeaux (Gironde). — *Conservation des comestibles.* — Mention honorable, exposition 1819.

« A exposé différens comestibles préparés, suivant la méthode inventée par M. Appert, pour la préparation des substances alimentaires. »

Quinze-Vingts (ateliers des), Vincent, directeur.
Paris.—*Draperie moyenne.*—Citation honorable,
exposition an x (1802).

« Les draps exposés sous cette dénomination ont été fabriqués par des aveugles. Le jury a trouvé la fabrication soignée
dans toutes ses parties. »

R.

M. Rabouin. Angoulême (Charente).—*Papeterie.*—
Mention honorable, exposition 1806.

« Les papiers envoyés par ce fabricant sont faits avec soin et
de bonne qualité. »

M. Rachou et compagnie. Montauban (Tarn-et-Garonne).—*Draperie moyenne.*—Médaille d'argent,
exposition 1819.

« A envoyé à l'exposition de bon drap d'une excellente fabrication et d'un prix modéré ; il a aussi exposé de la ratine
très-belle. »

Voyez aussi Serres.—*Cadisserie.*—Exposition 1806.

M. Racine, horloger. Besançon (Doubs).—*Horlogerie.*—Mention honorable, exposition 1806.

« On a vu à l'exposition cet artiste dont le talent contribue
à soutenir l'activité de cette fabrique. »

Rambouillet (Seine-et-Oise), troupeaux de bêtes
à laines d'Espagne, appartenant au gouvernement.
—*Laines.*—Citation au rapport du jury, exposition an ix (1801).

« Un portique était consacré à l'exposition des draps fabriqués avec des laines du troupeau de Rambouillet. Le public a pu juger par lui-même que ces laines, fabriquées par MM. Decretot et Delarue de Louviers, Leroy et Rouy de Sedan, donnent d'aussi beaux produits que les laines d'Espagne même. »

M. Rambourg. Saint-Bonne-le-Désert. (Allier).— —*Fer.*—Mention honorable, exposition 1819.

« Barres de fer d'une qualité supérieure. Ces fers sont remarquables par leur ténacité. »

MM. Ramier père et fils. Lyon (Rhône).—*Rubannerie.*—Mention honorable, exposition 1806.

« Les rubans fabriqués par cette maison sont très-beaux et propres à soutenir la concurrence des rubans étrangers les plus estimés. »

M. Raoul. Paris.—*Limes.*—Mention honorable, exposition an VI (1798).

« Limes fines dont la réputation est généralement établie.
« Elles proviennent d'acier français. »

Le même. — Médaille d'argent, exposition an IX (1801).

« La réputation déjà bien établie de ses limes est de plus en plus affermie. M. Raoul a beaucoup étendu sa fabrication. Dans une expérience publique récente, ces limes ont attaqué des aciers trempés qui avaient fait blanchir les meilleures limes étrangères. »

Le même.—Exposition an X (1802).

« Les limes fabriquées par M. Raoul sont exécutées avec une grande perfection sous le rapport de la taille et sous celui de la trempe. Leur réputation s'accroît de plus en plus, et l'expérience confirme chaque jour la justice de la décision par laquelle une médaille d'argent fut décernée à M. Raoul à une exposition précédente. Le jury déclare que cet artiste s'applique constamment à augmenter les bonnes qualités de ses limes, et qu'il y réussit. »

M. RAST-MAUPAS.—Exposition 1819.—*Voyez* BANCE et RAST-MAUPAS.

M. RASCALON. Paris, rue Faubourg-S.-Denis, 164. —*Tabletterie et ornemens.*—Mention honorable, exposition 1806.

« Qui a employé pour décorer les meubles des ornemens dorés, peints sous verre, et a donné des preuves de bon goût dans l'emploi de ces ornemens. »

M. RAULIN. Rouen (Seine-Inférieure).—*Filature de coton.*—Mention honorable, exposition an x (1802).

« Propriétaire d'une filature de coton.

« On remarque beaucoup d'égalité dans le fil, ce qui est la première condition dans la filature. »

Le même. S.-Gilles, près d'Arnetal.—Exposition 1806.

« Mérite d'être de nouveau mentionné. »

M. RAVRIO. Paris, rue de la Loi, 211.—*Bronzes cise-lés.*—Médaille d'argent, 2.e classe, exposition 1806.

« A exposé des bronzes dorés d'un effet agréable ; un lustre riche et de bon goût. »

M. RAYMOND, professeur de chimie. Lyon (Rhône.) —*Teinture des soies.*— Médaille d'or, exposition 1819.

« Pour les éminens services rendus à la teinture des soies de Lyon. Il n'y a qu'une voix sur les obligations qu'on lui a dans cette ville. Il est aussi inventeur d'un bleu qui porte son nom.

Le bleu Raymond, ensupprimant la dépense de l'indigo, donne une couleur solide et de la plus grande beauté avec des teintes nouvelles.

« Par ordonnance du 17 novembre 1819, Sa Majesté a nommé M. Raymond membre de la Légion-d'Honneur. »

Madame RAYMOND (veuve). — Exposition 1819. — *Voyez* BOISRICHARD, etc.

MM. RAYMOND-SEVENNE et fils. — Exposition 1806. — *Voyez* GISCARD aîné, etc.

Madame veuve de RÉCICOURT, JOBERT, LUCAS et compagnie. Reims (Marne).—*Étoffes de fantaisie.*—Médaille d'argent à tirer au sort avec la maison LECAMUS et Pierre-Mathieu FRONTIN-DE-LOUVIERS. Exposition an x (1802).

« Cette maison, à laquelle les frères Ternaux sont associés, a présenté plusieurs pièces d'une étoffe appelée *duvet de cygne* qui n'avait pas encore été faite en France; elle a été fabriquée à l'imitation d'échantillons étrangers remis aux frères Ternaux par le ministre de l'intérieur. C'est encore dans cette maison qu'ont été fabriqués en laines d'Espagne des beaux châles faits avec tant d'art qu'ils jouent les châles de cachemire. »

La même maison.—Exposition 1806.

« Cette maison fabrique des duvets de cygne, des toilinettes, des flanelles et des châles qui ont beaucoup de succès dans le commerce et soutiennent avec avantage la concurrence de l'industrie étrangère.

« Les produits de cette maison, présentés à l'exposition, sont

très-agréables et bien fabriqués ; le jury les signalerait pour
une médaille d'argent de première classe, si déjà ils n'avaient
obtenu cette distinction à une exposition précédente. »

M. Récoulès. Rhodez (Aveyron).—*Draperie commune.*—Citation au rapport du jury, exposition
1819.

M. Redouté. Paris, rue de Seine, faubourg S.-Ger-
main, 8.—*Estampes coloriées.*—Médaille d'argent,
exposition 1819.

« A exposé l'histoire des chênes de l'Amérique septentrio-
nale, le *sertum anglicum* de l'Héritier, la description des li-
liacés, la première livraison de celle de Roses, et diverses col-
lections de gravures de plantes en couleur et en noir ; le tout
formant plus de seize volumes. Ces ouvrages sont exécutés avec
une grande perfection. »

« M. Redouté imprime les estampes en couleur avec une
seule planche, par un procédé particulier qu'il a perfectionné. »

M. J.-B. Régis. Cotignac (Var).—*Soies grèges.*—
Mention honorable, exposition 1806.

« Pour les soies en poil, les soies ouvrées et organsinées qu'il
a produites. »

M. Régnier, membre du Lycée des arts. Paris.—
Serrures et thermomètres.—Mention honorable,
exposition an IX (1801).

« Cet artiste a beaucoup travaillé et fait plusieurs instrumens
très-ingénieux ; il a présenté une serrure à combinaison et un

thermomètre métallique, très-sensible et approuvé par l'Institut. »

Le même, conservateur du dépôt central d'artillerie. Paris, rue de l'Université. — *Armes à feu.*—Mention honorable, exposition 1806.

« Instrument propre à déterminer le rapport qui doit exister entre le grand ressort et celui de la batterie d'une platine, afin que le fusil rate le moins possible. Cet habile artiste avait aussi exposé son dynamomètre, déjà connu du public, et dont l'usage devient journellement plus étendu. »

Le même. Rue du Colombier, 30. — *Mécanismes divers.*—Mention spéciale très-honorable, exposition 1819.

« A présenté une collection de machines et divers instrumens dès long-temps connus du public, et adoptés pour un grand nombre d'usages intéressans.

« Parmi ces objets se trouvaient des serrures et des cadenas à combinaison, des serrures de sûreté à petites clefs et incrochetables, un secrétaire avec une fermeture pour mettre les papiers à l'abri de l'indiscrétion.

« Le jury a vu avec satisfaction les produits du génie inventif d'un artiste dont la réputation est faite depuis long-temps, et dont toute la vie a été consacrée au progrès des arts. »

Le même. — *Dynamomètre.*—Mention honorable, exposition 1819.

« A exposé un dynamomètre qui avait déjà figuré à l'exposition précédente ; depuis il a reçu plusieurs utiles applications. L'auteur l'a adapté récemment à un anémomètre fort ingénieux qui est destiné à faire connaître avec quelle force le vent a soufflé en l'absence de l'observateur. Un instrument de ce genre est commandé par le bureau des longitudes pour l'Observatoire royal. »

24

M. Regnier fils. Paris, rue de la Harpe, vis-à-vis celle Serpente.—*Essence de café.*—Citation au rapport du jury, exposition 1819.

« A présenté de l'essence de café ; il a perfectionné la méthode de MM. Bourgogne et Herbien, dont il est le successeur.

« Cette préparation est utile aux voyageurs. »

Reims (la fabrique de) (Marne).—*Étoffes de fantaisie.*—Mention honorable, exposition 1806.

« Silésies, duvets de cygne, toilinettes et autres petites étoffes manufacturées à Reims. Ces étoffes, extrêmement variées, et habilement accommodées au goût des consommateurs, sont travaillées avec soin. »

La même fabrique.—*Casimirs.*—Mention honorable, exposition 1806.

« Ses casimirs ont paru de bonne qualité et propres à écarter pour toujours les casimirs étrangers de la consommation nationale. »

M. Reine. Paris, rue des Jeuneurs, 16.—*Bonneterie de laine.*—Médaille d'argent, exposition 1819.

« A exposé un grand nombre d'objets dans des genres variés. Sa fabrication a été reconnue très-bonne, et les prix qu'il demande sont modérés. »

M. Rémusat. Marseille (Bouches-du-Rhône).— Mention honorable, exposition 1806.

« Pour avoir présenté des coraux bien travaillés et dont les formes sont agréables. »

M. Renard (César). Avignon (Vaucluse).—*Tein-*

ture de la soie.—Mention honorable, exposition 1819.

« A présenté des échantillons de soie sur laquelle il a fixé, sans cochenille, une couleur ponceau solide et très-belle. »

M. RENARD-l'HÉRITIER. Château-Renaud (Indre-et-Loire).—*Draperie commune.*—Citation au rapport du jury, exposition 1819.

M. RENAULD-GLOUTIER. Paris, rue de l'Arbre-Sec, 23.—*Coutellerie.*—Citation honorable, exposition 1806.

« A présenté de la coutellerie d'une excellente exécution. »

RENNES (maison centrale de) (Ile-et-Vilaine).—*Produits du travail.*—Mention honorable, exposition 1819.

« Toiles écrues, siamoises, bien fabriquées, sous la direction de M. Ruel, entrepreneur. »

RÉTHEL (les fabriques de) (Ardennes).—*Casimirs.*—Mention honorable, exposition 1806.

« Ses casimirs ont paru de bonne qualité, et propres à écarter pour toujours les casimirs étrangers de la consommation nationale. »

M. REVEL. Flers-Canton (Somme). — Citation au rapport du jury, exposition 1819.

« Pour des calicots qu'il a exposés. »

M. RÉVILLE.—Expos. 1819.—*Voyez* LAVALLÉE, etc.

24*

M. Revol. Lyon (Rhône).—*Creusets.*—Médaille de bronze, exposition an ix (1801).

« Pour avoir fabriqué des poteries dont le vernis n'a aucune qualité nuisible, et des creusets qui résistent très-bien au feu. »

M. Revol.—Exposition 1806.—*Voyez* Reymond et Revol.

M. Revol. Lyon (Rhône). — *Creusets.*—Mention honorable, exposition 1810.

« Pour ses creusets qui ont paru bien résister aux grands changemens de température, et pour ses poteries grès perfectionnées. »

MM. Reymond et Revol. Saint-Uze (Drôme).— *Creusets.*—Mention honorable, exposition 1806.

« Pour avoir fabriqué des creusets de fort bonne qualité, bons à tous les usages. »

Rhodez (les fabriques de) (Aveyron).—*Cadis, serges, étamines.*—Mention honorable, exposition an x (1802).

« Les fabriques de Rhodez ont présenté des finettes, des serges, des tricots. Le jury trouve qu'en égard au prix, ces objets ont du mérite.

« Ces marchandises communes ont l'avantage d'être à l'usage d'une classe de consommateurs très-étendue; le jury invite les apprêteurs à les soigner. »

Les mêmes.—Mention honorable, exposition 1806.

« Le jury a appris avec satisfaction que la navette volante a été introduite dans cette fabrique. »

MM. Riboulleau et Jourdain. Louviers (Eure).—
Draperie fine.—Médaille d'or, exposition 1819.

« Ces manufacturiers ont exposé des draps superfins d'une
grande beauté, et que l'on peut présenter comme un modèle
de fabrication.

« Les draps fabriqués par cette maison jouissent d'une
haute réputation et sont très-recherchés par les consommateurs. »

MM. Richard et Noir-Dufrène, manufacturiers à
Alençon et à Paris.—*Coton filé, tissé.*—Médaille
d'argent, exposition an IX (1801).

« Pour avoir présenté des cotons fort bien filés au mull
jenny, et des basins, piqués, et des mousselinettes parfaitement
fabriqués. »

Les mêmes.—*Basins piqués.*—Médaille d'or, exposition an x (1802).

« Ils obtinrent, l'an IX, une médaille d'argent; depuis, leur
manufacture a fait de grands progrès. Leurs basins sont de la
première beauté; leurs piqués sont bien fabriqués. Ils filent
eux-mêmes tous les cotons nécessaires à leurs travaux; leur
établissement est fort étendu, et occupe un nombre considérable d'ouvriers. »

Les mêmes.—Distinction honorable à la distribution
des prix décennaux, an 1810.

« Fabrique de perkales et basins de toute espèce; la
matière première se prépare, se carde, se file et s'emploie
dans ses ateliers. Le nombre de ses ouvriers se montait à
dix mille six cent quarante-huit en mai 1808; la somme du
paiement de chaque mois était de 800,000 fr.; en 1810, il
était de 14,000, parmi lesquels beaucoup d'enfans, de femmes,
d'aveugles. L'entreprise dans son ensemble se composait de
quarante établissemens partiels; n'emploie que des cotons

d'Espagne et d'Italie ; se fournit des plantations de coton à Naples. Il a une maison des orphelins, institution qui honore son idée. »

M. RICHARD. Paris, rue de Charonne, 95. Propriétaire de filatures et de fabriques d'étoffes de coton,
à Paris, S.-Quentin, Alençon et Siez.—*Basin et
piqué.*—Exposition 1806.

« Ce fabricant était associé avec feu Noir Dufrêne à l'époque des
expositions publiques des ans ix et x. Il a présenté à l'exposition de
1806 des tissus de coton de toute espèce. Le jury se plaît à déclarer
qu'il a trouvé ses étoffes très-belles ; que les piqués et les basins lui
ont surtout paru de la première beauté, et qu'il aurait regardé
comme un devoir de donner à ce fabricant une médaille d'or,
s'il ne l'avait pas déjà obtenue pour le même objet. »

M. RICHER fils aîné. Paris, quai Pelletier, 32.—
Aréométrie. — Mention honorable, exposition
1819.

« A présenté divers instrumens d'aréométrie comparative.
Les soins que M. Richer a pris pour rendre ses instrumens comparables lui méritent une mention honorable. »

MM. RICHER père et fils. Boulevard S.-Antoine, 71.
— *Instrumens à mesurer les angles.* — Médaille
d'argent, exposition 1819.

« Ont exécuté le pied en cuivre de la grande sphère de
M. Poirson. Le jury a examiné avec beaucoup d'attention un
cercle répétiteur des mêmes artistes, qui n'a pu être exposé,
parce qu'il est maintenant employé par les ingénieurs du dépôt
de la guerre chargés de la mesure du parallèle compris entre
Brest et Strasbourg.

« Cet instrument est exécuté avec beaucoup de soin et d'intelligence. »

M. RICHOUD. S.-Genis-Laval (Rhône). — *Papiers peints.*—Mention honorable, exposition 1819.

« Pour les papiers peints qu'il a exposés. »

M. RIDEAU l'aîné et compagnie. Kérinon, près Brest (Finistère). — *Produits chimiques.* — Mention honorable, exposition an 10 (1802).

« Ont exposé du blanc de plomb et du sel ammoniac, dont la fabrication est bonne. »

M. RIDEL (François). Crouptes (Orne).—*Toiles.*— Citation au rapport du jury, exposition 1819.

« Bonne qualité de ses toiles mises à l'exposition. »

M. RIDEL-BEAUPRÉ. Crouptes (Orne).—*Toiles de lin.*—Mention honorable, exposition 1806.

« Pour la bonne qualité de ses toiles de cretonne. »

M. RIQUIER, fabrique de draps communs. Lisieux (Calvados).—Citation au rapport du jury, exposition 1819.

M. RIVALS-GINCLA. Ville-Montauson (Aude).—*Acier.* — Médaille de bronze, exposition 1819.

« Le jury lui a décerné une médaille de bronze pour des barres d'acier d'une qualité satisfaisante.

« Ce fabricant a exposé du fer laminé, des limes, produits en général bien fabriqués. »

Le même.—*Limes.*—Mention honorable, exposition 1819.

« A exposé des limes de sa fabrication. »

MM. Rivery père, d'Amiens, et Rivery fils, d'Escarbotin, entrepreneurs de la fabrique de serrurerie d'Escarbotin (Somme). — *Serrurerie.* — Médaille d'argent, 2ᵉ classe, exposition 1806.

« Ont présenté quinze serrures et un verrou de combinaison très-solides et d'un travail soigné. Ils ont aussi exposé des cylindres cannelés pour carderie et mull jennys faits avec précision; ces divers objets sont établis à des prix modérés. »

M. Rivery-le-Joille. Woincourt (Somme). — *Serrurerie.* — Médaille d'argent, exposition 1819.

« Est un des principaux fabricans des Escarbotins. Il a présenté un assortiment nombreux de pièces de serrurerie, telles qu'entrée, cadenas, verroux, targettes, serrures en bois et serrures en fer de divers modèles et de divers degrès de finesse.

« Ces objets ont été fabriqués sous la direction de M. Rivery, et quelques-uns sont de son invention. Le jury a reconnu dans ces objets ce qui distingue la fabrication des Escarbotins, une exécution soignée et la modération des prix.

« M. Rivery a aussi présenté des cardes et des systèmes de cylindres cannelés, bien faits et à des prix modérés. »

Roanne (les filatures de) (Loire). — *Filature de coton.* — Mention honorable, exposition 1806.

« Les cotons fournis à l'exposition par les filatures de Roanne. »

M. Roard, ancien élève de l'école polytechnique et ancien professeur de teinture à la manufacture des Gobelins, et fabricant à Clichy. Paris, rue Montmartre, 60. — *Produits chimiques.* — Médaille d'or, exposition 1819.

« A exposé des produits de sa fabrique en céruse, en minium et en mine orange.

« Le jury a été plusieurs fois dans le cas de nommer M. Roard pour les services qu'il a rendus aux arts. Il lui décerne une médaille d'or pour avoir perfectionné, dans sa manufacture de Clichy, la fabrication de la céruse. »

M. ROBERT. Paris.—*Papiers peints.*—Médaille de bronze, exposition an ix (1801).

« Successeur d'Artur. Pour avoir fabriqué de beaux papiers peints, imitant l'étoffe de laine. »

Le même.—Exposition 1806.

« Les produits qu'il présente sont faits pour soutenir et accroître sa réputation. »

M. ROBERT. Paris, rue des Cygnes, 4.—*Colle forte.* — Mention honorable, exposition 1819.

« A exposé de la colle forte provenant de la gélatine. Cette colle forte est excellente; elle se distingue par sa ténacité et par la propriété d'être peu hygrométrique. »

Le même.—*Gélatine.*—Médaille d'argent, exposition 1819.

« A présenté de la gélatine extraite des os par le moyen de l'acide muriatique, suivant le procédé de M. d'Arcet, diverses préparations alimentaires, et de la colle forte.

« Tous ces produits ont été faits dans la fabrique dont M. Robert est directeur; ils sont soignés. Les préparations alimentaires forment une nourriture agréable et salubre. »

M. ROBERT (François), horloger. Besançon (Doubs). —*Horlogerie.*—Médaille d'argent, exposition an ix (1801).

« Pour avoir concouru à soutenir la manufacture d'horlo-

geric de Besançon, en faisant beaucoup fabriquer, et pour
avoir produit de bonnes montres à bas prix. »

Le même.—Exposition an x (1802).

« Depuis un an , M. François Robert a fait exécuter plus de
cinq mille montres , et occupé constamment six cents ouvriers;
il a exposé au Louvre des montres depuis le prix de 25 francs
jusqu'à celui de 1200 francs. On s'est assuré que la marche des
plus communes est régulière; les plus précieuses sont d'une bonne
exécution , de sorte que sous tous les rapports cet artiste se
montre supérieur à ce qu'il était l'année dernière. »

Le même.—Exposition 1806.

« M. Robert a établi des montres dans une variété de prix
qui s'étend depuis 24 francs jusqu'à 1200 francs. Cet horloger
soutient dignement la réputation qu'il a acquise aux expositions précédentes. »

M. Robert cadet, au Puy (Haute-Loire). — *Dentelles et blondes.*—Médaille de bronze , en commun avec plusieurs autres. — Exposition an x
(1802).

« L'industrie de ce fabricant fut jugée digne , l'année dernière, d'une mention honorable; elle a augmenté depuis.»

Le même.—Exposition 1806.

« Est toujours digne de la distinction dont il a été honoré. »

M. Robert (Louis), maître ouvrier. Privas (Ardèche).—*Amélioration.*—Médaille de bronze, exposition 1819.

« Il a amélioré le travail des soies; la fabrication s'en est
augmentée, et la qualité des soies de ce département est actuellement reconnue supérieure à celle des soies du Piémont. »

M. Robert-Bénard. Lisieux (Calvados).—*Toilerie.*
—Citation au rapport du jury, exposition 1819.

« Bonne qualité des toiles mises à l'exposition. »

MM. Robillard et Laurent. Paris, rue de la Con-
corde, 9.—*Chalcographie.*—Médaille d'or, exposition 1806.

« Ont exposé plusieurs livraisons de la collection du Musée
français. Cette grande entreprise de gravure et de librairie est
parfaite dans l'exécution; elle a soutenu et relevé l'art de la gravure qui commençait à décliner en France, pendant que tous les
arts de dessin s'y régénéraient. Depuis peu d'années, la gravure a fait de tels progrès, que nous pouvons espérer de voir
bientôt nos graveurs l'emporter sur les plus habiles des autres
pays. »

MM. Robin frères. Paris.—*Horlogerie.*— Médaille
d'argent de 2.ᵉ classe, exposition 1806.

« Ont présenté, 1.° une montre à treize cadrans qui fait
connaître l'heure qu'il est au même instant dans différentes
villes ;

2.° Une pendule qui donne les levers et les couchers du soleil, et les heures dans différens lieux.

« Le jury a remarqué que ces ouvrages sont bien exécutés et
prouvent une grande habileté de main-d'œuvre. »

M. Robin fils. Paris, rue Richelieu, 45.—*Horlogerie.*
—Exposition 1819.

« A présenté deux pendules astronomiques, très-bien exécutées. Il soutient la haute réputation que son père avait acquise
par de nombreux et importans travaux.

« Le jury estime que M. Robin est toujours très-digne de la
médaille d'argent de deuxième classe, équivalant à la médaille
de bronze qu'il a obtenue à la dernière exposition. »

MM. ROBIN, MATHIEUX et PUICHARD. La-Forge-
de-Rochevillers (Haute-Marne).—*Fers.*—Mention
honorable, exposition 1806.

« Pour avoir fabriqué du fer se soudant bien, très-nerveux,
se pliant bien et tendre à la lime, avec un tiers de houille et
deux tiers de charbon de bois. »

Nota. M. Robin est le propriétaire de la forge, M. Mathieux,
le fermier, et M. Puichard, le forgeron-affineur qui a fabriqué
le fer. L'usage de la houille, dans l'affinage du fer, est général
dans le pays de Namur; il est moins connu dans le département
de la Haute-Marne.

M. ROBIN-PEYRET, S.-Étienne (Loire).—*Acier.*—
Mention honorable, exposition 1819.

« Aciers cémentés, corroyés et fondus, bonne qualité,
très-bien appropriés aux divers besoins des arts.»

M. ROBLINE jeune. Condé-sur-Noireau (Calvados).
—*Étoffes de coton.*—Citation au rapport du jury,
exposition 1819.

« Pour ses reps de coton. »

M. ROCHARD (Clément). Abbeville (Somme),—*Calmoucks.*—Mention honorable, exposition an x
(1802).

« La fabrication de ses calmoucks mérite des éloges. »

Le même.—Exposition 1806.

« Les produits qu'il a exposés ne peuvent qu'ajouter à la réputation de sa fabrique. »

M. ROCHEBRUNE. Angoulême (Charente).—*Papeterie.*

—Médaille d'argent à partager avec deux autres, exposition an x (1802).

« A exposé de très-beaux papiers. »

M. ROCHEFOUCAULT (de la). Liancourt (Oise).—*Étoffes de coton en général.* — Exposition an VI (1798).

« Le jury regrette que M. de la Rochefoucault, qui a établi des fabriques distinguées en cotonnade, n'ait pas eu le temps d'envoyer à l'exposition des objets qui en auraient beaucoup augmenté l'intérêt, et qui leur auraient donné sûrement un rang honorable dans le concours. »

M. ROCHET. Audincourt (Doubs).—*Fers.*—Médaille de bronze, exposition an IX (1801).

« Pour avoir présenté des tôles d'un laminage bien égal. »

Le même.—Mention honorable, exposition 1806.

« Fer très-bien forgé ; beaucoup de corps et de nerf. »

M. ROCHET, maître de forges à la forge de Bèze (Côte-d'Or).—*Fers.*—Mention honorable, exposition 1806.

« Fer bien forgé, beaucoup de corps, un peu ferme à la lime, comparable au meilleur fer de Suède.

« Ces fers proviennent des fontes du fourneau de Cirey. »

Le même.—*Fers.*—Mention honorable, exposition 1819.

« Fers forgés et martinés. »

Le même. Bèze (Côte-d'Or).—*Acier.*—Médaille d'argent, exposition 1819.

« Ce maître de forges a envoyé à l'exposition de l'acier corroyé assorti, de l'acier brut, des barres d'acier façon de Styrie ; de très-bonne qualité ; il y a joint des feuilles de tôle , des limes , tous objets bien exécutés. »

Le même.—*Tôle.*—Mention honorable, exposition 1819.

« Feuilles de tôle bien fabriquée et de bonne qualité. »

Le même.—*Limes.*—Mention honorable, exposition 1819.

« A exposé des limes d'une bonne qualité. »

Le même.—*Ustensiles en fonte de fer.*—Mention honorable , exposition 1819.

« Socs de charrue et roues en fonte de fer d'une bonne exécution. »

M. ROCHET. Faucogney (Haute-Saône).— *Émeri artificiel, objets divers.*—Citation honorable, exposition 1806.

« Pour avoir préparé une matière qui peut , dans un grand nombre d'ateliers, remplacer l'émeri. »

M. ROELANT. Paris, rue Culture-Ste.-Catherine, 21. —*Savons.*—Médaille d'argent, exposition 1819.

« A présenté des savons de ménage de toute espèce, et un assortiment complet de savons de toilette, en pain et en poudre.

« Les savons de ménage sont de bonne qualité; il en est qui sont confectionnés avec des graisses au lieu d'huiles.

« Les savons de toilette de M. Roëlant sont recherchés par les étrangers de qui nous en tirions autrefois. »

M. ROGERI. Mourgue (Lozère). — *Cadis, serges, étamines.*—Mention honorable, exposition 1806.

« Echantillons de cadis très-bien fabriqués. »

M. Rogier. Paris.—*Tapis et moquettes.*—Médaille
de bronze, exposition an ix (1801).

« Pour avoir remis en activité la fabrication des tapis à Au-
busson. »

MM. Rogier et Salledrouse. Paris, rue des Vieilles-
Audriettes - au - Marais, 16. — *Tapis.*—Médaille
d'argent, exposition an x (1802).

« Obtinrent une médaille de bronze pour les tapis qu'ils ex-
posèrent en l'an ix ; ils se sont perfectionnés pour l'exécution
et pour les dessins. »

Les mêmes.—Exposition 1806.

« Le jury a vu avec satisfaction les productions que ces manufacturiers ont exposées cette année ; l'étoffe de leurs tapis est
très-bonne ; un perfectionnement sensible s'est fait remarquer
dans les dessins. »

MM. Rogues et Roger. Emphernel, près Vire (Calvados).—*Draperie fine.*—Médaille de bronze, exposition 1819.

« Leur manufacture est nouvelle ; ils ont exposé du drap
dans le genre d'Elbeuf fait avec intelligence et soin. »

M. Roizard. Troyes (Aube).—*Bonneterie de coton.*
—Citation au rapport du jury, exposition 1819.
« Qui a exposé de la bonneterie de coton. »

M. Roland père, Dasserad et Guichard-Portal.
Puy (Haute-Loire). — *Dentelles et blondes.* —
Mention honorable, exposition an ix (1801).

« Ont présenté des échantillons de dentelles de soie, portées
à un degré de perfection qui laisse peu à désirer, et qui fait

espérer que la fabrique du Puy pourra bientôt rivaliser avec celle des départemens de la France où cette industrie est le plus perfectionnée. »

Les mêmes et ROBERT cadet.—Médaillé de bronze à tirer au sort avec plusieurs, exposition an x (1802).

« L'industrie de ces fabricans fut jugée digne, l'année dernière, d'une mention honorable; elle a augmenté depuis. »

Le même.—Exposition 1806.

« Sont toujours dignes de la distinction dont ils ont été honorés. »

M. ROMAN.—Exposition 1819.—*Voyez* GROS-DA-VILLIER.

Madame veuve ROMAND. Grenoble (Isère).—*Chamoiserie, ganterie.*—Mention honorab., exp. 1806.

M. ROMANET.—Exposition 1819.—*Voyez* MATHIEU, etc.

« Echantillons fort bien travaillés. »

ROMESNIL (verrerie de) (Seine-Inférieure).—*Cristaux.*—Exposition 1806.

« La verrerie a présenté des cristaux qui, par la beauté de la matière, par le bon goût des formes et de la taille, et par la vivacité du poli, auraient concouru pour les médailles du premier ordre, si M. Scipion Perier, son propriétaire, n'avait demandé à être mis hors du concours, parce qu'il est membre du jury. »

ROMILLY (la fabrique de) (Eure).—*Cuivre laminé.*—Médaille d'or, exposition 1819.

« A présenté des clous de cuivre et des feuilles à doublage. Parmi ces planches, deux se faisaient remarquer par leur grande dimension de plus de quatre mètres de long sur plus de deux mètres de large; leur belle exécution prouve que le laminage du cuivre est poussé, dans cette usine, à un haut degré de perfection. »

La même fabrique. — *Tréfilerie.* — Mention honorable, exposition 1819.

« Pour des fils en fer, en acier et en laiton, qui sont très-bien fabriqués. »

ROMORANTIN(la fabrique de)(Loir-et-Cher).-*Draperie moyenne.* - Mention honorable, exposition 1806.

« La fabrique de Romorantin fait des draps propres à l'habillement des troupes; ils sont fabriqués avec soin. »

M. ROQUINOT. Paris, rue S.-Victor, 16.—*Couvertures de coton.*—Mention honorable, exposition 1806.

« Couvertures de coton d'une très-bonne fabrication. »

MM. ROSE-ABRAHAM frères. Tours (Indre-et-Loire). *Draperie moyenne.*—Médaille d'argent, exposition 1819.

« Leur fabrique est nouvellement établie. Ils ont présenté des draps de sorte moyenne, faits avec des laines métis de Beauce, qui sont très-bien fabriqués et de très-bonne qualité, eu égard à leur prix.

« MM. Rose Abraham ont aussi présenté de la draperie commune, faite avec des laines des environs de Tours; elle mérite les mêmes éloges que la draperie moyenne. »

MM. ROSTANG, VIDAL et compagnie. Marseille (Bouches-du-Rhône).—*Bonneterie turque.*—Mention honorable, exposition an x (1802).

25

« Ils fabriquent avec succès des casquets façon de Tunis. »

M. Rostang-Vidal. Marseille (Bouches-du-Rhône).
—*Bonneterie de laine.*—Citation au rapport du
jury, exposition 1819.

« Pour des bonnets turcs. »

MM. Roswag et fils. Schélestadt (Bas-Rhin).—*Toiles
métalliques.*—Médaille d'argent, 1.re classe, exposition 1806.

« Ont exposé des toiles métalliques propres à faire des
formes pour fabriquer le papier vélin et des tamis. Ces toiles
se font remarquer par une égalité parfaite de tissu et par leur
bon marché. »

M. Roswag. Paris et Schélestadt (Bas-Rhin). —
Toiles métalliques.—Médaille d'argent, exposition 1819.

« A exposé des toiles métalliques qui, par leur bonne fabrication et l'égalité du tissu, prouvent que M. Roswag continue
d'être très-digne de la médaille d'argent qui lui fut décernée
en 1806. »

M. Roth.—*Machines à fendre les cuirs.*—Mention
honorable, exposition an vi (1798).

« Le jury applaudit aux ingénieuses machines présentées par
M. Roht pour fendre et diviser les cuirs. »

Roubaix (la fabrique de) (Nord).—*Filature de coton.*
—Mention honorable, exposition 1806.

« Les cotons fournis à l'exposition par les filatures de Roubaix. »

La même fabrique.—Nankins.—Mention honorable, exposition 1806.

« Les nankins exposés par la fabrique. »

Rouen (la fabrique de) (Seine-Inférieure).—*Filature de coton.*—Mention honorable , exposition 1806.

« Cotons filés de cette fabrique. »

La même fabrique.—Nankins.—Mention honorable, exposition 1806.

« Les nankins des fabricans de Rouen. »

Rouen (la maison de détention à) (Seine-Inférieure). —*Produit du travail.*—Citation honorable , exposition an x (1802).

« M. Pouchet a établi dans cette maison les petites machines construites sur les principes d'Arckwrigt. Il a déjà été rendu compte des heureux effets de cette innovation. »

La même maison de détention.—Produits du travail. —Mention honorable, exposition 1819.

« Toiles de ménage en fil et coton , bas et dentelles : objets bien conditionnés. »

M. Rouet-Trincart. S.-Aignan (Loir-et-Cher).— *Tannage.*—Mention honorable, exposition 1819.

« Dont les produits annoncent des tanneries bien dirigées. »

M. Rouquès. Alby (Tarn).—*Produits chimiques.*— Mention honorable , exposition 1819.

« Pour de l'indigo pastel préparé par lui, et qui ne le cède en rien à l'indigo de l'Inde le plus parfait. »

25

M. Rousseau. Clairvaux (Jura).—*Verrerie.*—Médaille de bronze, exposition an x (1802).

« Le verre à vitres fabriqué par ce manufacturier est solide ; ou l'a soumis à diverses épreuves qu'il a bien soutenues. »

M. Roussel-D'Azin. Roubaix (Nord).—*Casimirs.*—Citation au rapport du jury, exposition 1819.

« Pour ses casimirs de coton. »

M. Roussel-Bloquet. Amiens (Somme).—*Velventines.*—Citation au rapport du jury, exp. 1819.

M. Roux (Henri). Paris, boulevard Montmartre, 10.—*Armes a feu.*—Mention honorable, exposition 1819.

« Il a exposé des fusils de chasse, des pistolets à percussion connus sous le nom de fusil à la Pauly ; il les a perfectionnés, et cependant il en a baissé le prix.

« Il a aussi amélioré la composition de l'amorce. »

MM. Roux, Ollat et Desverney. Lyon (Rhône).—*Étoffes de soie.*—Mention honorable, exposition 1819.

« Pour une peluche de soie chinée, dont les couleurs sont belles et la chinure parfaite. »

M. Rouy.—Exposition an ix (1801).—*Voyez* Leroy et Rouy.

MM. Rouy et Berthier. Paris, rue Chapon, 17 *bis.*—*Dés à coudre.*—Mention honorable, exposition 1819.

« Dés à coudre en acier, et doublés en or et en argent, bien exécutés. »

MM. ROUYER et compagnie. Carignan (Ardennes). — *Fer-blanc.* — Mention honorable, exposition 1819.

« Fer-blanc d'une exécution satisfaisante et d'une bonne qualité. »

MM. ROYER, PAYAN et THÉRIAT. Nogent-le-Rotrou (Eure-et-Loir). — *Fer en verges.*—Mention honorable, exposition 1819.

« Verges de fer très-bien fabriquées. »

M. RUEL. Nantes (Loire-Inférieure). — *Cordages.* —Mention honorable, exposition 1806.

« Qui a envoyé des cordages pour la marine très-bien fabriqués. »

M. RUFFIÉ, maître de forges. Foix (Ariége).—*Acier.* —Médaille d'argent, exposition 1819.

« A exposé des échantillons d'acier de bonne qualité. »

Le même.—*Faux.*—Mention honorable, exposition 1819.

« A présenté des faux très-bien fabriquées. »

Le même.—*Limes.*—Mention honorable, exposition 1819.

« A présenté des limes de bonne qualité. »

M. RUSSINGER. Paris, rue Grange-aux-Belles.— *Creusets.* — Médaille d'argent, exposition an IX (1801).

« Pour avoir établi une manufacture où l'on fabrique des

creusets et des cornues façon de Hesse, éprouvées et adoptées comme excellens dans les principaux laboratoires de Paris. »

Le même.—Exposition an x (1802).

« L'usage qu'on a fait des vases de M. Russinger, dans les laboratoires de chimie, n'a fait qu'en augmenter la réputation. »

Le même.—*Creusets.*—Exposition 1806.

« M. Russinger qui a transporté ses ateliers à St.-Amand (Nièvre); il y a fabriqué des creusets de supérieure qualité; soumis, comparativement avec les creusets de Hesse, à l'épreuve la plus rigoureuse qu'on fasse subir à cette sorte de vase, qui est de tenir du verre de plomb en fusion, ils l'ont contenu pendant 35 minutes. Des deux creusets choisis de Hesse, l'un a contenu le verre de plomb dix minutes, l'autre quinze, moyenne douze minutes et demie; ainsi les creusets de M. Russinger ont la propriété de résister à peu près trois fois plus que ceux de Hesse, et sont d'ailleurs à plus bas prix. »

M. RUSSINGER.—Exposition 1806.—*Voyez* POUYAT et RUSSINGER.

S.

M. SABATIER, préfet. Nevers (Nièvre).—*Fer et acier,*—Mention honorable, exposition an x (1802).

« A présenté des fers, de l'acier et des limes; les fers sont d'une bonne qualité; l'acier et les limes ont paru fabriqués avec soin. »

M. SAGET. Paris, près la Gare.—*Verrerie commune.*—Citation au rapport du jury, exposition 1806.

« Le jury croit devoir citer les produits de sa verrerie, tant pour la bonne qualité que pour la forme de ses bouteilles, et surtout de celles de la plus grande capacité. »

MM. Saglio, Human, et compagnie. Audincourt (Doubs).—*Fer-blanc.*—Médaille de bronze, exposition 1819.

« Ont exposé du fer-blanc en feuille de bonne exécution, et de la tôle bien laminée. »

Le même. — *Tôle laminée.* — Mention honorable, exposition 1819.

« Tôle laminée d'une belle exécution. »

MM. Sagniel et compagnie. Marly (Seine-et-Oise). —*Filature de laine.*—Mention honorable, exposition an x (1802).

« Ont présenté des écheveaux de laine cardée et filée par des moyens mécaniques. Le jury a vu avec intérêt ces essais qui font espérer du succès. »

M. Saillard aîné. Rugles (Eure), et à Paris, rue de Clichy, 44.— *Zinc laminé.* — Médaille d'argent, exposition 1819.

« Ce fabricant a présenté du zinc laminé à l'établissement qu'il a formé à Rugles (Eure). Les feuilles, d'une belle exécution, sont très-minces, flexibles, fort également tirées, et leur surface est bien lisse. »

Le même. — *Fils de laiton.* — Mention honorable, exposition 1819.

« Fils de laiton bien fabriqués et de bonne qualité. »

*Le même.—Laiton, zinc, clous de zinc.—*Mention honorable, exposition 1819.

« A présenté du laiton, du zinc et des clous de zinc préparés dans sa manufacture de Rugles, département de l'Eure. »

SAINT-BEL et CHÉZY (les entrepreneurs des mines
de) (Rhône) —*Cuivre laminé et martelé.*—Mention honorable , exposition 1806.

« Ont envoyé des cuivres de bonne qualité. »

SAINTE-AFRIQUE (la fabrique de). Aveyron.—*Cadisserie.*—Mention honorable, exposit. an x (1802).

« Le jury a été satisfait de ses cadis et de ses ratines. »
La même fabrique.—Mention honorable , exposition 1806.

« Le jury a appris avec satisfaction que la navette volante a
été introduite dans cette fabrique. »

M. SAINT-BRIS. Amboise (Indre-et-Loire).— *Limes
et râpes.*—Médaille d'or , exposition 1819.

« On doit à la manufacture d'Amboise d'avoir créé , en
France, l'industrie de la fabrication des limes, il y a environ
trente-cinq ans. Les limes et les râpes qu'elle a envoyées à
l'exposition de 1819 sont de bonne qualité. Les limes se distinguent par une belle taille. Cet établissement fut jugé digne
d'une médaille d'argent à l'exposition de 1806; depuis cette
époque il a presque décuplé ses produits annuels, circonstance qui prouve que leurs qualités conviennent de plus en
plus aux consommateurs.

« Par ordonnance du 17 novembre, S. M. a nommé M. Saint-Bris membre de la Légion-d'Honneur.

M. SAINT-CHAMOND. (fabrique de) Exposition 1819.
—*Voyez* S.-ÉTIENNE et S.-CHAMOND.

SAINT-CÔME (fabrique de) (Aveyron)—*Couvertures
et molletons.* — Mention honorable, exposition
an x (1802).

« A envoyé de très-bonnes flanelles. »

La même fabrique.—Mention honorable, exposition 1806.

« A envoyé cette année des flanelles imprimées de diverses couleurs, fabriquées et préparées avec soin. »

SAINT-CHINIAN (la fabrique de).—*Draperie moyenne.* —Mention honorable, exposition 1806.

« La fabrique de Saint-Chinian fait des draps propres à l'habillement des troupes, qui sont fabriqués avec soin. »

M. SAINT-CRICQ-CAZEAUX. — Exposition 1806. — *Voyez* BAGNAL et SAINT-CRICQ, etc.

Le même.—*Faïence.*—Médaille d'argent, exposition 1819.

« Propriétaire de deux fabriques, l'une placée à Creil (Oise), et l'autre à Montereau (Yonne). Ses fabriques occupent un grand nombre d'ouvriers, et versent dans le commerce des marchandises pour des sommes considérables; il a exposé des pièces blanches et noires dans des genres variés, dont les formes sont bonnes. Depuis quelques années, il a baissé ses prix, et, sous ce rapport, sa fabrication a éprouvé une amélioration remarquable. »

SAINT-ÉTIENNE (la fabrique de) (Loire).—*Quincaillerie.*— Mention très-honorable, exposition an x (1802).

« Le jury n'a reçu que le 2 vendémiaire an XI des limes, des serrures et diverses quincailleries envoyées par cette fabrique importante; alors le travail était terminé, et le jury n'a pu faire concourir ces objets pour les médailles. Pour cette raison, il ne peut en faire qu'une mention très-honorable comme étant bien fabriqués et d'un prix extrêmement modique. »

La même fabrique.—Armes à feu.—Mention honorable, exposition 1806.

« A envoyé de bons fusils à un prix très-modique.

« La ville de Saint-Etienne est remarquable par la modération de ses prix dans tous les genres qu'elle manufacture. A prix égal, elle fournit en meilleure qualité que les autres fabriques : cette circonstance qui fait le plus grand honneur à la ville de Saint-Etienne et la grande variété d'objets qu'on y exécute, font désirer qu'il y soit formé un établissement propre à répandre le talent du dessin, l'instruction relative au traitement des métaux et la connaissance de la mécanique appliquée aux manufactures. D'après ce que cette ville, abandonnée à ses seuls moyens, a développé d'industrie, il paraît indubitable qu'elle parviendrait rapidement à égaler la réputation des villes les plus célèbres pour la quincaillerie, et peut-être à les supplanter dans le commerce. »

La même fabrique. — Coutellerie.—Mention honorable, exposition 1806.

« Recommandable par l'extrême modicité des prix, par la qualité qui est bonne, eu égard au prix, par le nombre de bras qu'elle emploie, et par l'étendue du commerce auquel elle donne lieu. »

La même fabrique.—Rubannerie de soie.—Mention honorable, exposition 1806.

« La fabrique dont les rubans ont été jugés bien faits et bien apprêtés. »

SAINT-ÉTIENNE et SAINT-CHAMOND (les manufactures de) (Loire).—*Rubannerie de soie.*—Mention honorable, exposition 1819.

« Les manufactures de rubans de Saint-Etienne et Saint-Chamond, pour des rubans d'un beau dessin, fabriqués avec une habileté et une perfection qui ne peuvent qu'ajouter à la haute considération dont ses fabriques jouissent dans le commerce. »

Saint-Geniez (fabrique de) (Aveyron).—*Cadis, serges, étamines.* — Mention honorable, exposition an x (1802).

« A présenté des cadis , des tricots , des ras , des impériales , dont la fabrication est soignée. »

La même.—Mention honorable, exposition 1806.

« Le jury a appris avec intérêt que la navette volante a été introduite dans cette fabrique. »

Saint-George (la fabrique de) (Aveyron).—*Alun.*—Mention honorable , exposition an x (1802).

« Pour la belle fabrication de son alun. »

Saint-Girons (la fabrique de). Ariége. -- *Draperie moyenne.*—Mention honorable, exposition 1806.

« Même note que pour S.-Omer. »

Saint-Gobin (Aisne), — *Manufacture de glaces.*— Médaille d'or , exposition 1819.

« Les glaces qu'elle a envoyées se font remarquer par une excellente fabrication et une grande pureté de verre : elles sont d'une dimension extraordinaire.

« Ces produits prouvent que la verrerie de Saint-Gobin, qui est depuis long-temps considérée comme la première manufacture de glaces qu'il y ait en Europe, soutient sa réputation.

« Le jury s'empresserait de lui décerner une médaille d'or si elle ne l'avait déjà obtenue à l'exposition précédente. *Voyez* Paris , manufacture de glaces. »

Saint-Hippolyte (la fabrique de) (Gard).—*Cadisserie.*—Mention honorable, exposition 1806.

« Tricots pour veste et culotte de soldats. »

SAINT-JAMES (Manche).— *Toiles de lin.* — Citation
au rapport du jury, exposition 1806.

« Pour ses toiles dites *de Brin* , *Haut-Brin* , *Reparon* ,
Saint-George. »

SAINT-JEAN-DU-GARD (fabrique de) (Gard). — *Bonneterie de soie.*—Mention honorable, exposition
1806.

« Pour les bas de soie de cette fabrique. »

SAINT-LAZARE (maison de force). Paris (Seine). *Divers ouvrages.* — Citation honorable , exposition
an IX (1801).

« Le jury a distingué les objets fabriqués par les détenus de
la maison de force de St.-Lazare ; il estime que les directeurs
de ces fabrications méritent la reconnaissance publique. Il
est a désirer qu'un usage aussi raisonnable et aussi salutaire
devienne général. »

La même.—*Broderie.*—Citation honorable, exposition 1806.

« A présenté diverses sortes de broderies très-bien exécutées. »

SAINT-LAZARE (ateliers de). Paris. Gaudin , directeur. — *Broderie.* —Citation honorable, exposition an x (1802).

« Les broderies exécutées dans ces ateliers sur linons et
batistes, sont faites avec goût, et le travail est soigné. »

La même maison.—*Broderie.*—Citation honorable,
exposition 1806.

« A présenté diverses sortes de broderies très-bien exécutées. »

La même. — *Bonneterie de soie.* — Mention honorable, exposition 1806.

« Pour les bas de soie de cette fabrique. »

Saint-Lizier (le dépôt de mendicité de) (Ariége).—
   Produits du travail.—Mention honorable, exposition 1819.

« Pour des tissus en laine et coton bien fabriqués et bien étoffés. »

Saint-Lô (fabrique de).—*Serges.*—Mention honorable, exposition 1806.

« Les échantillons envoyés par M. Lepaysan, membre de la chambre consultative de Saint-Lô, ont été trouvés de bonne qualité. »

M. Saint-Marc. Reims, (Ile-et-Vilaine). — *Toiles à voiles.* — Mention honorable, exposition an x (1802).

« La fabrication des échantillons de toiles à voiles, présentées par ce citoyen, est très-bonne. »

Madame veuve Saint-Marc.—Exposition 1806.

« Les échantillons qu'elle a présentés auraient concouru pour les médailles, si le jury en avait décerné pour cette partie. »

M. Sainte-Marie-Frigard. Louviers (Eure).—*Draperie fine.*—Médaille d'argent, exposition 1819.

« A présenté des draps d'excellente qualité et très-bien fabriqués. »

Saint-Maurice (manufacture de). Senones (Vosges).
   —*Filature de coton.*—Médaille de bronze, exposition 1819.

« Coton bien filé, beaucoup d'égalité dans le fil. »

Saint-Nicolas-d'Aliermont (Seine-Inférieure).—

Horlogerie de fabrique.—Médaille d'argent, exposition 1819.

« Cette fabrique, dirigée par M. Pons, a présenté des
mouvemens de pendule bruts et en blanc, qu'elle fait pour
être vendus aux horlogers finisseurs, et surtout à ceux de
Paris. Le jury a reconnu qu'ils sont travaillés avec soin et
d'après de bons principes.

« L'amélioration des produits de cette fabrique est due à
M. *Pons*. Il a reçu pour cet objet une médaille d'argent qui
lui est personnelle.

« Le jury voulant témoigner plus particulièrement la satisfaction avec laquelle il a vu les produits de l'industrie des
horlogers de Saint-Nicolas-d'Aliermont, leur décerne une
médaille d'argent qui sera remise à M. *Pons*, et par lui déposée à la mairie de Saint-Nicolas-d'Aliermont. »

SAINT-OMER (fabrique de) (Pas-de-Calais).—*Draperie moyenne.* — Médaille de bronze, exposition
1806.

« Les gros draps, pinchinats, ratines et les autres étoffes de
laine de cette manufacture ont paru d'une bonne fabrication. »

M. SAINT-PAUL. Paris, petite rue S.-Pierre.—*Toiles
métalliques.* — Médaille de bronze, exposition
1819.

« Les toiles métalliques qu'il a présentées sont d'une belle
exécution. »

SAINT-PIERRE-DE-VAUVRAY (fabrique de) (Eure).—
Mention honorable, exposition 1806.

« Cotons filés envoyés par cette fabrique. »

SAINT-PONS (la fabrique de). Hérault. — *Draperie
moyenne.*—Mention honorable, exposition 1806.

« La fabrique de Saint-Pons fait des draps propres pour l'habillement des troupes, qui sont fabriqués avec soin. »

SAINT-QUENTIN (la fabrique de) (Aisne).—*Filature de coton.*—Mention honorable, exposition 1806.

« Les cotons fournis à l'exposition par les filatures de Saint-Quentin. »

La même fabrique. — Citation au rapport du jury, exposition 1806.

« Les fabricans de l'arrondissement de Saint-Quentin ont envoyé, soit en blanc, soit en écru, des pièces de batiste et des pièces de linon de la plus grande beauté qui prouvent que la perfection de ces fabriques renommées se montre toujours, et que leurs assortimens sont complets. »

SAINT-QUIRIN (Meurte), MONTHERMÉ (Ardennes), et de CIREY (Meurte) (la compagnie des manufactures de), ayant son dépôt à Paris. — *Verres à vitres.*—Médaille d'argent, exposition 1819.

« Ces manufactures fabriquent des verres à vitres, des verres blancs, demi-blancs, dits *verres de table*, des verres de couleur, des globes à mettre sur les pendules, des glaces, etc.; les glaces sont fabriquées à St.-Quirin. Cette verrerie qui, à l'époque de la dernière exposition, faisait des glaces dans le volume ordinaire par le soufflage, a substitué à ce procédé celui du coulage qui est plus parfait. La même compagnie établit dans la verrerie de Cirey la fabrication des petits miroirs à la façon de Nuremberg, miroirs que l'on a tirés jusqu'à ce jour de l'Allemagne, d'où l'on en importe chaque année pour une somme considérable. Les produits des différens établissemens de cette compagnie sont très-soignés; les verres de couleur sont d'une beauté remarquable. »

SAINT-RAMBERT (fabrique de) (Ain). — *Toiles de corps et de ménage.*—Citation honorable au rapport du jury, exposition 1806.

« Les toiles de Saint-Rambert présentées par M. Joseph-l'Empereur de Teney. »

MM. SAINT-REMY-CARETTE et ANSART-PIERRON. Arras (Pas-de-Calais). — *Dentelles et blondes.*— Mention honorable, exposition an x (1802).

« Pour des dentelles qu'ils ont exposées. »

Les mêmes.—Mention honorable, exposition 1806.

« Le jury s'est assuré, par l'examen des produits que ces deux maisons ont envoyés, que leur fabrication est toujours également bien soignée. »

M. SAINT-REMY-CARETTE.— *Dentelles.* — Mention honorable, exposition 1819.

« Déjà mentionné honorablement en 1806. Qui a exposé des dentelles composées avec goût et fabriquées avec soin. »

M. SAINT-RIQUIER jeune. Quevauvilliers (Somme). —*Rubans de laine.*—Mention honorable, exposition an x (1802).

« A présenté des rubans de laine de différentes largeurs et couleurs, et de ganses de chapeau, le tout bien fait. »

M. SAISET.—Exposition 1819.—*Voyez* JALVI, etc.

M. SALÈS. Rodez (Aveyron).—*Draperie commune.* —Citation au rapport du jury, exposition 1819.

SALEUX (fabrique de) (Somme).—*Filature de coton.* —Mention honorable, exposition 1806.

« Les cotons fournis à l'exposition par les filatures de Saleux. »

M. SALLANDROUZE - LAMORNAIS. Paris , rue des Vieilles-Audriettes , 3. — *Tapis et moquettes.*— Médaille de bronze , exposition an IX (1801).

« Pour le bon goût du dessin de ses tapis. »

M. SALLANDROUZE. — Expositions 1802 , 1806. — *Voyez* ROGIER et SALLENDROUZE.

M. SALLANDROUZE. Paris, rue des Vieilles-Audriettes, 3.—*Tapis.*—Médaille d'argent , exposition 1819.

« Le grand tapis exposé cette année par ce fabricant égale , pour le tissu et pour l'éclat des couleurs, les tapis de la Savonnerie.—Le jury regarde la manufacture de M. Sallandrouze comme la première manufacture particulière de ce genre , pour la variété de ses produits et pour leur perfection. Le jury a pensé qu'il était toujours digne de la médaille d'argent. »

M. SALLERON. Lougjumeau (Seine-et-Oise).—*Tannage.*—Mention honorable, exposition 1806.

« A envoyé des cuirs parfaitement fabriqués. »

Le même.—Médaille de bronze , exposition 1819.

« A envoyé des échantillons de cuirs à la jusée, de vache, lissés, et de veau blanc.

« Le jury les a trouvés de bonne qualité. »

MM. SALLERON père et fils. Paris, rue du Fer-à-Moulin, faubourg S.-Marcel.—*Corroyage.*—Mention honorable, exposition 1806.

26

« Pour l'habileté avec laquelle sont corroyés les cuirs présentés par eux. »

M. SALLERON (Claude). Paris, rue Saint-Hippolyte, 10.—*Tannage.*—Médaille d'argent, exposition 1819.

« La tannerie de M. Claude Salleron jouit depuis long-temps d'une réputation justement méritée. Les cuirs à la jusée qu'il a présentés à l'exposition sont parfaitement tannés et d'une excellente qualité. »

M. SALNEUVE, mécanicien à Paris, rue et faubourg S.-Denis, 26.—*Machines.*—Mention honorable, exposition an VI (1798).

« Fortes vis de balancier, presses à timbre sec, d'une belle exécution. »

Le même.—Une des trente médailles d'argent de l'exposition, an x (1801).

« A continué et amélioré la construction des vis en fer ; il taille, au moyen d'une seule machine, les pas de vis de toutes les dimensions ; il a présenté, en l'an IX, plusieurs presses et découpoirs, et une vis, à filets carrés, de huit centimètres et demi de rayon. »

Le même.—Exposition 1806.

« A exposé une presse de sa construction, composée d'une forte vis et de quatre jumelles ; cette presse, qui sert à l'imprimerie (royale) pour satiner les papiers, est exécutée avec beaucoup de soin. M. Salneuve a aussi exposé une bonne machine à diviser et à fendre les roues. »

M. SALNEUVE (François), mécanicien à Paris. — *Machines.*—Médaille d'argent, exposition 1819.

« Pour les services qu'il a rendus aux arts dans l'exécution des machines, et pour les améliorations qu'il a apportées. »

M. Salomon (Louis). Renage (Isère). — *Acier.* — Mention honorable, exposition 1806.

« Huit échantillons d'acier, se forgeant et se soudant bien, ayant beaucoup de corps, la cassure fine et prenant bien la trempe ; destiné pour ressorts de voitures. »

M. Salviat. Bazas (Gironde). — *Corroyage.* — Citation au rapport du jury, exposition 1819.

« Pour des peaux de veau bien corroyées. »

MM. Samuel et Joly. Saint-Quentin (Aisne). — *Mousselines, perkales, calicots.* — Médaille d'argent, 1.re classe, exposition 1806.

« Ont présenté des calicots et des perkales d'une belle fabrication, ils ont aussi envoyé de très-beaux basins. »

M. Sandoz. Besançon (Doubs). — *Horlogerie.* — Médaille d'argent, exposition an x (1802).

« Cet artiste a exposé des ébauches de mouvemens de montres à un bas prix remarquable ; il donne la cage du mouvement, qui contient soixante-trois pièces, pour quarante-cinq sous. Il parvient à l'exécution de ces mouvemens ébauchés par le moyen de machines de son invention dont l'usage prouve l'excellence. »

M. Sandrin. Paris, rue Saint-Sabin, 14, faubourg S.-Antoine. — *Métier pour tapisserie.* — Médaille d'argent, exposition 1819.

« A présenté des étoffes brochées en point de tapisserie et un métier propre à les exécuter. Ce moyen qui simplifie con-

26 *

sidérablement la main-d'œuvre de la tapisserie; a paru important. Le jury a pensé qu'il devait être distingué d'une manière particulière. »

M. SANS. Pamiers (Ariége). — *Acier.* — Mention honorable , exposition 1819.

« Echantillons d'acier de bonne qualité bien fabriqués. » *Voyez* aussi GARRIGOU , SANS et compagnie.

M. SANSON. — Exposition an IX (1801). — *Voyez* BASSAL et SANSON.

M. SAULNIER, employé à la Monnaie. Paris. — *Mécanique.* — Médaille de bronze , expos. an X (1802).

«A présenté, pour frapper les monnaies, une machine très-simple et très-exacte, qui a l'avantage de s'adapter à tous les balanciers. »

M. DE SAUSSURE. Paris. — *Histoire naturelle.* — Citation au rapport du jury, grands prix décennaux 1810.

« Pour ses *Recherches chimiques sur la végétation*, livre qui est généralement regardé comme un modèle. »

M. SAVARY (C.). Coutances (Manche). — *Toiles de corps et de ménage.* — Mention honorable, exposition 1806.

« Qui a exposé une toile écrue de sa fabrication, remarquable par la régularité du tissage. »

M. SAVARY. Rouen. (Seine-Inférieure). — *Produits chimiques.* — Mention honorable, exposition 1806.

« A présenté de la soude et du carbonate de soude bien préparé, et qu'on peut employer avec succès dans les arts. »

SAVONNERIE (manufacture royale de la). — Exposition an X (1802).

« La fabrication des tapis de la Savonnerie est extrêmement soignée. M. Duvivier, qui dirige cet établissement,
répond parfaitement à la confiance du gouvernement. L'estime dont jouissent les tapis de la Savonnerie recevra beaucoup d'accroissement lorsque les nouveaux dessins que le
ministre de l'intérieur a commandés pour cette fabrique lui
auront été remis. »

La même manufacture royale.—Exposition 1806.

« Cette manufacture surpasse toutes celles du même genre
par la perfection du tissu et par le fond des teintes ; il est
à souhaiter qu'on lui donne à exécuter des dessins qui s'accordent mieux avec le nouveau goût de nos ameublemens. »
« M. Duvivier, *directeur.*

La même manufacture royale.—Mention honorable,
exposition 1819.

« Elle a exposé deux tapis de très-grande dimension qui
méritent, dans leur genre, les mêmes éloges que les tapisseries des Gobelins. »

M. SCHEY. Paris, rue du Faubourg-S.-Denis, 48.—
Acier poli. — Médaille d'argent, exposition an IX
(1801).

« Pour avoir fait des flambeaux d'acier d'un travail exquis,
et établi une manufacture de quincaillerie d'acier poli dont
les produits sont très-beaux et sont l'objet d'un grand commerce. »

Le même.—Exposition 1806.

« A présenté de la bijouterie et de la quincaillerie en acier
d'une belle exécution et d'un très-beau poli, dignes de la réputation dont M. Schey jouit à juste titre, et de la distinction
qu'il a déjà obtenue. »

Mad. veuve SCHEY. Paris, r. des Petites-Écuries, 5.

faubourg Saint-Denis. — *Acier poli.* — Médaille d'or, exposition 1819.

« Cette fabrique jouit depuis long-temps d'une réputation méritée. Fondée par M. Schey à une époque où le travail de l'acier était encore dans l'enfance, elle a pris un essor qui l'a placée au premier rang des établissemens de ce genre. Son industrie n'a point dégénéré entre les mains de sa veuve et de ses enfans. Les objets qui ont été mis à l'exposition prouvent qu'ils en maintiennent la perfection. Ces objets consistent en parures, en garnitures d'épée, en mouchettes, boucles et autres objets; le tout est d'une exécution achevée et de la plus grande beauté connue dans ce genre. »

M. Schlumberger et Herzog. Logelbach (Haut-Rhin). — *Coton filé.* — Médaille d'argent, exposition 1819.

« Ont exposé de jolis cotons filés au n.° 57. Ces fils sont d'une grande netteté, très-forts, élastiques et sans torsion apparente.»

MM. Schlumberger (Daniel) et compagnie. Logelback (Haut-Rhin). — *Toiles peintes.* — Médaille d'argent, exposition 1819.

« Leurs impressions en fonds divers et en dessins variés dans ce qu'on appelle le genre lapis, ont paru au jury d'une très-belle exécution. »

M. Schmidt. Paris, rue du Pont-de-Lodi, 2. — *Instrumens à cordes.* — Mention honorable, exposition 1806.

« Pour avoir fait le piano harmonica, instrument à clavier qui rend des sons continus comme les instrumens à cordes et à archet; l'instrument de M. Schmidt a de beaux sons, et il est suceptible de produire de grands effets lorsqu'il sera parvenu a son dernier degré de perfection. »

M. SCHMUCK. Paris, rue Censier, 25.—*Maroquins.*
—Médaille d'argent, exposition 1819.

« A exposé de beaux maroquins. Les produits de ce fabricant sont avantageusement connus dans le commerce qui a su en apprécier les qualités. »

M. SCHOELCHER. Paris, boulevard des Italiens, au coin de la rue Grange-Batelière.—*Porcelaine.*—Médaille d'argent, exposition 1819.

« A présenté à l'exposition un assortiment nombreux de porcelaine composé d'assiettes, de tasses, de théières, de vases, etc., diversement décorés, d'ouvrages de sculpture et de tableaux sur porcelaine. L'étendue du commerce que fait M. Schœlcher prouve l'estime que le public fait de ses produits. »

M. SCRIBE - BROHON. Valenciennes (Nord).—*Batistes, linons.*—Mention honorable, exposition 1806.

« Mentionné en l'an x pour ses batistes et linons; il a reparu en 1806 avec de nouveaux titres à cette distinction. »

M. SCRIVE. Lille (Nord).—*Machines à filer le coton.*—Médaille d'argent, 2e. classe, exposition 1806.

« A présenté des cardes remarquables par le bon choix du cuir, par la qualité des fils de fer et des fils d'acier, par la régularité dans la distribution des crochets, et par l'intelligence avec laquelle la hauteur du coude est proportionnée à l'épaisseur du cuir. »

MM. SEGRETAN et OLIVIER. Surjoux, près Seyssel

(Ain).— *Asphalte.*—Citation au rapport du jury, exposition 1806.

« Qui ont formé un établissement où ils travaillent l'asphalte pour en extraire du brai, de l'huile grasse d'asphalte et de l'huile de pétrole. »

M. SECRETAIN-DUPATY. Laval (Mayenne).—*Toiles.*
—Citation au rapport du jury, exposition 1819.

« Bonne qualité de toiles mises à l'exposition. »

M. SECRETAIN.—Exp. 1806.—*Voyez* LE SECRETAIN.

SEDAN (la fabrique de) (Ardennes).—Citation honorable au rapport du jury, exposition 1806.

« Sedan a fourni une grande variété de draps de la plus belle qualité, capable de soutenir la comparaison avec ce que cette ville a fourni de plus parfait aux époques antérieures à 1789. Le jury a même reconnu que ces draps, si estimés pour la souplesse et l'agrément, ont encore acquis sous ce rapport ; il attribue cette amélioration au perfectionnement de la filature et des préparations. »

Même fabrique.—*Draps fins.*—Médaille d'argent,
1re classe, exposition 1806.

« Plusieurs fabricans de Sedan ont présenté des draps superfins et fins qui auraient concouru pour les médailles, si le jury n'avait pris la résolution de n'en plus accorder à ceux qui en auraient obtenu précédemment pour le même sujet. »

Même fabrique.—*Casimirs.*—Mention honorable,
exposition 1806.

« Ses casimirs ont paru de bonne qualité, et propres à écarter pour toujours les casimirs étrangers de la consommation nationale. »

M. SEGHERS, fabricant. Paris, rue de l'Orillon.—*Toile cirée.*—Médaille de bronze, exposition an IX (1801).

« Pour la perfection de ses toiles et taffetas cirés. »

Le même.—Médaille d'argent, exposition an x (1802).

« Le jury a examiné avec beaucoup de soin les nouvelles productions de cette manufacture importante ; il a reconnu que les vernis sont souples et inattaquables. Les dessins sont d'un bon goût, et à cet égard nous n'avons plus rien à envier à nos voisins. »

Le même.—Exposition 1806.

« Sa fabrication a fait des progrès ; ses vernis sont plus souples, ses couleurs plus variées, ses dessins mieux choisis. Le jury applaudit à l'émulation de ce fabricant qui se montre ainsi de plus en plus digne des distinctions qu'il a reçues. »

MM. Séguin et Poujol. Lyon (Rhône).—*Étoffes de soie.*—Médaille d'argent, 1re. classe, exposition 1806,

« Pour leurs brocarts, leurs lustrines et leurs gazes brochés or et argent, qui sont de la plus grande beauté. »

M. Séguin. Château-Gontier (Mayenne).—*Toiles.* — Citation au rapport du jury, exposition 1819.

« Bonne qualité de toiles mises à l'exposition. »

MM. Séguin père et fils et Yemenis. Lyon (Rhône). — *Étoffes or et argent.* — Médaille d'or, exposition 1819.

« Leur fabrique travaille presque exclusivement pour la Turquie et la Perse où elle fait des envois considérables. Les étoffes en dorure, les velours, or et argent, que MM. Séguin et Yemenis ont présentés à l'exposition, sont d'une rare magnificence par la variété et la complication des dessins ; ils présentent de grandes difficultés de fabrication vaincues avec habileté. »

M. Seigneuret (Augustin). Marseille (Bouches-du-Rhône).—*Colle forte.*—Mention honorable, exposition 1819.

« Pour les colles fortes de Flandre de sa fabrication. »

M. Seillères. Nancy (Meurte).—*Grosse draperie.*—Mention honorable, exposition 1819.

« A présenté du drap blanc bien fabriqué , et des draps tricots dont le prix est modéré. »

Seine (les dépôts de la).—*Productions en général.*—Citation honorable au rapport du jury, exposition an ix (1801).

« Le département de la Seine est un des huit qui se sont particulièrement distingués par la beauté des productions qu'ils ont montrées au public. »

Même département, ateliers des prisons.—Mention honorable, exposition 1819.

« Bonneterie et tissus bien fabriqués. »

Seine-et-Marne.—*Productions en général.*—Citation au rapport du jury, exposition an ix (1801).

« Le département de Seine-et-Marne est un des huit qui se sont particulièrement distingués par la beauté des productions qu'ils ont montrées au public. »

Seine-et-Oise (département de).—*Productions en général.*—Citation au rapport du jury, exposition an ix (1801).

« Le département de Seine-et-Oise est un des huit qui se sont particulièrement distingués par la beauté des productions qu'ils ont montrées au public. »

SEINE - INFÉRIEURE (département de la).—*Produc=
tions en général.*—Citation au rapport du jury,
exposition an IX (1801).

« Le département de la Seine-Inférieure est un des huit
qui se sont particulièrement distingués par la beauté des productions qu'ils ont montrées au pubic. »

MM. SELLIER. Gonneville, près Valogne (Manche).—
Coton filé.—Médaille de bronze, exposition 1819.

« Coton très-bien filé aux n.ᵒˢ 32 et 33. »

MM. SÉNÉCHAL. Paris, rue des Arcis, 29.—*Coutellerie fine.*—Mention honorable, exposition 1819.

« Pour l'excellence de sa coutellerie à l'usage de la chirurgie. »

SENLIS (filature de Beaupré, près de) (Oise).—*Filature de coton.*—Mention honorable, exposition
1806.

« Les cotons fournis à l'exposition par les filatures de
Beaupré. »

M. SENNEMAND. Limoges (Haute-Vienne).—*Draps
communs.*—Citation au rapport du jury, exposition 1819.

MM. SERISIAT et AYMAR. Lyon (Rhône). — *Étoffes
de soie.*—Médaille d'argent, 1.ʳᵉ classe, exposition 1806.

« Pour leurs satins et leurs étoffes façonnés; qui sont d'une
fabrication excellente. »

M. Serres (Joseph). Montauban (Tarn-et-Garonne).
—*Cadis, serges, étamines.*—Citation honorable
au rapport du jury, exposition 1806.

« Le jury a remarqué avec satisfaction les cadis, les draps
croisés et les ratines envoyés par ce fabricant et deux autres. »

M. Serves (Pierre). Chamalières (Puy-de-Dôme).—
Papeterie.—Mention honorable, exposition 1806.

« Les papiers envoyés par ce fabricant sont faits avec soin
et de bonne qualité. «

M. Serve. Auvernet (Allier).—*Papeterie.*—Mention
honorable, exposition 1819.

« Pour avoir établi une papeterie. »

M. Sette. Ardon (Jura).—*Papeterie.*—Mention honorable, exposition 1806.

« Les papiers envoyés par ce fabricant sont faits avec soin et
de bonne qualité. »

MM. Sevennes frères, manufacturiers. Rouen (Seine-
Inférieure).—*Velours.*—Médaille d'argent, exposition an IX (1801).

« Pour avoir présenté des velours de coton très-beaux, eu
égard à leur prix et qui ont concouru pour la médaille d'or.
Pour avoir présenté des basins et piqués parfaitement fabriqués avec deux navettes volantes, marchant ensemble d'un
même coup de main.

M. Sevennes (Édouard). Rouen (Seine-Inférieure).—
Velours de coton.—Médaille d'or, exposition 1806.

« A exposé des velours de coton en toutes couleurs de la
première beauté.

Ce fabricant, qui réunit divers genres d'industrie, a aussi exposé des piqués et des basins très-beaux et d'une fabrication parfaite.

Nota. M. Sevennes emploie dans sa fabrique la double navette volante dont il est l'inventeur. »

Le même.—Exposition 1819.

« A l'exposition de 1806 il mérita une médaille d'or. Il a présenté à l'exposition des piqués fabriqués à la navette volante double; il a aussi exposé des turquoises et des satins de coton. Ces objets sont d'une belle fabrication et prouvent que M. Edouard Sevennes n'a pas cessé d'être digne de la distinction du premier ordre. »

M. Sevennes (Auguste).—Exposition 1819.—*Voyez* Poupart de Neuflize (le baron de).

Sèvres (*la manufacture royale de porcelaine de*) (Seine-et-Oise).—Exposition an VI (1798).

« Le jury déclare que la France a l'avantage exclusif de ne pouvoir rien rencontrer chez ses voisins qui puisse approcher des objets exécutés dans cette manufacture.

« Le jury n'a pas cru devoir l'admettre au concours, parce qu'elle reçoit d'autres encouragemens du gouvernement. »

La même manufacture royale.—Citation au rapport du jury, exposition an IX (1801).

« Cette manufacture, en conservant les bonnes qualités de la pâte, a adopté pour ses formes et pour ses dessins un style plus pur. Cette amélioration est due aux soins du directeur actuel, M. Brongniard. »

La même manufacture royale.—Exposition 1806.

« M. Brongniard, directeur. Chaque année ce bel art fait des progrès; on a vu à l'exposition une nouvelle couleur qu'on n'avait pu obtenir jusqu'ici; c'est un vert tiré du métal appelé chrôme, dont la découverte assez récente est due à M. Vauquelin. La manufacture de Sèvres est la première qui ait fait ce vert.

« Les formes et les peintures de la manufacture de Sèvres sont belles ; on y a fait un heureux emploi de couleurs nouvelles : la grande table qui a été l'objet constant de l'admiration du public est un chef-d'œuvre ; le jury la regarde comme le plus beau morceau qui existe en porcelaine.

« Des perfectionnemens apportés dans la construction des fours par M. Brogniard produisent une économie considérable dans le combustible.

« La manufacture de Sèvres doit à M. Brongniard d'être toujours la première manufacture de porcelaine qui existe en Europe. »

La même manufacture royale.—Exposition 1819.

« Nous avons déjà remarqué combien l'influence de cette manufacture agit d'une manière heureuse sur le perfectionnement de l'art de fabriquer la porcelaine. Elle fait, toutes les années, au 1.er janvier, une exposition publique de ses plus belles productions ; c'est pour cela qu'elle n'a mis à l'exposition générale des produits de l'industrie qu'un petit nombre de pièces.

« Elle y a présenté de grands vases d'une belle forme et d'une belle décoration.

« Un vase vert chrôme décoré de la manière la plus agréable et la plus riche, en or et en platine.

« Un assez grand vase blanc, orné de sculpture en relief, d'une exécution très-soignée. Ce vase, fait dans la manufacture de Sèvres par M. Régnier, est remarquable par la perfection des sculptures, la pureté de la forme et la réussite. »

M. SIMARD. Paris, rue de la Barillerie, 18.—*Mosaïque.*
—Mention honorable, exposition 1819.

« Pour des parquets en mosaïque exécutés par un procédé mécanique, à peu de frais et avec promptitude. »

M. SIMIER. Paris, rue S.-Honoré. — *Reliure.* — Mention honorable, exposition 1819.

« Pour les reliures qu'il a mises à l'exposition ; reliures qui se distinguent par leur solidité, par le fini des dorures et par la tranche-filé qui est faite avec un soin extrême. »

M. SIMON, fabricant de papiers peints. Paris. — *Papiers peints.* — Médaille de bronze, exposition an x (1802).

« Pour le bon goût de ses dessins, pour ses papiers veloutés, et pour ses impressions d'ornemens sur étoffes. »

Le même. — Exposition 1806.

« On remarque, dans les productions exposées cette année, des progrès qui classent sa fabrique parmi celles qui ont le plus de réputation. Le jury a vu avec satisfaction ses décorations en dorure. »

Le même. Paris, boulevard des Italiens, 29. — Médaille d'argent, exposition 1819.

« A présenté des panneaux de diverses décorations composées dans le style antique, d'un très-bon goût et d'un grand effet. Ces décorations sont choisies avec discernement et ne présentent rien qui excède les moyens de l'art qui doit les exécuter.

« M. Simon avait déjà mérité une médaille de bronze à la dernière exposition ; le jury trouve qu'il a fait des progrès marqués depuis cette époque. »

M. SIMON-LACHAUME. S.-Maixent (Deux-Sèvres). — *Serge commune.* — Mention honorable, exposition 1819.

« Serge très-commune, mais très-bien fabriquée et à très-bas prix. »

MM. SIMON, VERRIÈRE et BIGARD (Jean).—*Mousse-lines*.—Mention honorable, exposition an IX (1801).

« Pour leurs mousselines. »

M. SIMONS. Paris, rue Notre-Dame-des-Victoires, 9. — *Châles indigènes*.—Mention honorable, exposition 1819.

« A présenté un châle fabriqué avec une matière indigène. »

MM. SIRENNE fils.—Exposition 1806.—*Voyez* GISCARD aîné, etc.

M. SIR (Henri), coutelier de la faculté de médecine. Paris, place de l'École de Médecine, 6.—*Coutellerie fine*.—Mention honorable, exposition 1819.

« Pour l'excellence de sa coutellerie à l'usage de la chirurgie. »

MM. SIRVANTON (G.) et compagnie. S.-Chamont (Loire).—*Rubannerie*. — Mention honorable, exposition 1806.

« Les rubans fabriqués par cette maison sont très-beaux et propres à soutenir la concurrence des rubans étrangers les plus estimés. »

M. SMITH (Williams). Paris, rue et cul-de-sac Coquenard, 22. — *Vernis*. — Mention honorable, exposition 1819.

« Pour avoir exposé des meubles vernis imitant le laque de la Chine. »

MM. SMITH, CUCHET et MONTFORT. Paris.—*Fontaines*

filtrantes.—Médaille d'argent, exposition an IX (1801).

« Pour avoir fait des fontaines filtrantes, qui rendent en peu de minutes potable et agréable l'eau infectée par la présence et la dissolution des substances putréfiées les plus fétides. »

***

MM. Solages et Bossut. Paris.—*Hydraulique.*— Médaille d'or, exposition an IX (1801).

« Modèle d'une nouvelle écluse au moyen de laquelle la dépense d'eau pour le passage d'un bateau n'est que la cent-vingtième partie de celle qu'exige le service des écluses ordinaires ; cette invention est d'un grand intérêt pour le commerce, à raison de la facilité qu'elle donne d'établir un système de navigation intérieure par petits canaux. »

Les mêmes.—Exposition 1806.

« Ont présenté une nouvelle manière d'employer une chute d'eau comme moteur ; le modèle d'un moulin à eau sans roue, mis en mouvement par cette nouvelle méthode, a été exposé aux regards du public. »

***

M. Solanet. S.-Geniez (Aveyron).—*Draperie commune.*—Citation au rapport du jury, exposition 1819.

***

M. Soleil, opticien. Paris, rue des Filles-S.-Thomas, 2.—*Instrumens d'optique.*—Médaille d'argent, exposition 1819.

« A présenté des chambres noires fort bien exécutées, plusieurs bons microscopes, des lunettes prismatiques dans lesquelles on remarque plusieurs améliorations et divers autres instrumens.

« M. Soleil a acquis une grande habileté dans l'art de refouler le verre pour les usages de l'optique. »

MM. SOLLIER fils et DELARUE, entrepreneurs de la manufacture de toiles à voiles de la Piltière. Rennes (Ile-et-Vilaine).—*Toiles à voiles.*—Médaille de bronze, exposition an x (1802).

« Ont présenté des toiles à voiles dont la qualité est égale à celles de la manufacture d'Angers. »

Les mêmes.—Exposition 1806.

« Sont toujours dignes de la distinction qui leur a été accordée en l'an x. »

———

SOMME (le département de la).—*Productions en général.*—Citation au rapport du jury, exposition an IX (1801).

« Le département de la Somme est un des huit qui se sont particulièrement distingués par la beauté des productions qu'ils ont montrées au public. »

———

SONTHONAX (Mademoiselle Denise). — Expositions ans 1801, 1806.—*Voyez* MESSIAT, HUBERT fils, etc.

———

MM. SOUCIN et LAVOCAT. Troyes (Aube).—*Tannage.*—Mention honorable, exposition 1819.

« Dont les produits annoncent des tanneries bien dirigées. »

———

M. SOUDRA. Valenciennes (Nord). — *Dentelles.*—Médaille de bronze, exposition an x (1802).

« A présenté, au nom du commerce de Valenciennes, des échantillons de très-belles dentelles. »

———

M. STAMMLER. Strasbourg (Bas-Rhin).—*Toiles métalliques.*—Médaille de bronze, exposition 1819.

« A présenté des objets fabriqués en fil de fer, en fil de

laiton et en fil d'argent; des treillages grillés et réseaux métalliques à mailles diverses, d'une belle exécution. »

M. STOLLENHOFF.—Exposition 1806.—*Voyez* HOM-
BERT, etc.

M. STRAUBHART. Paris, rue Gérard-Beauquet, 2.—
Mosaïque.—Mention honorable, exposition 1819.
« Pour des tables en mosaïque et incrustations sur métal. »

SOUPES (manufacture de). (Seine - et - Marne).
—*Cylindre à laminer.*—Médaille d'or, exp. an x.

« La manufacture de Soupes (MM. Colin de Concey et
Serilly, propriétaires) est anciennement établie ; elle a toujours langui, jusqu'aux entrepreneurs actuels qui lui ont donné
de l'activité. Ils ont exposé des aciers appropriés aux besoins
divers des arts ; ces aciers, soumis à toutes les expériences
nécessaires dans les ateliers de Chaillot, ont été trouvés de
la meilleure qualité : on en a fait faire un ressort de pendule
qui a parfaitement réussi. Ces entrepreneurs ont aussi fabriqué
à Soupes, des cylindres de laminoir auxquels il ne manque
rien, tant sur le rapport de la dureté que sous celui du tour.
Cette aciérie est la plus considérable qui existe en France. »
La même manufacture.—Médaille d'or, exp. 1806.

« La manufacture (M. Gosselin, propriétaire ; ayant son
dépôt à Paris, rue Saint-Antoine, 35) présente des cylindres
auxquels on a reconnu les qualités suivantes :
« 1°. Ils sont exactement tournés, et leurs surfaces sont
bien cylindriques ; 2°. ils sont très-durs, non seulement dans
la partie destinée à cylindrer, mais encore dans les axes aux
endroits seulement qui portent sur le coussinet ; ce qui prouve
que la manufacture de Soupes ne déchoit pas entre les mains
de son nouveau possesseur, et qu'elle n'a pas cessé d'être
digne de la médaille d'or qu'il a obtenue en l'an x. »

27 *

M. Suterre. Homblière (Aisne). — *Batistes, linons.*
—Mention honorable, exposition an x (1802).

« Pour avoir fabriqué une pièce de claire-linon, de bonne
qualité, à la navette volante. »

T.

M. Tachart-Rey. Montauban (Tarn-et-Garonne).—
Draperie commune.—Mention honorable, exposition 1819.

« Drap, dit *cordelat*, bien fabriqué. »

Le même. Montauban (Tarn-et-Garonne).—*Casimirs.*—Mention honorable, exposition 1819.

« Casimirs d'une fabrication louable. »

MM. Tardif fils aîné et sœur. Bayeux (Calvados).
—*Dentelles.*—Médaille d'argent, exposition 1819.

« La robe, le voile, les bonnets de différentes formes, les
tulles festonnés qu'ils ont mis à l'exposition, sont d'un très-beau
travail. La ville de Bayeux leur doit la connaissance des
moyens de fabriquer les articles de ce genre, de manière
qu'elle rivalise aujourd'hui avec celles de Lille et de Malines. »

M. Tarlay. Paris, rue Gervais-Laurent, 12. —
Outils divers.—Mention honorable, exposition
1806.

« Gouges et boute-avans pour les graveurs en bois, d'une
bonne forme et bien fabriqués; objet utile aux manufactures
de toiles peintes et de papiers peints. »

M. Tartas-Boyaval. S.-Omer (Pas-de-Calais).—

Draperie moyenne.—Mention honorable, exposition 1819.

« Ce fabricant a exposé des draperies d'une fabrication louable. »

M. Tavernier. Paris, rue de Paradis.— *Tôles vernies,*—Mention honorable, exposition 1819.

« Qui a exposé des vases vernis, et très également décorés. »

M. Tavernier. Paris.—*Horlogerie.* — Citation au rapport du jury, exposition 1819.

« A perfectionné l'échappement dit de Sully (horlogerie.) »

MM. Teissère et compagnie. Troyes (Aube).—*Étoffes de coton.*—Mention honorable, exposition 1819,

« Etoffes et casimirs de coton qui annoncent un bon cours de fabrication. »

M. Templier. Cotignac (Var).—*Soies grèges.* — Mention honorable, exposition 1806.

« Pour ses soies en pois, soies ouvrées et organsinées. »

MM. Ternaux frères, manufacturiers. Louviers (Eure), Sedan, Reims et Ensival. Dépôt à Paris, place des Victoires, 17.—*Draperie fine.*—Médaille d'or, exposition an IX (1801).

« Leur fabrication est la base d'un grand commerce; elle est variée depuis les espèces les plus communes jusqu'aux plus fines; ils ont exposé des draps superfins très-beaux. Les casimirs présentés au concours ont paru aux membres du jury supérieurs à tous ceux qu'ils ont vus jusqu'ici dans le commerce.

La pièce jugée la plus belle a été fabriquée par les frères Ternaux. Ces manufacturiers ont, en outre, exposé des draps
superfins très-beaux; ils sont chefs de quatre établissemens
considérables, où ils entretiennent de quatre à cinq mille
ouvriers. »

Les mêmes.—Exposition an x (1802).

« Leurs draps de Louviers sont de la plus grande beauté.
Ils ont présenté deux pièces de draps de Vigogne d'un très-
grand effet; l'une en couleur naturelle, et l'autre teinte en couleur brune. Leur fabrication de Sedan n'est pas moins remarquable; il est difficile de voir des draps mieux exécutés que les
draps noirs et blancs qu'ils ont exposés. Leurs casimirs les firent
distinguer l'année dernière; ceux de cette année sont supérieurs. Le jury pense que leurs travaux méritent les plus grands
éloges, et déclare que tous leurs produits sont encore plus parfaits que ceux qui, l'année dernière, leur méritèrent la médaille
d'or. »

Les mêmes.—Exposition 1806.

« Les draps superfins et fins fabriqués par MM. Ternaux dans
leurs diverses manufactures vont de pair avec ce qu'il y a
de plus estimé dans le commerce; leurs vigognes ont été
trouvés d'une qualité supérieure, et leurs casimirs de la première beauté.

« Au mérite de parfaitement fabriquer les étoffes connues,
MM. Ternaux joignent celui d'en avoir composé de nouvelles,
soit d'après leurs propres combinaisons, soit d'après l'exemple
des étrangers; c'est ainsi qu'en fabriquant, sur un simple échantillon venu d'Angleterre, l'étoffe appelée *duvet de cygne*, ils
sont parvenus à supplanter, pour cet article, les fabricans
anglais, partout où ils ont été en concurrence avec eux, même à
l'étranger. Ils ont récemment inventé de nouvelles étoffes auxquelles ils ont donné les noms de sati-draps et de sati-vigognes,
qui sont douces, légères et d'un effet agréable. Enfin, ils sont
parvenus à fabriquer, avec la laine de mérinos, des châles
d'une grande finesse et qui jouent le cachemire.

«Cette maison, qui fait à l'extérieur un commerce très-étendu, et qui emploie dans l'intérieur plusieurs milliers d'ouvriers, est, sous tous les rapports, digne des distinctions qu'elle a obtenues aux expositions précédentes. »

Les mêmes. — Distinction honorable, distribution des prix décennaux, 1810.

« MM. Ternaux sont chefs de vingt-un établissemens qu'ils ont formés soit en France, soit en Italie, et qui entretiennent plus de douze mille ouvriers, dont la majeure partie femmes et enfans, fabriquent des draps et des châles bien connus dans le commerce et qui touchent à une grande perfection, et ont employé pour ces diverses étoffes un nouveau genre de filature de la laine peignée, qui, suivant leur assertion, n'a pu encore être ni exécutée ni même devinée en France. La machine donne au fil une plus grande finesse et plus d'égalité, en abrégeant le temps et diminuant le prix de la main-d'œuvre. MM. Ternaux, qui veulent faire mouvoir cette machine par l'eau, ont déjà, dans leurs divers ateliers, un grand nombre de machines hydrauliques. On voit dans leur maison d'Auteuil le seul établissement complet qui existe encore en France à l'imitation de ceux d'Espagne, pour le treillage et le lavage des laines mérinos. »

MM. Ternaux et fils. Paris, place des Victoires, 6. — *Draps superfins.* — Exposition 1819.

« M. Ternaux s'est mis hors du concours comme membre du jury. Il a exposé des draps superfins provenant de ses manufactures de Sedan et de Louviers. Le public a pu remarquer que ces établissemens soutiennent la supériorité qui a fait décerner à M. Ternaux la médaille d'or aux expositions précédentes. »

Les mêmes. — *Châles de cachemire.* — Exposition 1819.

« S'est mis hors du concours comme membre du jury ; cependant nous ne devons pas taire que M. Ternaux est le premier qui ait fabriqué en France les châles avec la matière de cachemire.

« Le public a pu juger que les châles fabriqués, suivant tous les procédés connus par la maison Jobert - Lucas, dont M. Ternaux est un des chefs, sont de la première qualité. »

*Les mêmes.—Impressions sur étoffes.—*Exposition 1819.

« A exposé des impressions de différentes couleurs exécutées, dans sa manufacture de Saint-Ouen, sur des draps et sur d'autres étoffes de laine. Les dessins en sont très-variés; ils font reliefs et jouent la broderie; on peut même dire que l'imitation l'emporte sur la broderie réelle pour la netteté et la délicatesse du dessin. Ces étoffes sont propres à faire des ameublemens très-agréables.

«M. Ternaux s'est mis hors du concours, comme membre du jury. »

MM. TERNAUX, de Paris, JOBERT-LUCAS et comp. Reims (Marne). Propriétaires de la filature de Bazancourt, près de Reims.—Exposition 1819.

« Cet établissement, uniquement consacré à la filature, travaille dans les deux genres de laine cardée et de laine peignée; il file pour le public en même temps que pour les fabriques de tissus de ses propriétaires. Il a exposé des fils de bonne qualité et de la première finesse, entre autres de la laine peignée, filée au numéro 80.

« Les flanelles les plus belles et les plus fines, qui ont été distinguées par le jury, sont, d'après la déclaration des fabricans, faites avec des laines filées à Bazancourt.

« Cette filature a été, en France, le berceau de l'art de filer la laine peignée. Elle aurait eu droit à des distinctions d'un ordre élevé, si M. Ternaux ne se fût mis hors du concours, comme membre du jury.

« M. Ternaux a obtenu de S. M. le titre de baron en 1819.»

M. TERRET. Lyon (Rhône).—*Étoffes de soie.—*Médaille d'argent, 1.re classe, exposition 1806.

« Pour avoir fabriqué des châles, des étoffes façonnées et chinées, de qualités très-variées et excellentes. »

M. Terrien-Cesbron. Angers (Maine-et-Loire).— *Mouchoirs façon des Indes.*—Mention honorable, exposition 1806.

« Pour avoir fabriqué des mouchoirs façon des Indes de la plus grande finesse et de belle couleur, pouvant rivaliser avec ce que l'Angleterre et l'Inde ont fourni de plus beau. »

MM. Texier et Bouchon. Niort (Deux-Sèvres).— *Ganterie.*—Mention honorable, exposition 1819.

« Qui ont envoyé des gants bien faits et des peaux bien mégissées. »

M. Tharreau. Chollet (Maine-et-Loire).—*Mouchoirs façon des Indes.*—Mention honorable, exposition 1806.

« Pour avoir fabriqué des mouchoirs façon des Indes, de la plus grande finesse et de belle couleur, pouvant rivaliser avec ce que l'Angleterre et l'Inde ont fourni de plus beau. »

M. Tharreau-Labrosse.—Exposition 1801.—*Voyez* Cesbron frères, etc.

Le même. Cholet (Maine-et-Loire). — *Mouchoirs façon madras.* — Citation au rapport du jury, exposition 1819.

« Mouchoirs fil et coton, façon madras, bien fabriqués. »

MM. Thédenat et Muret, fabricans de draperie

commune. Saint-Geniez (Aveyron). — Citation au rapport du jury, exposition 1819.

M. Thériat, exposition 1819. — *Voyez* Royer, Payan et Thériat.

M. Théoleyre. — Exposition 1806. — *Voyez* Debarre, etc.

M. Thevenin, peintre directeur de l'Académie royale de peinture. Rome. — La décoration de la Légion-d'Honneur, à l'occasion de l'exposition de 1819.

« Pour honorer, à l'exemple des précédens rois, cette Académie, dont les utiles travaux ont rendu des services si éminens aux beaux-arts, en France, et témoigner à son directeur la satisfaction royale de son zèle et du cas qu'il fait de ses talens. »

M. Thibaut, Grenoble (Isère). — *Chamoiserie, ganterie.* — Mention honorable, exposition 1806.

« Pour des échantillons de ganterie parfaitement bien travaillée. »

M. Thibault, Paris, rue des Arcis, 12. — *Cire à cacheter.* — Mention honorable, exposition 1819.

« A exposé de la cire à cacheter qui est bien préparée. M. Thibault est parvenu à faire la cire rouge cramoisie, en remplaçant le vermillon de Chine par une substance indigène. »

M. Thibault aîné. Tournus (Saône-et-Loire). — *Couvertures de coton.* — Médaille d'argent, exposition 1819.

« A exposé des couvertures en coton d'un bel aspect, d'un tissu moelleux, léger et bien fourni. »

MM. THIBAULT, JUVANON et BASSECOURT. Mâcon (Saône-et-Loire).—*Couvertures de coton.*—Mention honorable, exposition 1806.

« Ont envoyé des couvertures de coton d'une très-bonne fabrication. »

M. THIELLAY (Louis-François). Orléans (Loiret).— *Produits chimiques.*—Mention honorable, exposition an x (1802).

« Pour diverses préparations d'antimoine. »

THIERS (la fabrique de) (Puy-de-Dôme).—*Coutellerie.*—Mention honorable, exposition an 1806.

« Elle est recommandable par l'extrême modicité des prix, par la qualité qui est bonne, eu égard au prix, par le nombre de bras qu'elle emploie, et par l'étendue du commerce auquel elle donne lieu. »

La même fabrique.—Mention honorable, exposition 1806.

« Comme ayant été citée par le jury de 1806, et ayant de plus en plus mérité cette distinction par ses ouvrages de coutellerie. »

M. THILORIER. Paris, rue S.-Martin.—*Chauffage.*— Mention honorable, exposition an x (1802).

« Inventeur du phloscope, appareil de combustion ingénieux, au moyen duquel la fumée même est brûlée. »

Le même.—Exposition 1806.

« A présenté un poêle perfectionné, auquel il a appliqué un appareil qu'il désigne sous le nom de condensateur des produits de la combustion, dont l'avantage est de retenir plus de chaleur dans l'appartement, de renouveler l'air par un cou-

rant qui est chaud, quoiqu'il arrive de l'extérieur, et de dé-
pouiller la fumée de toute chaleur avant sa sortie des tuyaux.
Ce poêle, mis en expérience, a bien réussi.

« M. Thilorier fut honorablement mentionné, en l'an x,
pour des appareils de combustion. Il a continué de s'occuper
avec succès du perfectionnement de ces appareils. »

M. Thirouin (Adrien). Evreux (Eure).—*Coutils.*—
Citation au rapport du jury, exposition 1819.

M. Thirouin. —Expositions 1801, 1802.—*Voyez*
Henry et Thirouin.

M. Thirouin-Gautier. Pont-Audemer (Eure).—
Coutils.—Mention honorable, exposition an iv
(1798).

« Diverses qualités de coutils de très-bonne fabrication,
serges et étamines glacées, sans cesser d'être moelleuses, et
d'un coup d'œil agréable. »

M. Thiss (Martin) et compagnie. Bulh (Haut-Rhin).
—*Casimirs mélangés.*—Médaille de bronze, exposition 1819.

« A envoyé à l'exposition une pièce de casimir mélangé qui
annonce un véritable talent de fabrication. »

M. Thomas (Alexandre) père et fils. Abbeville
(Somme).—*Linges de corps et de ménage.*—Mention honorable, exposition an x (1802).

« Linges ouvrés de ménage, dignes d'éloges à raison de leur
bas prix. »

M. Thomas (Jacques-Nicolas). Yvetot (Seine-Inféfieure). — *Piqué*. — Citation au rapport du jury, exposition 1819.

« Fabricant de piqué. »

Le même.—*Rots.*—Mention honorable, exposition 1819.

« Rots perfectionnés. »

M. THOMAS (J.-B.). Montpellier (Hérault).—*Mouchoirs façon des Indes.*—Mention honorable, exposition 1819.

« Pour avoir produit des mouchoirs, façon des Indes, d'une fabrication très-soignée sous le rapport de la régularité des tissus, sous celui de la solidité des couleurs, et de l'agrément des dispositions. »

M. THOMASSIN-CORBITT. Douai (Nord).—*Dentelles et blondes.*—Mention honorable, exposition 1806.

« A envoyé du fil écru simple à dentelle de la première qualité. »

Le même. — Mention honorable, exposition 1819.

« Qui a exposé des dentelles composées avec goût et fabriquées avec soin. »

M. THOMPSON. Paris, rue des Noyers, 33.—*Gravure.*—Médaille de bronze, exposition 1819.

« A exposé des cadres de gravures exécutées en taille de relief sur bois de bout, suivant le procédé anglais. Ces gravures ont la perfection que comportent les ouvrages de ce genre. »

M. THOMIRE et compagnie. Paris, rue Boucherat, 16, dépôt rue Taitbout, 25. — *Bronzes ciselés.*—Médaille d'or, exposition 1806.

« L'exposition de 1806 est la première à laquelle cet habile artiste, le premier de nos ciseleurs, ait pris part. Il a présenté une suite considérable d'ouvrages dirigés et exécutés par lui : la cheminée en malachite, qui est un des plus beaux ameublemens qui aient paru à l'exposition, est destinée pour l'étranger, et ne peut que contribuer à étendre la réputation de supériorité que les Français ont acquise dans les arts qui tiennent au goût. D'autres cheminées, quoique moins riches par la matière et par les ornemens, ne font par moins d'honneur à l'artiste qui les a exécutées. M. Thomire y a employé des granits des Vosges et de la Haute-Saône qui ne le cèdent pas en beauté à ceux de l'Orient.

« M. Thomire joint au talent de l'exécution un goût éclairé et pur ; il emploie, pour faire les modèles de bronze qu'il doit ciseler, les plus habiles statuaires de la capitale, et ceux-ci ne peuvent qu'être flattés de la manière dont il fait rendre leur composition. »

Les mêmes. — Paris, boulevard Poissonnière, 2. — *Bronze.* — Médaille d'or, exposition 1819.

« Ont exposé un vase de grande dimension, une table et un candelabre en malachite, le tout orné de bronze et du meilleur goût. Ils ont présenté en outre un grand candelabre, des girandoles, plusieurs pendules, et un surtout de la plus grande richesse.

« Les ouvrages de M. Thomire se distinguent par leur grandeur, leur richesse, le goût et la perfection du travail, et sont tout-à-fait dignes de la réputation de cet artiste.

« Il a joint à ses ouvrages une copie en bronze de la statue de Germanicus du Musée, qui prouve que M. Thomire est aussi très-habile dans l'art du fondeur statuaire.

« Si MM. Thomyre et comp. n'avaient obtenu une médaille d'or à l'exposition de 1806, le jury se serait empressé de la leur décerner cette année. »

M. Thorel. Lisieux (Calvados).— *Toiles.*—Citation au rapport du jury, exposition 1819.

« Bonne qualité des toiles mises à l'exposition. »

M. Thoron (Jacques).—Exposition 1802. — *Voyez* Pascal, Thoron et compagnie.

MM. Thouzas, Viviés et fils. Sainte-Colombe (Aude). —*Tabletterie et ornemens.*—Mention honorable, exposition 1806.

« Qui offrent au commerce le jayet taillé et travaillé dans toutes les formes qui sont adoptées pour les bijoux. »

M. Thouvenin. Paris, rue S.-Victor, 36.—*Reliures.* —Mention honorable, exposition 1819.

« Pour les reliures qu'il a exposées, reliures qui se distinguent par leur solidité, par le fini des dorures et par la tranche-file qui est faite avec un soin extrême. »

M. Tieulen.—Exposition 1819.—*Voyez* Duchesne et Tieulen.

M. Tirel fils. Blon, près Vire (Calvados).— *Draps communs.*—Médaille d'argent, exposition 1819.

« Cette fabrique a présenté des draps d'espèce moyenne d'une bonne fabrication ;

« Des draps communs blancs, gris et verts, à des prix modérés ;

« Des couvertures et des étoffes pour les vêtemens des classes pauvres, remarquables par leur bas prix. »

M. Tissot, fabricant. Paris, petite rue de Reuilly, 8. — *Corne à lanterne.* — Médaille de bronze, exposition an IX (1801).

« Pour avoir mis en activité et perfectionné la fabrication des cornes transparentes, en feuilles qu'on a tirées jusqu'ici de l'étranger. »

Le même.—Exposition an X (1802).

« Depuis l'année dernière, M. Tissot a trouvé le moyen de donner aux cornes un plus beau poli ; ce qui en augmente la transparence. »

M. Tissot. Paris, rue Quincampoix, 53.—*Horlogerie.*—Médaille de bronze, exposition 1819.

« A imaginé un mécanisme au moyen duquel une petite pendule fait sonner les heures sur un timbre d'horloge publique, assez fort pour être entendu à des distances considérables.

« Ce mécanisme est ingénieux, simple et d'un effet sûr. Il est surtout remarquable par son bas prix ; on peut en faire des applications avantageuses dans les communes rurales.

« M. Tissot a aussi présenté le modèle d'un mécanisme de son invention, qui diminue considérablement le frottement des axes tournans, quels que soient leur diamètre et leur poids. »

M. Tivolier (J.-Benoît). Voiron (Isère).—*Toiles de corps et de ménage.*—Citation honorable, exposition 1806.

« Pour les toiles présentées au nom de tous les fabricans de Voiron. »

Toulouse (Haute-Garonne).—*Filature de coton.*— Mention honorable, exposition 1806.

« Les cotons fournis à l'exposition par les filatures de Toulouse. »

Tourcoing (fabrique de) (Nord). — *Nankins.* — Mention honorable , exposition 1806.

« Les nankins exposés par les fabricans de Tourcoing. »

La même fabrique.—*Filature de coton.* — Mention honorable, exposition 1806.

« Les cotons fournis à l'exposition par les filatures de Tourcoing. »

M. Tourengin (Félix). Bourges (Cher). — *Draperie moyenne.*—Mention honorable, exposition 1819.

« Sa fabrique est nouvelle; elle est intéressante pour le Berri dont elle emploie les laines. Elle a exposé du drap bleu de bonne qualité. »

M. Tournier (François).—Exposition 1806.—*Voyez* Girard (N.) , etc.

M. Tournoux. Paris. — *Outils en acier.* — Mention honorable an ix (1801).

« Fabricant d'outils en acier pour assortiment d'horlogerie, comparables, pour l'usage et pour la qualité, aux meilleurs fabriqués chez l'étranger. »

M. Tournu (Léonard). S.-Denis (Seine). — *Vis à bois.*—Mention honorable, exposition an ix (1801).

« Pour avoir établi une fabrication de vis à bois en fer, exécutées avec beaucoup de perfection. »

M. Tourrot. Paris, rue Ste.-Avoie, 47.—*Plaqué d'or et d'argent.* — Mention honorable, exposition 1819.

28

« Pour avoir exposé des ustensiles de table et des objets
destinés à l'ornement des églises, emboutis au tour. »

Tours (Indre-et-Loire).—*Étoffes de soie.*—Citation
honorable au rapport du jury, exposition an IX
(1801).

« Nous avons vu, disent les membres du jury, de belles soieries fabriquées à Tours. »

Toussaint père et fils (manufacture de). Raucourt
(Ardennes).—*Acier poli.* — Mention honorable,
exposition an x (1802).

« Ont présenté des boucles en acier poli, et d'autres quincailleries d'une exécution qui mérite des éloges. »

MM. Toutain père et fils. Sainte-Opportune du Bosc
(Eure).—*Couvertures de coton.*—Mention honorable, exposition 1806.

« Couvertures de coton d'une très-bonne fabrication. »

M. Toutain. Lisieux (Calvados).—Citation au rapport du jury, exposition 1819.

« Bonne qualité des toiles mises à l'exposition. »

MM. Trabuchi frères, poêliers-fumistes à Paris, à
la barrière du Roule.—*Appareils de combustions.*
—Médaille d'argent, exposition an x (1802).

« Ont élevé, au milieu de la cour du Louvre, en terre cuite,
une copie exacte, avec les mêmes dimensions, du monument
de Lysicrates, encore subsistant à Athènes, et vulgairement
connu sous nom de *Lanterne de Démosthène.*

« Le jury regarde ce travail comme un chef-d'œuvre. Il a
fallu un art infini dans la conduite des diverses pièces, depuis

l'état d'argile molle jusqu'à celui de terre cuite, pour conserver aux ornemens toute leur délicatesse, et pour obtenir des
tronçons de colonnes dont les cannelures s'ajustent avec exactitude. »

M. TREMEAU-ROCHEBRUNE. Nersac (Charente). —
Papeterie. — Médaille d'argent à partager avec
deux autres, exposition an x (1802).

« A exposé de très-beaux papiers. »

Le même. — Exposition 1806.

« Les papiers qu'il a exposés sont supérieurs à ceux de l'an x.
Le jury ne balancerait pas à lui donner la médaille d'argent si
déjà il ne l'avait obtenue. »

MM. TREUTTEL, WURTZ, MILLING et NÉE. Paris.
— *Chalcographie*. — Médaille d'argent, 1.re classe,
exposition 1806.

« Ont formé l'entreprise d'un voyage à Constantinople. Plusieurs planches d'une belle exécution ont été exposées aux regards du public. »

« Ce travail est fait pour honorer l'industrie française;
il étendra les connaissances sur le Levant. Le jury a pensé
qu'une entreprise qui réunit ces avantages mérite d'être en-
couragée. »

MM. TREUTTEL et WURTZ. Paris, rue Bourbon,
17. — *Chalcographie*. — Exposition 1819.

« Obtinrent, en 1806, une médaille d'argent pour un
ouvrage sur Constantinople, dont ils avaient commencé
la publication. Cet ouvrage est aujourd'hui achevé et justifie
l'idée avantageuse que les premières livraisons avaient fait
concevoir.

28 *

« Lé jury a jugé que MM. Treuttel et Wurtz étaient toujours digues de la distinction qui leur a été accordée. »

TRICOT (la manufacture de) (Oise). — *Draperie moyenne.*—Mention honorable , exposition 1806.

« Les gros draps, pinchinats, ratines, et les autres étoffes de laines de cette manufacture ont paru d'une bonne fabrication. »

M. TROTTY. Craon (Mayenne). — *Fil.* — Médaille d'argent , exposition an ix (1801).

« Pour avoir présenté des échantillons de fil écru de lin, d'une très-belle filature. »

Le même. — Mention honorable , exposition an x (1802).

« Mentionné honorablement pour avoir envoyé un très-bel échantillon cette année. »

TULLE (la manufacture royale de). (Corèze). — *Armes à feu de guerre.* — Mention honorable , exposition 1819.

« Fusils de munition, platinès de mousqueton et de fusil de munition. »

M. TURGIS (Pierre). Elbeuf (Seine-Inférieure).—*Draperie.*—Médaille d'argent , exposition 1819.

« A présenté du drap parfaitement fabriqué et tenant le premier rang dans son genre. »

M. TURS. Nîmes (Gard). — *Bonneterie de soie.* — Mention honorable, exposition 1819.

« Pour la bonneterie de soie qu'il a mise à l'exposition, dont le travail ne laisse rien à désirer. »

Le même.—*Bonneterie de coton.*—Citation au rapport du jury, exposition 1819.

« Qui a exposé de la bonneterie de coton. »

U.

UTZSCHNEIDER et compagnie. Sarguemines (Moselle). — *Terre de pipe.* — Médaille d'or, exposition an IX (1801).

« Poterie. La pâte de M. Utzschneider réunit la légèreté et la solidité à une blancheur parfaite ; sa couverte est dure et brillante ; elle résiste sans altération à de fortes épreuves ; elle n'a point la teinte jaunâtre qu'on reproche généralement aux faïences anglaises.

« Cette poterie est d'un prix qui la met à la portée d'un grand nombre de consommateurs. »

Le même.—Exposition an x (1802).

« Ce fabricant s'est perfectionné dans le cours de l'année pour la solidité de la pâte, pour l'éclat et la dureté de la couverte, et pour l'élégance des formes. »

Le même.—Exposition 1806.

« A présenté de la belle poterie, bien propre à rappeler au public les distinctions honorables décernées précédemment à cette manufacture. »

Le même. — *Poterie grès.* — Médaille d'argent, exposition 1806.

« A présenté une poterie en grès brun et rouge, pouvant aller au feu, résistant aux passages brusques de température ; d'un grain dur et fin, susceptible de prendre un beau poli. En mélangeant avec sa pâte des fragmens de terre diversement colorés, M. Utzschneider est parvenu à faire des vases parfaitement polis, imitant le porphyre, le granit, le basalte et le jaspe. La pâte est excellente et susceptible des formes les plus variées. Sous le rapport de la solidité et de la salubrité, cette poterie ne le cède point à la porcelaine. Ces nouvelles poteries ne sont pas encore abondantes dans le commerce; mais il est probable qu'elles ne tarderont pas à s'y répandre et qu'elles y obtiendront le même succès que les terres si connues de Wedgewood. Le jury a décerné une médaille d'argent de première classe au créateur de cette nouvelle branche d'industrie. »

Le même. Dépôt à Paris, chez M. Bourlet, rue du Faubourg-Saint-Denis, 35o.—*Faïence.*—Exposition 1819.

« A mis à l'exposition des assiettes de faïence dont la pâte est blanche, dure, compacte; dont l'émail est bien glacé, et également étendu, même sur les bords et les arêtes. Le prix en est modéré.

« Il y a aussi exposé des faïences fines; la pâte est blanche et légère; les pièces sont de bonne forme, et même quelquefois élégantes; la couverte est dure, brillante, et point sujette à la trésaillure. Elle a soutenu les plus fortes épreuves sans être altérée.

« Les faïences de M. Utzschneider furent jugées dignes de la médaille d'or à l'exposition de l'an ix. Les qualités de celles qu'il a exposées en 1819 lui auraient fait décerner la même distinction s'il ne l'avait déjà obtenue. »

Le même.—Poterie grès.—Médaille d'or, exposition 1819.

« A inventé les belles terres cuites qu'on a vues à l'exposition, et qui imitent si parfaitement le porphyre, l'agate et le jaspe.

« Il est aussi le fabricant qui a obtenu le plus de succès dans les poteries communes.

« M. Utzschneider a obtenu la médaille d'or en 1801; et, à chaque exposition suivante, il a produit des objets importans et nouveaux, qui étaient autant de titres à la même distinction. »

Le même.—Minium.—Mention honorable, exposition 1806.

« Son minium est employé dans la fabrication des cristaux de St.-Louis, jugés dignes de la médaille d'argent de première classe. Il réunit les propriétés qui annoncent une belle fabrication, savoir : une très-grande finesse, une belle couleur rouge et un coup d'œil cristallin. »

Par ordonnance du 17 novembre 1819, S. M. a nommé M. Utzschneider membre de la Légion-d'Honneur.

V.

M. VACHER. Paris, rue Vivienne. — *Étoffes de soie.* —Médaille de bronze, exposition an x (1802).

« Il a présenté des étoffes de soie pour habillement et pour meubles, de goûts variés et agréables. La plupart de ces objets ont été exécutés sous sa direction. »

Le même.—Exposition 1806.

« Étoffes de soie de goûts très-variés et agréables ; ses qualités sont bien soutenues. »

M. VAISON.—Exposition 1819.—*Voyez* BELLANGER et VAISON.

M. VALAT. Montpellier (Hérault). — *Mouchoirs façon des Indes.* — Mention honorable, exposition 1819.

« Pour avoir produit des mouchoirs façon des Indes, d'une fabrication très-soignée sous le rapport de la régularité du tissu, sous celui de la solidité des couleurs et de l'agrément des dispositions. »

VALENCIENNES (fabrique de) (Nord).— *Filature de coton.*—Mention honorable, exposition 1806.

« Les cotons fournis à l'exposition par les filatures de Valenciennes. »

La même.—*Nankins.*—Mention honorable, exposition 1806.

« Les nankins exposés par les fabricans de Valenciennes. »

VALENCIENNES (l'hospice de) (Nord).—*Dentelles.* —Citation honorable au rapport du jury, exposition an x (1802).

« Hospice de Valenciennes. Le jury a vu avec intérêt les dentelles fabriquées dans cet hospice. »

VALENCIENNES (les fabricans de l'arrondissement de) (Nord).—*Batistes et linons.*—Citation au rapport du jury, exposition 1806.

« Les fabricans de l'arrondissement de Valenciennes ont envoyé, soit en blanc, soit en écru, des pièces de batiste et des pièces de linon de la plus grande beauté, qui prouvent que la perfection de ces fabriques renommées se maintient toujours, et que leurs assortimens sont complets. »

M. VALENTIN.—Exposition 1802.—*Voyez* LIÉGROIS.

M. VALFRESNE. — Exposition 1806. —*Voyez* DEBRAY, etc.

M. VALIN (Alexandre). Château-Renaud (Indre-et-Loire).—*Corroyage.*—Mention honorable, exposition 1819.

« Pour le bon corroyage des cuirs qu'il a présentés. »

M. VALLARD fils. Moulins (Allier).—*Bonneterie de coton.*—Citation au rapport du jury, exposition 1819.

« Pour de la bonneterie de coton qu'il a exposée. » ,

M. VALLÉE jeune. Rouen (Seine-Inférieure).—*Mouchoirs façon des Indes.*—Mention honorable, exposition 1819.

« Pour avoir produit des mouchoirs façon des Indes, d'une fabrication très-soignée sous le rapport de la régularité du tissu, sous celui de la solidité des couleurs et de l'agrément des dispositions. »

VALOGNES (la fabrique de) (Manche).—*Porcelaines.*—Mention honorable, exposition an x (1802).

« Les porcelaines de la fabrique de Valognes ont été jugées fort bonnes. »

La même manufacture.—*Porcelaine.*—Mention honorable, exposition 1806.

« Le jury a vu avec intérêt les porcelaines envoyées par cette manufacture; il a remarqué qu'elle a fait des progrès depuis la dernière exposition, où elle obtint une mention honorable. »

M. VALSCH. Orléans (Loiret),—*Machines à filer le coton.*—Médaille d'argent, exposition 1806.

« A présenté des cardes remarquables par le bon choix du cuir, par la qualité des fils de fer et des fils d'acier, par la régularité dans la distribution des crochets, et par l'intelligence avec laquelle la hauteur du coude est proportionnée à l'épaisseur du cuir. »

M. VALTER, propriétaire manufacturier de cristaux.

Gotzembruck (Moselle).—*Cristaux.*— Médaille de bronze, exposition an x (1802).

« A exposé des carafes, flacons et verres unis ou taillés, en cristal *dit* de Bohême, ou verre blanc, sans oxides métalliques. »

M. Valter.—Exposition 1806.—*Voyez* MM. Zeiler, Valter et compagnie.

M. Vanderbergue et compagnie. — Expositions 1802, 1806.—*Voyez* Gajon, etc.

M. Vandermersch. Royaumont (Seine-et-Oise).— *Basins, piqués.* — Médaille d'argent, exposition 1819.

« A présenté des basins et des piqués de bonne qualité et d'une fabrication excellente. »

MM. Vandessel, Clausse et Chevassut. Chantilly (Oise).—*Dentelles.*—Médaille de bronze, exposition an x (1802).

« Pour avoir fabriqué une pièce de dentelle noire, d'un dessin varié, qui n'avait pas encore été employé pour la dentelle. »

M. Vandessel. Chantilly (Oise). — *Dentelles et blondes.* — Médaille d'argent, exposition an ix (1801).

« A présenté un superbe mouchoir en dentelle noire. Sa fabrication entretient un grand nombre d'ouvriers. »

Le même.—Exposition 1806.

« S'est montré, en 1806, avec des blondes qui, par la beauté de l'exécution, n'honorent pas moins son industrie. »

Le même.—Exposition 1819.

« Les bas de robes, les fichus, les blondes de moyenne

largeur qu'il a exposés, sont d'un bon goût et parfaitement travaillés. Le jury lui aurait décerné la médaille d'argent s'il ne l'avait déjà obtenue à l'exposition de 1806. »

M. VANIER. — Expositions 1801, 1806. — *Voyez* PLUMMER-DONNET et VANIER.

VANNES (la fabrique de charité, établie par madame de LAMOIGNON, veuve MOLÉ-DE-CHAMPLATREUX). Vannes (Morbihan).—Mention honorable, exposition 1819.

« Pour divers échantillons d'étoffes de coton écrus et blancs. »

M. VANRISAMBURG. Lyon (Rhône).—*Étoffes de soie.* —Mention honorable, exposition 1806.

« A cause de ses étoffes en dorure pour le Levant. »

M. VARDEL.—Exposition 1806.—*Voyez* PERARD et VARDEL.

M. VARIN (Maurice). Nantua (Ain). — Exposition 1801.—*Voyez* MESSIAT, etc.

M. VATINEL. Paris, rue de la Tour-au-Marais.— *Basins, piqués.*—Mention honorable, exposition an IX (1801).

« Pour ses basins et piqués. »

Le même.—*Basins, piqués.*—Médaille d'argent, exposition an X (1802).

« Il a exposé cette année des basins et des piqués d'une excellente fabrication. Il obtint au dernier concours une mention honorable. »

VAUCELLES (la fabrique de) (Nord).—*Nankins.*— Mention honorable, exposition 1806.

« Les nankins exposés par les fabricans de Vaucelles (Nord). »

M. VAYSSE. La Crouzette (Tarn). — *Bonneterie de laine.*—Médaille de bronze, exposition 1819.

« Il a exposé des bonnets communs de laine dont la fabrication est bonne, et qu'il vend à bas prix. »

M. VELAI. Paris, rue Lenoir, 10, faubourg S.-Antoine.—*Papiers peints.*—Mention honorable, exposition 1819.

« Pour les papiers peints qu'il a exposés. »

M. VENTENAT (Paul). — *Littérature, botanique.*— Citation au rapport du jury, distribution des prix décennaux, 1810.

« Pour ses ouvrages en botanique. »

M. VENZEL. Paris, rue du Temple, 19.—*Fleurs artificielles.*—Mention honorable, exposition an x (1802).

« Pour ses fleurs artificielles qui imitent parfaitement la nature. »

M. VERDIER. Montpellier (Hérault). — *Mouchoirs façon des Indes.*—Médaille de bronze, exposition 1819.

« Les mouchoirs, façon madras, de cette fabrique peuvent soutenir la comparaison avec ce qu'il y a de plus estimé en ce genre. »

M. VERHELST. Lille (Nord). — *Plomb laminé.* — Mention honorable, exposition 1819.

« Tuyau de plomb d'une bonne exécution fait au laminoir sans soudure. »

MM. VERMONT frères, fabricans de cuirs. Mézières (Ardennes). — *Tannage*. — Médaille de bronze, exposition an x (1802).

« Ont présenté des cuirs de bonne qualité et bien tannés. »

Les mêmes.—Exposition 1806.

« Ont présenté en 1806 un cuir préparé à la jusée, qui prouve qu'ils cultivent toujours leur art avec le même soin. »

VERNON (la fabrique de) (Eure). — *Filature de coton.* —Mention honorable, exposition 1806.

« Cotons filés envoyés par cette fabrique. »

M. VERNY (Mathieu). Aubenas (Ardèche).—*Draperie moyenne.*—Mention honorable, exposition an x (1802).

« Pour avoir fabriqué des draps de bonne qualité pour la consommation de la classe peu aisée. »

Le même.—Exposition 1806.

« Le jury a vu avec satisfaction les produits mis à l'exposition cette année par ce fabricant. »

MM. VERNY frères. Aubenas (Ardèche).—*Draperie.* —Médaille de bronze, exposition 1819.

« Les draps fabriqués par MM. Verny, et présentés à l'exposition, se rapprochent du genre d'Elbeuf commun. Le jury a trouvé la fabrication bonne. »

M. Veron. Mans (le) (Sarte).—*Couvertures de laine.*—Mention honorable, exposition an x (1802).

« A présenté des couvertures bien fabriquées. »

M. Verrière.—Exposition 1801. — *Voyez* Simon, Verrière et Jean Bigard.

Versailles (la manufacture de) (Seine-et-Oise).—*Armes à feu.*—Exposition an vi (1798).

« Manufacture d'armes. Le jury déclare que la France a l'avantage exclusif de ne pouvoir rien rencontrer chez ses voisins qui puisse approcher des objets exécutés dans cette manufacture. Le jury n'a pas cru devoir l'admettre au concours national, parce qu'elle reçoit d'autres encouragemens du gouvernement. »

Versailles (la fabrique de) (Seine-et-Oise).—*Filature de coton.*—Mention honorable, exposition 1806.

« Les cotons fournis à l'exposition par les filatures de Versailles. »

Vervins (les toiles de) (Aisne).—*Toiles de corps et de ménage.* — Citation au rapport du jury, exposition 1806.

« Les toiles de Vervins présentées par M. Vermont de Plomion. »

M. Vétillard.—Exposition 1802.—*Voyez* Bérard et Vétillard.

M. Veytard (Xavier).—Exposition 1802.—*Voyez* Creusot (manufacture du).

MM. Vialettes-d'Aignan. Montauban (Tarn-et-

Garonne).—*Cadis*, *serges*, *étamines*.—Médaille de bronze, exposition an x (1802).

« La manufacture de MM. Vialettes d'Aignan, date de 1627; elle a présenté des cadis unis et frisés, d'une fabrication supérieure à ceux que l'on faisait il y a vingt ans. Les prix en sont très-modérés. »

Les mêmes.—Exposition 1806.

« Les objets de même nature, présentés cette année, sont encore dignes de la distinction précédemment accordée. »

M. VIARD. Rouen (Seine-Inférieure).—*Calicots*.— Citation au rapport du jury, exposition 1819.

« Pour des calicots qu'il a exposés. »

M. VIAU DE MOURCHE. Marseille (Bouches - du-Rhône).—Mention honorable, exposition 1819.

« Qui a exposé des chapeaux noirs parfaitement bien fabriqués, ainsi qu'un chapeau gris en poil de lièvre d'Asie, lequel passe pour être difficile à travailler. »

M. VIDAL et compagnie.—Exposition 1802.—*Voyez* ROSTANG, VIDAL et compagnie.

VIENNE (la ville de) (Isère).—*Cadis*, *serges*, *étamines*.—Mention honorable, exposition 1806.

« Pour des ratines et draps croisés. »

M. DE VIÉVILLE. Reverseaux (Eure-et-Loir).—*Métiers*.—Médaille d'argent, exposition 1806.

« A établi des machines à filer le lin et le chanvre, ainsi que des mécaniques à tisser les toiles, par un simple mouvement de rotation. Ses échantillons, envoyés à l'exposition, prouvent que ces machines remplissent leur objet. »

VIGAN (la fabrique du) (Gard). — *Bonneterie de soie*.—Mention honorable, exposition 1806.

« Pour les bas de soie de cette fabrique. »

MM. Vignolet frères. Orléans (Loiret).—*Cordages.*
—Mention honorable , exposition 1806.

« Qui ont présenté de beaux cordages , fabriqués par des
mécaniques qu'ils annoncent leur être particulières. »

M. Villard.—Exposition 1806.—*Voyez* Jourdain
et Villard.

M. Villarmain. De la Courade , près d'Angoulême
(Charente). — *Papeterie.* — Médaille d'argent ,
exposition an x (1802).

« A exposé de très-beaux papiers. »

Le même.—Exposition 1806.

« Les papiers qu'il expose sont supérieurs à ceux de l'an x. Le
jury ne balancerait pas à lui décerner la médaille d'argent si
déjà il ne l'avait obtenue. »

Villedieu (les fabricans de) (Manche). — *Cuivre
laminé et martelé.*--Mention honorable, exposition
1806.

« Pour des chaudières en cuivre très-bien travaillées. »

Villeroy, fabricant de poteries. Vandrevanges
(Moselle).—*Poterie.*—Médaille d'argent, exposition an x (1802).

« La pâte de ce fabricant est d'une grande blancheur. »

Vimeux (le) (les ouvriers en *serrurerie* et *armurerie*
de cette contrée du département de la Somme).—
Médaille de bronze en commun à tirer au sort ,
exposition an ix (1801).

« Pour des platines de fusil du modèle de soixante-dix-sept, très-bien exécutées sous la direction de M. Deschasseaux. »

M. VINCENT (Jean) et compagnie. Marseille (Bouches-du-Rhône).—Citation au rapport du jury, exposition 1819.

« Pour des bonnets turcs. »

M. VINCENT, directeur des ateliers des Quinze-Vingts. Paris.—*Draperie moyenne.*—Exposition an x (1802).

« Les draps exposés sous cette désignation ont été fabriqués par des aveugles. Le jury a trouvé la fabrication soignée dans toutes ses parties. »

M. VINCHON, manufacture de cristaux. Bligny (Aube). —*Cristaux.*—Médaille de bronze, exposit. an x. (1802).

« A exposé des carafes, flacons et verres unis ou taillés, en cristal dit de *Bohème*, ou verre blanc sans acides métalliques. »

M. VIOU. Tours (Indre-et-Loire). — *Peigne à étoffes.* —Mention honorable, exposition 1819.

« Pour peigne perfectionné pour les étoffes. »

VIRE (la fabrique de) (Calvados).-*Draperie moyenne.* —Mention honorable, exposition 1806.

« La fabrique de Vire fait des draps propres à l'habillement des troupes qui sont fabriqués avec soin. »

M. VITALIS, professeur de chimie. Rouen (Seine-Inférieure).—*Teintures.*—Médaille d'or, exposition 1819.

« Pour les grands services qu'il a rendus gratuitement à

29

toute la fabrique de Rouen en fait de teintures ; services auxquels cette fabrique doit sa prospérité actuelle, ce qui est certifié par toutes les autorités et par tous les fabricans du pays. »

Par ordonnance du 17 novembre 1819, S. M. a nommé M. Vitalis membre de la Légion-d'Honneur.

VITRÉ (arrondissement de) (Ile-et-Vilaine).—*Toiles de corps et de ménage.*—Citation au rapport du jury, exposition 1806.

« Les toiles de l'arrondissement de Vitré. »

Madame veuve VITTE. Lyon (Rhône).—*Broderie et passementerie.*—Médaille d'argent, 2.e classe, exposition 1806.

« A imaginé un nouveau point de broderie propre à donner plus de correction à ce genre de travail. »

M. VIVIER. Chalabre (Aude).—*Draperie.*—Médaille de bronze, exposition 1819.

« Les draps exposés par ce manufacturier sont remarquables par la bonne fabrication. »

VOIRON (la fabrique de).—*Toiles.*—Citation au rapport du jury, exposition 1806.

« Pour les toiles présentées par Jean-Benoît-Tivolier, au nom de tous les fabricans de Voiron. »

M. VOYENNE, chef de l'établissement de poêlerie. Paris, rue du Battoir, 22.—*Chauffage.*—Mention honorable, exposition 1806.

« Il a présenté plusieurs appareils et des fourneaux qui prouvent qu'il est habile constructeur de poêles, connaissant parfaitement la théorie de la combustion, l'art de la diriger, d'économiser le combustible et de bien distribuer la chaleur. »

W.

M. WAGNER. Paris, rue du Cadran, 39.—*Horlogerie.*
—Médaille d'argent, exposition 1819.

« Est un artiste très-habile pour la confection des mécanismes d'un genre analogue à celui de l'horlogerie.

« Il a exposé une grosse horloge propre au service d'une ville
ou d'un grand établissement public ;

« Une machine pour la rotation des phares, qui réunit plusieurs idées utiles de son invention.

« M. Wagner s'est fait des machines propres à tailler les
roues les plus grandes et les plus épaisses avec une exactitude
précieuse pour les mécaniciens. Ses ateliers rendent aux arts
des services importans. »

M. WATIER. Lisieux (Calvados).— Médaille de
bronze, exposition 1819.

« Fabrique des couvertures de chevaux à très-bas prix. »

M. WERNER. Paris, rue de Grenelle-S.-Germain,
126.— *Ébénisterie.*— Médaille d'argent, exposition 1819.

« A exposé des meubles en bois indigène de genres différens
et variés. Tous se distinguent par de belles formes, des dessins
d'un bon goût, une fabrication extrêmement soignée. »

WESSERLING (les filateurs de) (Haut-Rhin).—*Filature de coton.*—Mention honorable, exposition
1806.

« Les cotons fournis à l'exposition par les filatures de Wesserling. »

M. WHITE, mécanicien. Paris, rue Popincourt, 47.
—*Mécanique.*—Médaille d'argent, exposition an x
(1802).

29*

«Il a présenté une combinaison d'engrenage au moyen de laquelle un mouvement circulaire continu correspond à un mouvement de va et vient en ligne droite, qui peut avoir une direction arbitraire dans un plan donné. Cette invention peut être fort utile dans la mécanique appliquée. »

«Le même artiste a présenté d'autres modèles de machines qui offrent des idées très-ingénieuses, entre autres une romaine perfectionnée qui lui donne beaucoup de précision. »

M. WIDMER (Samuel), mécanicien et chimiste. Jouy (Seine-et-Oise). — *Toiles peintes*. — Médaille d'or, exposition 1819.

«Pour les perfectionnemens qu'il a introduits dans l'industrie des toiles imprimées. Il est inventeur d'un vert solide sur les cotons; découverte dont l'importance était tellement sentie qu'il avait été proposé un prix de 2,000 guinées pour celui qui la ferait. »

« Par ordonnance du 17 novembre 1819, S. M. a nommé M. Widmer, membre de la Légion-d'Honneur.

M. WILLIOT. — Exposition 1819. — *Voyez* DELA-HAYE, etc.

M. WURTZ. Strasbourg (Bas-Rhin). — Médaille d'argent, exposition 1819.

«A envoyé à l'exposition des vases de fonte de fer émaillée qui résistent au feu et aux variations de température. »

M. WURTZ, expositions 1806 et 1819. — *Voyez* TREUTTEL et WURTZ.

X.

Madame veuve XATARD (Rose). Pratz-de-Mollo (Pyrénées-Orientales). — Mention honorable, exposition 1819.

« Fabrique à des prix modérés des draps de qualité commune, bons dans leur genre. »

Y.

M. Yvart. Maisons-Alfort (Seine). — *Économie rurale.*—Citation au rapport du jury, distribution des prix décennaux , 1810.

« Le jury regrette de ne pouvoir proposer un second prix pour récompenser M. Yvart des travaux éclairés, appliqués à un domaine borné , qui ont servi d'exemple à un canton mal cultivé avant lui, ainsi que des leçons par lesquelles il a répandu dans tout le royaume les lumières de l'agriculture perfectionnée. M. Yvart a supprimé la jachère de son établissement rural , composé de trois cents hectares d'un sol sablonneux et très-médiocre , dans lequel on ne récoltait que du seigle. Partout le froment a remplacé le seigle : moitié de l'exploitation est toujours en prairies artificielles et en racines. Il est le premier qui , en France , ait cultivé en grand le topinambour. »

M. Yver. Vimoutiers (Orne).— *Toiles de corps et de ménage.*—Mention honorable, exposition 1806.

« Pour la bonne qualité de ses toiles cretonnes. »

Le même.—Citation au rapport du jury , exposition 1819.

« Bonne qualité de toiles mises à l'exposition. »

M. Yver. Caen (Calvados). — *Plomb de chasse.*— Mention honorable, exposition 1819.

« Balles et plomb de chasse d'une fabrication satisfaisante. »

Z.

MM. Zeiler, Walter et compagnie, propriétaires de la manufacture de cristaux de Muntzal, dite de S.-Louis (Moselle).—*Cristaux.*—Mention honorable, exposition an ix (1801).

« Pour leurs beaux cristaux. »

Les mêmes.—Médaille d'argent, exposition an x (1802).

« Les cristaux de cette verrerie sont d'un brillant parfait, sans bulles ni stries ; le travail de la taille y est fait avec beaucoup d'habileté.

Les mêmes.—Exposition 1806.

« Le jury applaudit au succès avec lequel, se montrant continuellement supérieurs à eux-mêmes, ils continuent leur établissement dans le rang distingué qu'il a acquis dans l'estime publique.

———

MM. Ziegler, Greuter et compagnie, Guebwiller (Haut-Rhin).—Médaille d'argent, exposition 1819.

« Genre de lapis en impression très-bien fait, et châles d'une belle exécution. »

———

M. Zuber. Rixheim (Haut-Rhin).—*Papiers peints.*—Médaille d'argent, 2.ᵉ classe, exposition 1806.

« Ce fabricant fait très-bien les papiers peints et emploie de belles couleurs : il a fait exécuter des paysages qui présentent des difficultés vaincues d'une manière utile à l'avancement de l'art. »

Le même.—Exposition 1819.

« Ce fabricant semble s'être proposé de vaincre les plus grandes difficultés que présente la fabrication des papiers peints. Il a exposé des paysages coloriés; ils sont très-bien composés, les couleurs en sont brillantes et solides. Le jury a remarqué avec satisfaction que ce mérite se trouve dans tous les produits de la manufacture de Rixheim; elle obtiendra les plus grands succès toutes les fois qu'elle emploiera ses moyens dans les limites de son art.

«Cette fabrique a obtenu une médaille d'argent de deuxième classe à l'exposition de 1806. Le jury déclare qu'elle est toujours digne de cette distinction.»

FIN.

SUPPLÉMENT

A la première partie du *Livre d'Honneur de l'industrie française*, comprenant les distinctions accordées à des habitans des pays qui appartenaient à la France aux époques des quatre premières expositions publiques des produits de l'industrie nationale.

A.

M. ANDRÉ.—Exposition 1806.—*Voyez* KLARCK et ANDRÈ.

AIX-LA-CHAPELLE (la fabrique d') (alors département français de la Roer).—*Draps sérails*.—Citation au rapport du jury, exposition 1806.

« Ces draps légers destinés aux Echelles-du-Levant, sont exécutés avec soin dans les fabriques d'Aix-la-Chapelle, d'Eupen et de Verviers.

« Plusieurs fabricans ont présenté des draps qui auraient concouru pour les médailles, si le jury n'avait pris la résolution de se borner, pour cette année, à exprimer la satisfaction avec laquelle il a vu les draps envoyés par diverses villes et par divers fabricans. »

Même fabrique. — *Casimirs*. — Mention honorable exposition 1806.

« Ses casimirs de différens degrés de finesse et de prix divers ont paru de bonne qualité, chacun dans son espèce, et propres à écarter pour toujours les casimirs étrangers de la consommation nationale. »

AIX-LA-CHAPELLE et BORCETTE (alors département français de la Roer).—*Aiguilles.*—Médaille d'or, exposition 1806.

« Les aiguilles à coudre, à broder et à tricoter de toutes les espèces, envoyées à l'exposition par les fabricans d'Aix-la-Chapelle et de Borcette, ont été comparées avec les aiguilles analogues provenant des fabriques étrangères. Elles peuvent soutenir la comparaison avec celles que le commerce estime le plus. Elles réunissent à la bonne façon le degré de trempe et le poli qui en constituent la bonne qualité. Leur assortiment est complet et peut satisfaire à tous les besoins. La médaille pour les deux fabriques a été remise au maire d'Aix-la-Chapelle. »

M. ALBERT-ANSALDO. Gênes.—*Produits chimiques.*—Citation au rapport du jury, exposition 1806.

« Il fabrique du sulfate de magnésie ou sel d'Epsom bien préparé et plus pur que celui du commerce. »

ALTENDORFF (la fabrique d') (alors département français de Rhin-et-Moselle).—*Draperie moyenne.*—Mention honorable, exposition 1806.

« Cette manufacture fait des draps propres à l'habillement des troupes. Le jury les a trouvés fabriqués avec soin. »

ANVERS (Atelier de bienfaisance).—*Produit du travail.*—Citation au rapport du jury, exposition an x (1802).

Le même établissement.—*Tapis de pied en bourre ou poils de vache.*—Mention honorable, exposition 1806.

« Ces tapis ont attiré l'attention du public et celle du jury par leur bas prix et par leur fabrication qui est dirigée avec soin et intelligence. »

B.

M. BASTIN. Huy (alors département français de l'Ourte).—*Tôles laminées.*—Mention honorable, exposition 1806.

« Qui a présenté des tôles très-bien laminées et de qualité excellente. »

MM. BAUWENS frères. Gand.—*Voyez* page 25.

MM. BEKE père et fils. Oostmalle (alors département français des Deux-Nèthes).—*Poterie noire.*—Citation au rapport du jury, exposition 1806.

« Fabrique de la poterie noire imitant celle de Colchester. »

M. BOCK. Sept-Fontaines (alors département français des Forêts). — *Poterie.*—Mention honorable, exposition 1806.

M. BODONI. Parme.—*Typographie.*—Médaille d'or, exposition 1806.

« Est un des hommes qui ont le plus contribué aux progrès que la typographie a faits dans le XVIII siècle et de notre temps ; il réunit plusieurs talens ordinairement séparés, et pour chacun desquels il mériterait la distinction du premier ordre ; il a gravé lui-même les caractères qui ont servi à imprimer ses belles éditions. Il est à remarquer, à l'honneur de M. Bodoni, qu'il a exécuté tous ses travaux dans un pays où il était seul, abandonné à ses propres moyens, et où la

typographie était, avant lui, négligée plus que dans aucun autre
pays de l'Europe. Le jury se félicite d'avoir à exprimer son
estime pour le talent de cet homme célèbre. »

M. Bohmé (Charles). Eupen (alors département français de l'Ourte).—*Casimirs*.—Médaille d'argent,
1.re classe, exposition 1806.

« A présenté des casimirs bien fabriqués, fins, beaux et
capables de soutenir la comparaison avec les casimirs les plus
estimés fabriqués chez l'étranger. »

Borcette (alors département français de la Roer).
Draperie fine.—Exposition 1806.

« Plusieurs fabricans ont présenté des draps qui auraient
concouru pour les médailles, si le jury n'avait pris la résolution de se borner pour cette année, à exprimer la satisfaction
avec laquelle il a vu les draps envoyés par diverses villes et
par divers fabricans. »

Borcette.—*Fabrique d'aiguilles*.—Exposition 1806.
Voyez Aix-la-Chapelle.

M. Brandi. Roccadebaldi (alors département français de la Stura). — *Soies grèges*. — Médaille
d'argent, 2.e classe, exposition 1806.

« Les soies et les organsins envoyés par ce fabricant ont
paru au jury d'une bonne préparation et d'une bonne qualité. »

Bruges (alors département français de la Lys).—
Dentelles.—Mention honorable, exposition 1806.
« Pour ses dentelles. »

Bruxelles (maison de force de) (alors département
français de la Dyle).—*Produits du travail*.—Cita-

tion au rapport du jury, exposition an ix (1801).

« Le jury a distingué plusieurs objets fabriqués dans cette maison ; il estime que le directeur de ces fabrications mérite la reconnaissance publique, et désire que cet usage salutaire et raisonnable devienne général. »

Même ville.—Maison de travail.—Exposition an x (1802).

« Le jury a vu des basins et des piqués fabriqués dans cette maison, et il les a trouvés de bonne qualité. M. Gillet, directeur, y a introduit depuis peu la fabrication des chapeaux de paille ; il a montré au jury plusieurs chapeaux tressés avec beaucoup d'égalité et de finesse. »

C.

M. CALLOUD. Parme.—*Chapellerie.*—Mention honorable, exposition 1806.

« A exposé de la chapellerie qui a du mérite. »

CHIUSA (verrerie de la) (alors département français de la Stura).—*Cristaux.*—Mention honorable, exposition 1806.

« A présenté du beau cristal. »

CLAIRVAUX (la fabrique de) (alors département français des Forêts).—*Draperie moyenne.*—Mention honorable, exposition 1806.

« Cette manufacture fait des draps propres à l'habillement des troupes. Le jury les a trouvés fabriqués avec soin. «

MM. CLARCK et ANDRÉ. Havré, près Mons (alors département français de Jemmape).—*Instrumens de filature.*—Médaille d'argent, 1.re classe, exposition 1806.

« Ont présenté une série de broches pour mécaniques à filer

la laine et le coton faites avec soin, et d'un prix modéré.
MM. Clarck et André ont formé un établissement en grand,
où ils font deux mille broches par semaine par des moyens
simples et ingénieux qui abrègent et perfectionnent la main-
d'œuvre.

« Une pareille manufacture ne peut qu'être très-utile aux
établissemens de filature. »

COURTRAI (les fabriques de).—*Dentelles.*—Mention
honorable, exposition 1806.

« Pour leurs dentelles. »

CREVELT (la fabrique de) (alors département français
de la Roër).—*Rubannerie.*—Mention honorable,
exposition 1806.

« Ses rubans sont fabriqués avec intelligence, leur qualité
est bonne, eu égard au prix qui est modéré. »

D.

M. DARRONI. Parme.—*Tannage.*—Mention honorable, exposition 1806.

« A envoyé des cuirs parfaitement travaillés. »

M. DARTIGUES, propriétaire des verreries de Vonêche, près Givet (alors département français de
Sambre-et-Meuse). — *Verrerie, cristallerie.* —
Médaille d'argent de première classe, exposition
1806.

« Avant M. Dartigues, le verre à vitre que fournissait la
verrerie de Vonèche était peu estimé; ce fabricant, qui paraît
très-versé dans toutes les connaissances relatives à la vitrifica-
tion, fait aujourd'hui du verre excellent : celui qu'il a présenté

à l'exposition a été trouvé beau et de bonne qualité; on l'a soumis aux épreuves les plus fortes et les plus décisives sans pouvoir altérer sa transparence. M. Dartigues a aussi exposé de fort beaux cristaux fabriqués à Vonêche.»

*Le même.—Minium.—*Mention honorable, exposition 1806.

« Il a présenté avec son minium une belle litharge et plusieurs autres préparations de plomb. »

« M. Dartigues est maintenant résident en France, il y est membre du comité consultatif des arts et manufactures, du conseil général des fabriques, du conseil d'administration de la société d'encouragement. Il était un des membres du jury central de l'exposition publique des produits de l'industrie française en 1819. »

M. DELCHAMBRE. Védrin, près Namur (alors département français de Sambre-et-Meuse.—*Couleurs.*—Mention honorable, exposition an x (1802).

« A présenté des couleurs minérales dont plusieurs offrent des nuances agréables et beaucoup de solidité. »

DILLING (fabrique de) (appartenant alors au département de la Moselle).—*Scies et limes.*—Médaille d'or, exposition an ix (1801).

« MM. Soller, Guentz, Gouvi et compagnie, ont présenté des scies, des limes et divers autres objets de quincaillerie utiles, que la France a tirés jusqu'ici de l'étranger; dans la fabrique de Dilling on traite la matière, depuis l'état de minérai jusqu'aux dernières mains-d'œuvre. Cette compagnie vend à meilleur marché que les fabriques allemandes du même genre.»

*Même fabrique.—*Médaille d'argent, 1.re classe, exposition 1806.

« M. Guérin a présenté des feuilles de tôle parfaitement laminées et de qualité supérieure. »

M. Dusart. Malines (alors département français des Deux-Nèthes).—*Chapellerie.*—Mention honorable, exposition 1806.

« A exposé des chapeaux de bonne qualité. »

E.

Echelles (la fabrique des) (alors département français du Mont-Blanc.—*Toiles de ménage.*—Citation au rapport du jury, exposition 1806.

« Les toiles qu'elle a produites à l'exposition. »

Evsival (alors département français de l'Ourte).—*Draperie fine.*—Exposition 1806.—*Voyez* Borcette.

Même fabrique. —*Casimirs.*—Mention honorable, exposition 1806.

« Même note que pour Aix-la-Chapelle. *Voyez* page 456.

Escaut (alors département français).—*Toiles de ménage.* — Citation au rapport du jury, exposition 1806.

«Pour les toiles présentées par MM. Grenier-Vambersic, Nicolas-Fleury et François Verheignen. »

Esch (la fabrique d') (alors département français des Forêts).—*Draperie moyenne.*—Mention honorable, exposition 1806.

«Même note que pour Clairvaux. *Voyez* page 460.

Eupen (la fabrique d') (alors département français de l'Ourte).—*Draps sérails.*—Citation au rapport du jury, exposition 1806.

« *Voyez* Aix-la-Chapelle ; page 456. »

Même fabrique.— *Casimirs.*—Mention honorable, exposition 1806.

« *Voyez* Aix-la-Chapelle , page 456.

F.

M. FERRARI. Plaisance.—*Chapellerie.*—Mention honorable , exposition 1806.

« A exposé de la chapellerie qui a du mérite. »

M. FEUILLET. Liége.—*Armes à feu.*—Mention honorable , exposition 1806.

« Pour ses platines identiques. »

M. FINCK (Sébastien). Coblentz (alors département français de Rhin-et-Moselle). — *Tôles vernies.*— Mention honorable, exposition an x (1802).

« A présenté des tôles vernies bien exécutées. »

MM. FINCK et compagnie. Coblentz. — *Tôles vernie.*—Médaille d'argent de 2ᵉ. classe, exposition 1806.

« Ont présenté divers ouvrages en tôle vernie exécutés dans leur manufacture ; leur vernis est solide, et ils l'appliquent avec intelligence et soins. »

M. FLEURY (Nicolas).—*Toiles.*— Exposition 1806. —*Voyez* ESCAUT.

FRANCOMONT (alors département français de l'Ourte). —*Draperie fine.*—Exposition 1806.—*Voyez* BOR-CETTE.

M. FRISON. Gand (alors département français

de

l'Escaut).—*Blanc de céruse.*—Mention honorable, exposition an x (1802).

« Le blanc de céruse qu'il fabrique peut rivaliser les plus beaux produits des fabriques étrangères dans ce genre. »

G.

M. GALER-LIGEOIS. Bruxelles.—*Dentelles.*—Médaille d'argent de première classe, exposition 1806.

« A exposé des dentelles de sa fabrique, où le jury a remarqué une exécution soignée, un dessin d'un très-bon goût, et beaucoup de mérite sous le rapport du perfectionnement. »

GAND (maison de force de) (alors département français de l'Escaut.—*Produits du travail.*—Citation au rapport du jury, exposition an ix (1801.)

« Le jury estime que le directeur de ces fabrications mérite la reconnaissance publique, et désire que cet usage salutaire et raisonnable devienne général. »

GAUTHIER. Mons (alors département français de Jemmapes. —*Tricots.*—Médaille de bronze, exposition an x (1802).

« Les étoffes de laine, dites *tricots,* qu'il a présentées, sont bien fabriquées. Le prix en est modéré. »

Le même.—Exposition 1806.

« Le jury a vu avec plaisir que cette maison ne laisse pas dégénérer la fabrication et qu'elle est toujours digne de la médaille qu'elle a obtenue. »

M. GENIN. Fontaine - l'Évêque (alors département

30

français de Jemmapes). — *Fer battu.*—Citation au rapport du jury, exposition 1806.

« Fabricant d'ustensiles en fer battu.»

M. GIANI. Verzuola (alors département français de la Stura).—*Soies grèges.*—Médaille d'argent de 2.e classe, exposition 1806.

«Les soies et les organsins envoyés par ce fabricant ont paru au jury d'une bonne préparation et d'une bonne qualité.»

MM. GOERVIC et compagnie. Gand (alors département français de l'Escaut).—*Colle forte.*—Mention honorable, exposition an x (1802).

« Ces fabricans ont exposé des colles fortes très-bien préparées. »

M. GOUVI. — Exposition an IX (1801). — *Voyez* DILLING.

MM. GOUVI et GUENTZ. Goffontaine (alors département français de la Sarre). — *Aciers.* — Médaille d'or, exposition 1806.

«Ont envoyé dix-sept barres d'acier, marquées acier brut ou naturel de fusion. Cet acier est bien forgé, sans aucune gerçure, d'un grain fin, gris et égal, se forge et se soude bien, a du corps et du nerf. On a essayé les dix-sept barres en en faisant des poinçons et des ciseaux à froid : elles ont été trouvées de qualité supérieure. »

M. GRENIER VAMBERSIC.—*Toiles.*—Exposition 1806. *Voyez* ESCAUT.

M. GRONDONA. Gênes.—*Étoffes de soie.*—Mention honorable, exposition 1806.

« Qui a envoyé à l'exposition des velours magnifiques, dignes
de la haute réputation dont la ville de Gênes a toujours joui,
et jouit encore pour cet article. »

M. Guentz. — Exposition an ix (1801). — *Voyez*
Dilling.

Le même. — *Acier.* — Exposition 1806. — *Voyez*
Gouvi.

M. Guérin. — *Tôle laminée.* – Exposition 1806.
— *Voyez* Dilling.

Le même. — *Faux.* — *Voyez* id.

H.

M. Hebbelinch (Ferdinand). Gand (alors département français de l'Escaut).—*Rubannerie.*—Mention honorable, exposition an x (1802).

« Rubans mêlés de fil d'une bonne qualité. »

M. Heydwiler. Crevelt (alors département français
de la Roër).—*Étoffes de soie.*—Mention honorable, exposition 1806.

« Pour des étoffes où la soie est traitée avec grâce, et des
velours d'une grande légèreté, et qui sont établis à bon
marché. »

MM. Homberg, Stoltenhof et compagnie. Eupen
(alors département français de l'Ourte).—*Casimirs.*—Médaille d'argent de première classe, exposition 1806.

« Ont présenté des casimirs bien fabriqués, fins, beaux
et capables de soutenir la comparaison avec les casimirs les
plus estimés fabriqués chez l'étranger. »

30*

M. Huigh. Bruxelles.—*Plomb.*—Mention honorable, exposition 1806.

« Pour des tuyaux de plomb sans soudure, très-bien fabriqués par des moyens qui lui sont particuliers. »

M. Hysette, serrurier. Gand.—*Chauffage.*—Mention honorable, exposition 1806.

« Il a présenté deux cheminées propres à la combustion de la tourbe et de la houille, et aussi plusieurs autres objets qu prouvent qu'aux talens de sa profession il joint les connaissances d'un habile mécanicien. »

J.

M. Jeandeau. Genève (alors département français du Léman).—Médaille d'argent, exposition an x (1802).

« Ce citoyen a présenté un métier de son invention, propre à la fabrication du tricot ordinaire. Cette machine est remarquable par sa simplicité, par sa légèreté et par la modicité de on prix ; elle n'exige que peu d'apprentissage, et par là même elle est susceptible de devenir d'un usage domestique. L'originalité des moyens employés par M. Jeandeau décèle en lui un génie très-inventif. »

M. Jecker (Laurent). Aix-la-Chapelle (alors département français de la Roër.—*Épingles.*—Médaille d'argent de première classe, exposition 1806.

« A formé un établissement où les épingles sont fabriquées en grand par des procédés nouveaux et avantageux. »

1.º Les cisailles, servant à couper les épingles de longueur, sont mises en mouvement avec le pied ;

« 2.° Les pointes sont faites sur deux meules, dont l'une a la taille plus fine que l'autre ;

« 3.° Les têtes, au lieu d'être embouties une à une, sont coulées dans des moules au nombre de soixante à la fois, de manière qu'un enfant peut en faire cent quatre-vingts par minute ;

« 4.° Les moyens employés pour étamer les épingles, les polir, pour plier le papier, le percer, sont également simples, ingénieux et économiques.

« Les épingles que M. Jecker a envoyées à l'exposition sont d'une très-bonne qualité, et d'un prix beaucoup inférieur à celui des épingles fabriquées par les procédés ordinaires. »

M. JUDSON. Bruxelles. — *Bonneterie de coton.* — Mention honorable, exposition 1806.

« Pour des bas à côtes très-beaux. »

K.

MM. KLARCK et ANDRÉ. — Exposition 1806. — *Voyez* CLARCK et ANDRÉ.

M. KOESNÉ. Neustadt (alors département français du Mont-Tonnerre. — *Papeterie.* — Mention honorable, exposition 1806.

« Les papiers envoyés par ce fabricant sont faits avec soin et de bonne qualité. »,

L.

MM. LEFEVRE (Piat) et fils. Tournay (alors département français de Jemmapes. — *Tapis de pied.* — Médaille de bronze, exposition an x (1802).

« Les tapis fabriqués par eux ont du mérite, et le prix en est modéré. »

Les mêmes.—*Tapis.*—Médaille d'or, exposition 1806.

« Les tapis de diverses dimensions, exposés par ces manufacturiers, sont fabriqués solidement et avec soin ; ils sont surtout remarquables par la perfection du dessin.

« M.M. Piat Lefevre et fils ont de plus le mérite d'avoir perfectionné la fabrication, en introduisant dans leurs ateliers une méthode et une division de travail qui leur permettent de baisser les prix sans baisser les qualités. »

LIÉGE (maison de force de) (alors département français de l'Ourte).—*Produits du travail.*—Citation au rapport du jury, exposition an IX (1801).

La même maison.—Citation au rapport du jury. —Exposition an x (1802.

« Les calmouks et les draps fabriqués dans cette maison sont de bonne qualité ; les fondateurs de cet établissement, qui a fait disparaître la mendicité d'une ville où elle était si multipliée, méritent la reconnaissance publique. »

LIÉGE (hospice de) (alors département français de l'Ourte).—*Dentelles.*—Mention honorable, exposition 1806.

« L'établissement formé dans cet hospice. »

LYS (alors département français de la).—*Dentelles.* —Mention honorable, exposition 1806.

« Pour les établissemens formés dans les hospices et les écoles du département. »

M.

MALMÉDY (la fabrique de) (alors département français de l'Ourte). — *Tannage.* —Mention honorable, exposition 1806.

« A envoyé des cuirs parfaitement tannés. »

Mayen (la fabrique de) (alors département français de Rhin-et-Moselle). — *Draperie moyenne*. — Mention honorable, exposition 1806.

«Même note que pour Altendorf. *Voyez* page 457.»

Menin (la fabrique de) (alors département français de la Lys).—*Dentelles*.—Mention honorable, exposition 1806.

N.

M. Navez. Binch (alors département français de Jemmapes).—*Aciers*.—Mention honorable, exposition 1806.

« Un échantillon d'acier de fort bonne qualité, se forgeant et se soudant bien, d'un grain fin, dur et égal à la trempe. »

Neuss (la fabrique de) (alors département français de la Roër). — *Nankins*. — Mention honorable, exposition 1806.

Nimi, faubourg de Mons (la faïencerie de) (alors département français de Jemmapes). — *Poterie*. —Mention honorable, exposition an x (1802).

« Pour la bonne fabrication de la poterie. »

M. Noerders-Haeuser. Cobern (alors département français du Rhin).—*Pipes*.—Citation au rapport du jury, exposition 1806.

« Fabrique avec soin des pipes communes et fines. »

O.

Oberstein (les habitans d') (alors département français de la Sarre).—*Pierres taillées*.—Citation au rapport du jury, exposition 1806.

« Le jury a vu avec intérêt le prix que l'industrie de ces habitans est parvenue à donner aux agates, aux bois pétrifiés et aux cailloux des montagnes de ce département. »

OBERWESEL (la fabrique d') (alors département français de Rhin-et-Moselle.—*Draperie moyenne*.—
—Mention honorable, exposition 1806.

« Même note que pour Altendorf. *Voyez* page 457.

M. OLIVA (Laurent-Barthélemi). Gênes.—*Coraux*.
Mention honorable, exposition 1806.

« Pour avoir présenté des coraux bien travaillés, et dont les formes sont agréables. »

OURTE (alors département français).—*Draperie*.—
Citation au rapport du jury, exposition 1806.

« Le jury a vu avec le plus grand intérêt les draps envoyés par les nombreuses et intéressantes fabriques de ce département. Il a observé que, loin d'avoir déchu depuis la réunion à la France, elles se sont perfectionnées. Leur émulation et leur industrie ont été stimulées d'une manière heureuse par la délicatese du goût des consommateurs français, par l'exemple et la concurrence de nos anciennes manufactures. »

P.

M. PICTET. Genève (alors département français du Léman).—*Châles laine et soie*.—Médaille d'argent, exposition an IX (1801).

« Pour avoir fabriqué, en laine et soie, des châles très-fins et d'un effet très-agréable. »

« Pour avoir entrepris l'amélioration des laines dans le département du Léman, et pour avoir fait des observations utiles et intéressantes sur la race des mérinos. »

*Le même.—Étoffes de fantaisie.—*Exposition 1806.

« Le succès que ses châles ont eu dans le commerce a encouragé M. Pictet à perfectionner encore leur fabrication; le jury s'en est convaincu par l'examen de ceux qui ont été envoyés à l'exposition de 1806. »

M. PONCELET. Liége.—*Limes.*—Mention honorable, exposition 1806.

« Pour la beauté de la taille. »

R.

M. RAEPSEL. — Exposition an x (1802). — *Voyez* VANDER SCHELDEN , etc.

M. RIGAL. Crevelt (alors département français de la Roër).—*Étoffes de soie.*—Mention honorable, exposition 1806.

« Pour des étoffes où la soie est traitée avec grâce, et des velours d'une grande légèreté et qui sont établis à bon marché. »

ROER (ci-devant département français).—*Draperie.* —Citation au rapport du jury, exposition 1806.

« Même note que pour le département de l'Ourte, ci-devant, page 472.

S.

M. SEELS (J. B.) Arendonck (alors département français des Deux-Nèthes). — *Tricots de laine.*—Mention honorable, exposition an x (1802).

M. SOLLER.—Exposition an IX(1801).—*Voy.*DILLING.

M. STEINBACH. Malmédi (alors département français de l'Ourte).—*Cartons à presser.*—Médaille d'argent de 1.re classe, exposition 1806.

« A établi à Malmédi une fabrique de cartons à presser, très-bien conditionnés, dont les manufactures de draps font usage avec succès. »

M. Stoltenhof. — Exposition 1806. — *Voyez* MM. Homberg, etc.

T.

MM. Tiberghien frères et compagnie. Heylissem, près Tirlemont (alors département français de la Dyle).—*Basins, linges de table.*—Médaille d'or, exposition 1806.

« Ont présenté des basins et des services de tables très-agréablement fabriqués.

« Les basins sont de la plus belle qualité, à des prix modérés, et propres à soutenir avec avantage la concurrence des manufactures étrangères. »

M. Tiberghien (Charles) et compagnie, entrepreneurs de la filature de S.-Denis, près de Mons.—*Filature de coton.*—Médaille d'argent de 1.re classe, exposition 1806.

« La filature de St.-Denis est très-considérable; ses métiers à filer ont été confectionnés par M. Farrar, constructeur de machines, à Mons, qui remporta le prix au concours ouvert par le Gouvernement, en l'an x, pour les meilleures machines à filer le coton.

« Cet établissement a présenté de la filature en fin, parfaitement belle. »

Turnhout (la fabrique de) (alors département français des Deux-Nèthes).—*Coutils.*—Mention honorable, exposition 1806.

« Pour des coutils qui joignent la finesse à la solidité. »

U.

M. Urbach. Cologne (alors département français de la Roër).—*Étoffes de soie.*—Mention honorable, exposition 1806.

« Pour des étoffes où la soie est traitée avec grâce, et des velours d'une grande légèreté, et qui sont établis à bon marché. »

V.

M. Vagina-Démerese. Pérosa (alors département français de la Doire).—*Soies grèges.*—Médaille d'argent, 1.e classe, exposition 1806.

« A présenté des soies et des organsins de bonne qualité et très-bien préparés. »

MM. Vander Schelden, Raepsel et compagnie. Gand (alors département de l'Escaut).—*Couleurs.* —Médaille de bronze, exposition an x (1802).

« Le bleu pâle, dit *bleu de Hollande*, fabriqué par eux, est d'une belle nuance et d'une bonne qualité. »

M. Vanhop. Moll (alors département des Deux-Nèthes).—*Bonneterie de laine.*—Mention honorable, exposition an x (1802).

« A envoyé à l'exposition des tricots de laine à différens usages, comme bas, gants, pantalons. Ces objets ont paru bons dans leur genre. »

M. Verheighen (François).—*Toiles.*—Exposition 1806.—*Voyez* Escaut.

VERVIERS (la fabrique de) (alors département français de la Roër).—*Draps sérail.*—Citation au rapport du jury, exposition 1806.

« Même note que pour Aix-la-Chapelle. *Voyez* page 456.

La même fabrique. — *Casimirs,* — Mention honorable, exposition 1806.

« Même note que pour Aix-la-Chapelle. *Voyez* page 456.

VIEL-SALM (les habitans de) (alors département français de l'Ourte).—*Pierres à rasoir.*—Citation au rapport du jury, exposition 1806.

« Le jury applaudit au parti que ces habitans ont su tirer d'une roche placée sur leur territoire, dont ils emploient les fragmens à fabriquer des pierres à rasoir d'une qualité qui est unique en Europe. »

M. VIGLIETTI. Beinette (alors département français de la Stura).—*Soies grèges.*—Médaille d'argent, 2.ᵉ classe, exposition 1806.

« Les soies et organsins envoyés par ce fabricant ont paru au jury d'une bonne préparation et d'une bonne qualité. »

M. VILLEROY. Vaudrevange, près Sarre-Libre (alors département de la Moselle).—*Poterie.*—Mention honorable, exposition an x (1802).

« Sa pâte est d'une grande blancheur. »

VILVORDE, près de Bruxelles (la maison de force de).—*Produits du travail.*—Citation au rapport du jury, exposition an ix (1801).

« Même note que pour l'hospice de Bruxelles. »

M. Vineis. Mongrando (alors département français de la Sesia).—*Faux*.—Médaille d'argent de 1.re classe, exposition 1806.

« A présenté des faux de qualité excellente; leur forme est parfaite ; elles sont dures sans être cassantes ; leur matière s'amincit et s'alonge promptement sous le marteau , sans se gercer. »

M. Visser. Turnhout (alors département français de la Lys).—*Coutils*.—Médaille de bronze, exposition an x (1802).

« A présenté des coutils de la première qualité.»

M. Volpelius. Sulzbach (alors département de la Sarre).—*Couleurs*.—Mention honorable, exposition an x (1802).

« Son blanc minéral, son bleu de Prusse et son sel ammoniac sont de bonne qualité. »

W.

M. Webers. Bourgbrohl (alors département français de Rhin-et-Moselle).—*Constructions hydrauliques*.—Citation au rapport du jury , exposition 1806.

« Qui livre au commerce des quantités considérables de trass pulvérisé, substance très-avantageuse pour les constructions hydrauliques.»

Wiltz (la fabrique de) (alors département français des Forêts).—*Draperie moyenne*.—Mention honorable , exposition 1806.

« Même note que pour Clairvaux, *Voyez* page 460.

M. WINGERTER. Andernach (alors département français de Rhin-et-Moselle).—*Pipes.*—Citation au rapport du jury, exposition 1806.

« Fabrique avec soin des pipes communes et fines. »

M. WOUTERS. Andenne (alors département français de Sambre-et-Meuse).—*Faïence noire.*—Mention honorable, exposition 1806.

« Fabrique de la faïence noire qui, par sa solidité et par la manière dont elle soutient le passage du chaud au froid, mérite d'être honorablement mentionnée. »

Y.

YPRES (la fabrique d') (alors département français de la Lys. — *Dentelles.* — Mention honorable, exposition 1806.

« Pour ses dentelles. »

YPRES (Ecole de la Motte).—*Dentelles.*—Mention honorable, exposition 1806.

« Cette école se distingue par la perfection du travail. »

FIN DU SUPPLÉMENT.

TABLEAU RÉSUMÉ

Des distinctions accordées aux cinq expositions de l'industrie française, par genre de fabrication et d'industrie.

N. B. Les distinctions sont ainsi indiquées :

- Ⓞ médaille d'or.
- Ⓐ médaille d'argent.
- Ⓑ médaille de bronze.
- M. mention honorable.
- *cit.* citation au rapport du jury.

Les chiffres qui terminent chaque ligne indiquent le nombre de personnes ou de fabriques qui ont eu part aux distinctions accordées.

Dans le présent tableau et le suivant, on a tenu compte de toutes les distinctions qui ont été méritées au jugement du jury, lors même que les médailles n'ont pas été délivrées en nature, pour la raison que le manufacturier en avait reçu une analogue aux expositions précédentes.

Lainage.—*Amélioration des laines.*   2 Ⓐ, 1 Ⓑ, 1 M., 2 *cit.*   6

—*Fil de laine.*   1 Ⓞ, 1 Ⓐ, 1 Ⓑ, 2 M.   5

—*Etoffes drapées.*—Draperie fine et superfine.   9 Ⓞ, 30 Ⓐ, 15 Ⓑ, 3 M.   86

Draperie moyenne et commune.   11 Ⓐ, 9 Ⓑ, 58 M., 28 *cit.*   128

Casimir et cuir laine.   3 Ⓞ, 9 Ⓐ, 2 Ⓑ, 15 M.   44

Flanelle, molleton et couvertures.   6 Ⓑ, 16 M. 4 *cit.*   57

—*Étoffes rases.*—Tissu mérinos.   2 Ⓐ, 2 Ⓑ.   4

Serges, cadis et étamines.   1 Ⓐ, 5 Ⓑ, 22 M.   30

Rubans de laine.   1 M.   1

—*Etoffes de fantaisie.*   5 Ⓐ, 1 M.   8

—*Etoffes de laine, chaîne en fil.*   1 M.   1

Duvet de cachemire.—*Fil.*   1 Ⓐ.   1

—*Châles de cachemire.*   1 Ⓞ, 2 Ⓐ, 3 Ⓑ, 4 M.   12

Soie.—*Grège.*   3 Ⓞ, 3 Ⓐ, 8 Ⓑ, 25 M.   51

—*Fil de bourre de soie.*   1 Ⓐ.   1

—*Châles de bourre de soie.*   2 Ⓐ, 1 Ⓑ.   3

—*Étoffes de soie.*   11 Ⓞ, 14 Ⓐ, 3 Ⓑ, 20 M.   67

CHAPEAUX *feutrés.* 8 M.	9
tissus. 1 Ⓑ, 1 *cit.*	2
TEINTURE *sur laine.* 1 Ⓐ.	2
sur soie. 2 Ⓞ, 1 Ⓑ, 4 M.	7
sur lin. 1 Ⓞ, 2 Ⓑ.	3
sur coton. 1 Ⓞ, 3 Ⓐ, 5 Ⓑ, 7 M.	15
BLANCHIMENT. 2 Ⓞ, 4 Ⓐ.	7
APPRÊTS. 2 Ⓑ, 1 M.	3
—*Toiles, taffetas cirés.* 2 Ⓐ, 1 Ⓑ.	3
—*Toiles imperméables.* 1 Ⓑ.	1
IMPRESSION *sur étoffes de laine.* 3 Ⓞ, 2 Ⓐ, 3 Ⓑ.	8
sur toiles de coton. 9 Ⓞ, 9 Ⓐ, 2 Ⓑ, 3 M.	41
VELOURS D'UTRECHT. 3 Ⓑ, 4 M.	7
CUIRS ET PEAUX.—*Tannage.* 3 Ⓐ, 3 Ⓑ, 7 M., 2 *cit.*	23
—*Corroyage.* 3 Ⓐ, 11 M., 2 *cit.*	22
—*Chamoiserie, mégisserie et ganterie.* 2 Ⓑ, 23 M., 6 *cit.*	33
—*Parcheminerie.* 1 M.	1
—*Maroquins.* 4 Ⓞ, 2 Ⓐ, 5 M.	17
—*Cuirs vernis.* 6 Ⓐ, 1 M.	7
—*Cordonnerie.* 1 *cit.*	1
PAPETERIE.—*Papiers.* 7 Ⓞ, 9 Ⓐ, 6 Ⓑ, 16 M.	43
—*Cartons d'apprêts.* 1 Ⓐ, 4 Ⓑ.	5
TAPISSERIES.—*Moquettes.* 3 Ⓐ, 6 Ⓑ, 5 M., 1 *cit.*	10
PAPIERS PEINTS. 4 Ⓐ, 8 Ⓑ, 5 M.	20
PRÉPARATION DES MÉTAUX.—*Fer.* 2 Ⓞ, 4 Ⓐ, 30 M., 2 *cit.*	38
—*Acier.* 10 Ⓞ, 6 Ⓐ, 2 Ⓑ, 12 M.	38
—*Laiton et zinc.* 1 Ⓞ, 1 Ⓐ, 1 M.	3
—*Platine.* 4 Ⓐ, 1 Ⓑ.	4
—*Étain.* 2 M.	5
—*Laminage.*—Tôle et fers noirs. 1 Ⓞ, 2 Ⓐ, 1 Ⓑ, 6 M.	14
Fers blancs. 2 Ⓞ, 1 Ⓐ, 3 Ⓑ, 3 M.	12
Cuivre laminé et martelé. 1 Ⓞ, 1 Ⓐ, 7 M.	12
Zinc laminé. 1 Ⓐ.	1
Plomb laminé. 1 Ⓑ, 5 M.	4
—*Tréfilerie.*—En fer. 1 Ⓞ, 10 Ⓐ, 5 M.	16
En laiton. 1 Ⓐ.	1
FABRICATION D'OUTILS.—*Limes et râpes.* 3 Ⓞ, 5 Ⓐ, 12 M.	22
—*Faux et faucilles.* 1 Ⓞ, 1 Ⓐ, 11 M., 1 *cit.*	17
—*Scies et outils de fer et d'acier.* 1 Ⓞ, 2 M.	8
—*Cylindres à laminer.* 1 Ⓞ, 2 M.	3

—*Arbres de tour, pas de vis, tarauds.*   1 M.   1

—*Gouges et boute-avant pour la gravure en bois.*   1 M.   1

—*Peignes à serancer le chanvre.*   1 M.   1

—*Alènes et poinçons.*   2 Ⓐ, 2 Ⓑ.   4

—*Outils divers.*   2 Ⓐ.   2

ARMES.—*A feu.*   1 Ⓞ, 1 Ⓐ, 1 Ⓑ, 10 M.   16

—*Blanches.*   2 Ⓞ, 1 Ⓑ, 2 M.   5

QUINCAILLERIE.—*Ustensiles en fonte de fer.*   2 Ⓐ, 1 Ⓑ, 4 M. 7

—*Ustensiles en fer battu.*   1 Ⓐ.   1

—*Clouterie.*   1 Ⓑ, 1 M.   2

—*Serrurerie.*   4 Ⓐ, 5 Ⓑ, 4 M.   15

—*Coutellerie.*   2 Ⓐ, 32 M., 6 cit.   40

—*Acier poli et quincaillerie fine.*   3 Ⓐ, 6 M.   9

—*Boucles en acier poli.*   1 M.   1

—*Vis à bois et objets divers.*   4 M.   5

—*Aiguilles.*   2 M.   3

—*Épingles.*   1 Ⓑ.   2

—*Toiles métalliques.*   5 Ⓐ, 2 Ⓑ, 2 M.   8

—*Balles et plomb à giboyer.*   3 M.   4

—*Instrumens de pêche.*   4 M.   4

ORPÉVRERIE ET ARGENTERIE.   8 Ⓞ, 2 Ⓐ.   10

—*Plaqué d'or et d'argent.*   2 Ⓐ, 2 Ⓑ, 3 M.   10

—*Bronze ciselé et dorures.*   2 Ⓞ, 5 Ⓐ, 2 Ⓑ, 2 M. 12

—*Fonte de filigrane.*   4 Ⓐ, 1 M.   5

—*Boutons de métal.*   1 Ⓑ, 2 M.   5

BIJOUTERIE D'ACIER.   1 Ⓞ, 2 Ⓐ, 1 M.   5

TABLETTERIE ET ORNEMENS.   4 Ⓐ, 11 M.   16

—*Cornes à lanternes.*   3 Ⓑ, 3 M.   6

VERNIS.—*Sur métaux.*   4 Ⓞ, 1 Ⓑ, 4 M.   14

—*Moiré métallique.*   1 Ⓞ.   1

MACHINES, INSTRUMENS ET USTENSILES POUR L'AGRICULTURE. 2 Ⓐ,
4 Ⓑ, 4 M.   5

—*Tonneaux faits à la mécanique.*   1 Ⓐ.   1

MACHINES MANUFACTURIÈRES.—*Machines de filature.*   3 Ⓞ, 1 Ⓐ,
6 Ⓑ, 13 M.   29

—*Cardes.*   6 Ⓑ, 4 M.   10

—*Peignes.*   2 M.   1

—*Instrumens de tissage.*   1 Ⓞ, 2 Ⓐ, 3 Ⓑ, 4 M. 12

—*Instrumens de tricotage.*   1 Ⓞ, 1 Ⓐ.   2

—*Métier à fabriquer le filet.*   1 Ⓞ.   1

—*Lainage et tonte des draps.*   1 Ⓞ, 2 Ⓑ, 1 M., 1 cit. 6

TABLEAU NUMÉRIQUE PAR DÉPARTEMENT.

Des distinctions et encouragemens qui ont été accordés à l'industrie commerciale et manufacturière en France, aux cinq expositions publiques des produits de l'industrie nationale des années (vi) 1798, (ix) 1801, (x) 1802, 1806 et 1819.

N. B. ◎ désigne médaille d'or, Ⓐ médaille d'argent, Ⓑ médaille d'argent de seconde classe ou de bronze, M, mention honorable, C, citation au rapport du jury.

DÉPARTEMENS.	◎	Ⓐ	Ⓑ	M.	C.	
Ain.............	//	1	//	5	2	
Aisne.........	3	5	//	11	3	1 décoration de la Légion-
Allier.........	1	//	//	3	2	d'Honneur.
Alpes (Basses-)...	//	//	//	//	//	
Alpes (Hautes-)...	//	//	//	1	1	
Ardèche........	7	2	2	7	4	
Ardennes.......	2	6	5	12	1	2 décorations de la Légion-
Ariége.........	//	1	3	9	2	d'Honneur.
Aube..........	//	7	5	15	4	
Aude..........	1	4	4	4	1	
Aveyron.......	//	4	4	12	11	
Bouches-du-Rhône..	//	1	2	15	3	
Calvados.......	//	3	7	19	19	
Cantal.........	//	//	//	//	//	
Charente.......	1	5	1	7	//	
Charente-Inférieure..	//	//	4	//	//	1 décoration de la Légion-
Cher..........	2	//	//	7	3	d'Honneur.
Corrèze........	//	//	1	1	//	
Corse.........	//	//	//	//	//	
Côte-d'Or......	1	1	3	7	2	
Côtes-du-Nord....	//	4	2	3	1	
Creuse........	//	//	//	4	4	
Dordogne......	//	//	//	4	4	
Doubs.........	//	17	5	12	1	une pension et 1 décor. de
Drôme........	//	1	3	8	//	la Légion-d'Honneur.
Eure.........	7	17	4	31	5	
Eure-et-Loir.....	1	1	2	3	//	
Finistère.......	//	//	//	1	//	
Gard..........	//	1	1	20	1	
Garonne (Haute-)..	2	//	4	7	//	
Gers.........	//	//	//	//	//	
Gironde.......	//	1	1	2	2	
Hérault.......	//	4	5	16	1	
Ille-et-Vilaine....	//	2	2	7	1	
Indre.........	//	1	2	2	//	
Indre-et-Loire....	1	4	2	5	7	1 déc. de la Lég.-d'Honn.
Isère.........	2	2	1	19	1	une récompense pécuniaire.
Jura.........	//	1	1	8	1	une récompense pécuniaire.
Landes........	//	//	//	4	//	

DÉPARTEMENS.	Ⓞ	Ⓐ	Ⓑ	M.	C.	
Loir-et-Cher. . . .	//	4	1	3	//	
Loire.	3	//	2	14	1	1 décoration de la Légion-d'Honneur.
Loire (Haute-). . .	//	//	9	2	//	
Loire-Inférieure. . .	//	//	2	4	2	
Loiret	1	1	10	5	//	
Lot.	//	//	1	//	//	
Lot-et-Garonne. . .	//	//	2	1	//	
Lozère.	//	2	2	6	//	
Maine-et-Loire. . . .	//	1	1	14	2	
Manche.	//	1	1	23	9	
Marne.	1	6	4	9	1	1 décoration de la Légion-d'Honneur.
Marne (Haute-). . .	//	//	//	12	1	
Mayenne.	//	//	3	7	2	
Meurthe.	//	2	1	15	3	
Meuse.	//	1	//	1	1	
Morbihan.	//	//	//	1	1	
Moselle.	4	5	3	1	1	1 décoration de la Légion-d'Honneur.
Nièvre	2	3	//	4	//	
Nord.	2	4	6	43	7	
Oise.	3	12	12	25	5	
Orne.	1	10	2	11	9	une récompense pécuniaire.
Pas-de-Calais. . . .	//	1	5	20	//	
Puy-de-Dôme . . .	//	//	1	4	//	
Pyrénées (Basses-). .	//	//	2	3	//	
Pyrénées (Hautes-). .	//	//	//	//	//	
Pyrénées-Orientales. .	//	//	1	8	//	
Rhin (Haut-). . . .	8	9	7	9	1	deux récomp. pécuniaires
Rhin (Bas-).	3	3	2	9	1	et 1 déc. de la Lég.-d'H.
Rhône.	19	17	7	20	2	6 décorations de la Légion-d'Honneur.
Saône (Haute-). . .	2	1	//	8	2	
Saône-et-Loire. . . .	2	3	//	12	2	
Sarthe	//	//	//	6	1	
Seine (Paris). . . .	96	146	94	200	36	5 déc. de la Lég.-d'Honn., 1 cordon de St.-Michel, un titre de baron.
Seine.	6	2	2	8	3	
Seine-et-Marne. . . .	7	//	2	2	1	
Seine-et-Oise. . . .	11	9	2	19	16	1 déc. de la Lég.-d'Honn., et un titre de baron.
Seine-Inférieure. . .	14	17	28	48	13	1 décoration de la Légion-d'Honneur.
Sèvres (Deux-). . . .	//	//	2	11	//	
Somme	5	10	18	29	7	
Tarn.	//	5	2	2	3	
Tarn-et-Garonne. . .	//	1	6	4	2	
Var	//	//	1	3	//	
Vaucluse.	//	//	//	9	//	
Vendée.	//	//	//	//	//	
Vienne.	//	//	4	5	3	
Vienne (Haute-). . .	//	2	//	4	1	
Vosges.	1	//	3	3	2	
Yonne.	//	1	//	3	//	

OMISSIONS ET ERRATA.

Aveugles (L'institution des jeunes). Paris. — *Produit du travail.* — Mention honorable, exposition 1819 « pour divers produits de corderie « et tisseranderie, de vannerie et d'imprimerie, fabriqués par les aveugles , « ainsi que pour des tricots à l'aiguille et des ouvrages faits au boisseau. » Cette institution est dirigée par M. Guillé.

Page 10. *Ajoutez* : Anne Véaute et fils aîné. Exposition 1819. *Voyez* Guibal Véaute.

Idem. Anquetil Desmarest. *Tissage du coton* , *lisez apprêt du coton.*

Page 19. MM. Bagnal et St.-Cricq Cazeaux. Mention honorable : *ajoutez* exposition 1806.

Page 21. M. Baltard. Médaille d'argent : *lisez* médaille d'or.

Page 23. MM. Bassal et Janson : *lisez* et Sanson.

Page 38. *Ajoutez* Besançon (fabrique de) (Doubs). — *Horlogerie de fabrique.* Médaille d'argent , exposition 1819.

« Le jury voulant témoigner d'une manière plus directe la satisfaction avec laquelle il a vu les produits de l'horlogerie de Besançon , lui décerne une médaille d'argent qui sera déposée à la mairie de Besançon. »

Page 63 , ligne 19. Bremon : *lisez* Brunon.

Page 89. M. Chatert. Tout l'article est *à supprimer*, faisant double emploi avec l'article Chabert de la page 81.

Ibid lignes 24 et 25. MM. Chauvot : *lisez* Chauvat ; Assault : *lisez* Ansault.

Page 118 , ligne 18. Médaille d'argent : *lisez* mention honorable.

Page 122 , ligne 14. Pour leur filature française : *lisez* pour leur Flore française.

Page 166 , *effacez* la ligne 6 ; et page 167 , les lignes 4 et 5 qui forment un double emploi.

Page 173. *Ajoutez* Fiard , exposition 1819. *Voyez* Aynard.

Page 216. M. Guibal Véaute. Castres (Tarn) : *ajoutez draperies moyennes.* Médaille d'argent 1819.

Page 218 , ligne 19. Jalvé Saillet : *lisez* Jalvi Saisset.

Page 220. M. Hallein fabricant : *lisez* Halluin (fabrique de).

Page 227 , ligne 9. Médaille de bronze : *lisez* mention honorable.

Page 247 , ligne 4. Médaille d'argent , seconde classe : *lisez* mention honorable.

Page 249. Julien de La Rue. *Voir aussi l'article* De La Rue Julien , et réciproquement.

Page 251. MM. Fausler, Knempff et Mentzen : *lisez* Fauler, Kempff et Muntzer.

Page 255. La forge : *lisez* la forge de Creutzwald. C'est une répétition de l'article Creutzwald de la page 106.

Page 256. M. Lahaye Pisson est le même que M. Delahaye, page 120.

Page 260, ligne 21. Au lieu de 1819 : *lisez* 1806 ; ligne 24, au lieu de 1806, *lisez* 1819.

Page 262, ligne 19. Au lieu de 1819, *lisez* 1806 ; et ligne 21, Soulin : *lisez* Soucin.

Page 277, ligne 3. *Horloges publiques* : *ajoutez* mention honorable.

Page 282. M. Le Segretain : *ajoutez* Dupatis frère ; ligne 11. Badonville : *lisez* Badonvillers.

Page 289, ligne 20. Putouin : *lisez* Pitouin.

Page 311, ligne 5. Au lieu de 1819, *lisez* 1806 ; et ligne 16, *après* mécanicien, *ajoutez* Paris.

Page 315, ligne 7. *Voyez* Cuchet, etc. : *lisez voyez* Smith, Cuchet, etc.

Page 319, ligne 7. Franes : *lisez* Prades.

Page 343, ligne 19. Exposition 1809 : *lisez* 1819.

Page 354, ligne 27. Au lieu de 1806, *lisez* 1819.

Page 362, ligne 18. Au lieu de 1819, *lisez* 1806.

Page 377. M. Robert... Mention honorable : *lisez* médaille d'argent.

Page 397, ligne 11. Reims : *lisez* Rennes.

Page 408. M. Secretain [Dupaty et M. Lefortain de la page 182 sont le même fabricant, les deux articles se complètent.

Page 410. Seine (les dépôts de la) : *lisez* (le département).

Page 416. MM. Simon... *ajoutez* Tarare (Rhone) ; et ligne 8, Sirenne fils : *lisez* Sevenne fils.

Page 419. M. Stollenhoff... *voyez* Homberg, etc., *ajoutez* au supplément, page 467.

Page 428, ligne 12. An IX : *lisez* an VI.

Page 431, ligne 9. Thouzas : *lisez* Thouras.

Pages 436, ligne 9 ; 441, ligne 23 ; 447, ligne 24. Médaille d'argent : *ajoutez* de seconde classe.

Page 448. MM. Vignolet frères : *ajoutez* et Le Roi.

Page 463. Evsival : *lisez* Ensival.

www.ingramcontent.com/pod-product-compliance
Lightning Source LLC
Chambersburg PA
CBHW060916220326
41599CB00020B/2983